货物学（第3版）

主　编　赵　颖

副主编　赵家明　廖韵如　叶玉洁

参　编　黎晨怡

北京理工大学出版社

BEIJING INSTITUTE OF TECHNOLOGY PRESS

内 容 提 要

本书共分为 9 个模块，分别为货物与货物学、货物质量与检验、货物运输与包装、日用工业品、大宗工业品、食品类货物、农林杂类货物、家用电器类货物、散装类货物。

本书采用模块式任务结构，注重实践而且案例丰富，采用完整的任务训练和模块考核形式让学生及时巩固所学知识。本书既可作为高等职业教育院校物流管理、电子商务、市场营销、国际贸易、连锁经营及其他相关专业的理实一体化教材，也可作为企业营销与管理人员的学习参考用书。

图书在版编目（CIP）数据

货物学／赵颖主编． --3 版． --北京：北京理工
大学出版社，2022.12
ISBN 978 - 7 - 5763 - 1487 - 8

Ⅰ．①货… Ⅱ．①赵… Ⅲ．①物流—货物运输 Ⅳ.
①F252

中国版本图书馆 CIP 数据核字（2022）第 122018 号

出版发行／北京理工大学出版社有限责任公司
社　　　址／北京市海淀区中关村南大街 5 号
邮　　　编／100081
电　　　话／（010）68914775（总编室）
　　　　　　（010）82562903（教材售后服务热线）
　　　　　　（010）68944723（其他图书服务热线）
网　　　址／http://www.bitpress.com.cn
经　　　销／全国各地新华书店
印　　　刷／涿州市新华印刷有限公司
开　　　本／787 毫米 × 1092 毫米　1/16
印　　　张／16.75　　　　　　　　　　　　　　责任编辑／封　雪
字　　　数／390 千字　　　　　　　　　　　　文案编辑／毛慧佳
版　　　次／2022 年 12 月第 3 版　2022 年 12 月第 1 次印刷　　责任校对／刘亚男
定　　　价／89.00 元　　　　　　　　　　　　责任印制／施胜娟

再版前言

党的二十大明确提出："着力推进高质量发展，推动构建新发展格局，实施供给侧结构性改革。"随着世界经济的快速发展和人民生活水平的大幅度提高，货物学理论及实务知识在电子商务、现代营销、物流运作及国际贸易等领域中的作用日趋重要。

为了全面提升职业教育的适应性，实现职业教育的高质量发展，适应新形势下职业教育发展的需要，按照教育部有关高等职业教育的定位及人才培养方案的要求，结合货物学研究领域的最新进展，编者在充分考虑了学生实际需求的基础上，对《货物学》做了较多修改，编写出了本书。

本书具有以下特点。

（1）采用模块任务结构，每个模块包含多个任务，而每个任务均以"案例引入"为开端，以"模块考核"结束，通过丰富多样的活动巩固学生对知识的掌握程度，而且形式新颖，内容丰富。

（2）融合课程思政内容，点评提升。秉承知识能力教育与思想政治教育同向同行的理念，将中国特色社会主义思想巧妙地融入课文之中，旨在培养学生树立正确的世界观、人生观、价值观，厚植爱国精神，熔铸文化自信，增强环保理念，培育创新精神。

（3）校企合作，产教融合。编写团队与世界知名企业卡尔蔡司公司、宇瞳光学公司的专家合作，使产品的运输储存及管理、案例分析等方面来源于实际，使训练贴近实战，从而缩短了学生与知识的距离，让学生深刻体会货物学的现实环境场景。

（4）顺应"互联网＋"的教育新形势，充分利用最新技术，增加了大量数字化资源，包括微课、教案、课件、模拟考试和练习题答案等。学生可以扫码学习相关知识，弥补了纸质书在互动性方面的缺陷，并增添了学习的乐趣。

本书由赵颖担任主编，由赵家明、廖韵如、叶玉洁担任副主编。赵颖承担模块1~3和思政拾萃模块的编写工作，还负责微课资源、课件及全书结构的审核工作；赵家明承担模块5和模块8的编写及案例的收集和分析工作；廖韵如承担模块4和模块6及任务实训等的编写工作；叶玉洁承担模块 7 和模块 9 以及模块考核、模拟试卷等的编写工作。另外，黎晨怡承担了本书的资料搜集、协调和整理等工作。

在本书的编写过程中，编者参阅了大量的相关资料，在此对这些资料的提供者表示衷心的感谢。由于编者水平有限，而且时间仓促，书中难免存在不妥之处，恳请广大读者批评指正。

编　者

目　录

模块 1

货物与货物学

内容导读

货物学的研究对象是货物，具体来说其研究的是运输过程中各种货物的种类，包装及其物理、化学和生物性质，以及在运输过程中如何科学地对货物进行配积载、装卸和保管，以确保货物数量完整且质量完好。掌握货物学基础知识，对于提高货物质量、开展市场营销、提升企业管理水平、维护企业和消费者的利益具有重要的现实意义。

学习目标

[**知识目标**]

◎理解货物的概念。

◎了解货物的特征和基本属性。

◎熟悉货物学的研究对象、研究内容和研究方法。

[**能力目标**]

◎能够运用学习到的货物特征辨识生活中的货物和非货物。

◎能够对特定货物选择恰当的方法进行分析。

[**思政目标**]

◎培养脚踏实地、认真求实的学习态度。

◎培养严谨细致、一丝不苟的探究精神。

◎体会货物文化的源远流长，增强民族自信心。

任务 1.1 货物概念与性质

案例引入

德邦快递打造智慧物流网络体系

科技赋能，让德邦快递不仅提高了运营效率，还为客户提供了更高质量的快递服务。

在收货环节，德邦快递员使用 PDA 扫描设备收派件，通过 AR 技术呈现货物信息，使用双摄技术测量货物体积，减少快递员手工测量和录入体积的操作，自动获取体积数据并完成开单，全程只需 2 s，准确率高达 97%。

在转运环节，德邦快递通过托盘搬运机器人代替人力，减少了 80% 的现场作业人员，劳动强度降低了 35%，时效提升了 3 倍，还节省了资金。

针对货物分拣环节，德邦快递利用小件自动分拣设备提高分拣效率并保障货物安全。违规率已经下降超过 40%，而且大量降低了人工监控成本，并确保安全作业，保障货物完整无损地到达收件人手里。

在运输环节，德邦快递持续加码无人驾驶货车，在 5G 技术的加持下，进一步提高了无人驾驶场景的适应性，即使在特殊环境下也能满足用户收派件需求，极大地提高了末端收派效率和用户满意度。

"未来，德邦快递不仅要加强科技创新，完善智慧物流体系建设，还要让科技发力到乡村建设，将已搭建好的基础设施作为动脉，利用科技下沉逐步打通乡村快递的各个环节，更好地推进乡村振兴。"德邦快递相关负责人表示。

【案例思考】

1. 现代物流技术有哪些？
2. 物流技术对货物学的发展有什么重要意义？

1.1.1 货物的概念

货物（Cargo）通常是运输部门承运的各种原料、材料以及其他产品的总称。它是人类社会生产力发展到一定历史阶段的产物，是可以用来交换的、能满足人们某种需要的劳动产品。

随着社会生产的不断发展和社会产品的不断丰富，运输的地位日益重要。物质生产和货物流通必须通过运输才能实现。货物运输质量是物流企业生存和发展的基础，货物运输质量与货运管理水平与货运人员的业务素质有着密切的关系。人们通过对货物运输生产长期实践的总结，在教学和科研的基础上逐步完善了货物学研究的理论体系。

1. 货物学的研究对象

在内容导读中提到过，货物学的研究对象是货物。

货物是运输生产的主要对象，且运输时品种繁多，自然属性各异，运输包装形式亦各不相同。在运输过程中，货物从接收进港、装船、运送、卸船、保管直至交货，要经过众多的运输和装卸环节，有时还要经过多种运输工具的联合作业。在运输生产的整个过程中，如果某个环节未能采取相应的安全防护措施，货物就可能发生货损和货差，这就直接影响了经济利益，也有损物流企业的经济效益和信誉。货物运输过程中的复杂性和重要性要求人们对货物运输行业进行深入研究。

2. 货物学的研究范围

货物学的研究范围包括货物的分类，成分，结构及其物理、化学和生物性质；货物的包装、标志、测量与衡重以及货物的积载因数；货物的检验、保管、养护等内容。

3. 货物学的研究目的

货物学的研究目的是通过对上述问题的分析、研究，阐明货物与运输有关的性质，揭示货物质量变化的科学规律，制定货物运输的安全防护措施，以保证货物数量完整、质量完好。与此同时，货物学还承担了探索科学管理货物运输的方法，改善货物的运载条件，改进货物的运输包装与标志，提高运输过程中配积载、装卸、库场保管的技能水平，充分利用运输工具的载重量以及有效使用物流基础设施和设备，加快货物周转速度，提高运输生产效率，降低运输成本，提高物流企业的经济效益，促进工农业生产发展和外贸事业繁荣兴旺的任务。

1.1.2 货物的性质

货物在储存和运输过程中发生质量变化的情况很常见，这些质量变化主要由物理、机械、化学和生物性质引起。研究货物质量变化，找到质量变化的实质，掌握质量变化的科学规律，有利于在储存和运输中减少或避免货损货差现象，从而提高货运质量。

1. 货物的物理性质

货物的物理性质是指货物受外界的湿、热、光、雨等因素的影响而发生物理变化的性质。货物发生物理变化时，虽然其本质不能改变，但却会产生的损坏或质量降低。

在运输过程中，货物发生物理变化的形式主要有吸湿、散湿、吸味、散味、挥发、热变、膨胀、溶化、凝固、冻结等。

1）货物吸湿

货物吸湿是指货物吸附水蒸气或水分。它是造成货物在运输中发生质量变化的一个重要原因。货物吸湿有两个主要因素。一是货物的成分与结构。若货物成分中含有亲水基团，或货物结构疏松多孔（如棉、麻、茶叶等）就易于吸湿。二是当货物表面水汽压小于空气中水汽压时，货物吸湿；反之，货物则会散湿。

在运输中，若货物含水量过多，当超过其安全水分标准时，会出现潮解、溶化、分解、生霉等变质现象。若货物含水量过少，则会损耗、发脆、开裂等。在水运过程中，为防止货物吸湿变质，工作人员应熟悉各类货物的安全水分，加强温湿度控制并采取防潮措施，谨慎地做好配积载工作。

※**课堂讨论**※

人们在日常生活中经常使用很多货物，请大家思考一下，以下货物是否会吸湿变质？一般在家中是如何解决吸湿变质问题的？

①食盐；②内衣；③面粉；④扫把。

2）货物挥发

货物挥发是指液体货物表面能迅速汽化从而变成气体散发到空气中，如汽油、原油、酒精等。通常当温度高、沸点低、空气流动速度快、液面大、空气压力小时，货物挥发的速度就快。另外，某些固体货物可以直接升华，如硫黄、樟脑等。

在运输过程中，挥发不仅会造成货物重量①、质量的损耗，若包装内气压过大，还会造成包装破裂或爆炸。有些货物挥发出的有毒、腐蚀、易燃性气体，也会造成危险事故。因此，在运输过程中要求货物的包装坚固完好、封口严密，避免其受高温和外力作用，对于沸点低的液体货物，应选择低温季节或冷藏运输，在进行作业前必须充分通风。

---

① 本书中的重量为物流专业用词，代表物理中的"质量"，与本书中代表货物优劣的"质量"一词区别使用。

3）货物的热变

货物热变是低熔点货物在超过一定温度范围后发生的形态变化，如软化、变形、黏连、熔化等。热变容易造成货损、货垛倒塌，也可能沾污其他货物，影响装卸作业等，如松香、橡胶、石蜡等。

在运输过程中，为防止货物的热变，运输低熔点货物时应将其装载在阴凉的场所，远离热源，在炎热季节应采取防暑降温措施。

2. 货物的机械性质

货物的机械性质是指货物的形态、结构在外力作用下发生机械变化。货物的机械变化取决于货物的质量、形态与包装强度。货物在运输过程中所受的外力作用见表1.1。

表1.1　货物所受的外力作用

外力类型	所受外力
静态作用力	堆码压力
动态作用力	震动冲击
	翻倒冲击
	跌落冲击

货物和包装的抗压强度是最常用的机械性指标，抗压强度即抗压性，是指物质单位面积上所能承受的极限压力，单位为帕（Pa），它决定了货物的堆码高度或耐压的强度。另外，货物还具有韧性，即物质抵抗冲击力的能力。缺乏韧性的货物被称为脆性货物，不耐外界冲击力的破坏。在运输过程中，货物受到震动和冲击是不可避免的。因此，要求货物及其包装具有抵抗运输过程中正常堆压冲击的能力，以增强其机械强度，防止受外力作用造成破损。

在运输过程中，货物发生机械变化的形式主要有破碎、变形、渗漏、结块等。

1）货物的破碎

破碎是指由于货物质脆或包装强度弱，承受较小的外力作用后就容易破损。例如玻璃制品、陶瓷制品、电视机及用玻璃、陶瓷包装的货物均为易碎货物。

在运输过程中，易碎货物除要求包装坚固牢靠，加填适当材料进行缓冲和标有储运指示标志外，在搬运中须轻拿轻放、稳吊稳铲，避免摔、抛、滑、滚等野蛮操作。易碎货物码垛不宜过高，重货不应堆装在其上面，注意加固绑扎，以防止货物倒塌。堆装位置应选择便于作业、防震、防下沉处。另外，货物破碎还会造成环境污染。

2）货物的变形

变形是具有可塑性的货物发生的变化。所谓可塑性，是指货物受外力作用后发生变形，而当移去外力后，不能完全恢复原状的性质。这类货物虽不易破碎，但受到超过自身所能承受的压力时就会发生变形，从而影响质量，如橡胶制品、塑料制品、皮革制品和铝制品等。

在运输过程中，易变形的货物堆装时须注意堆形平整，堆装高度不宜过高，尤其不应在上面装重货。装卸搬运要避免摔、抛、撞击，机械作业要稳铲、稳吊、稳放，以防止其由于外力作用而发生变形。

3）货物的渗漏

渗漏主要是货物包装容器质量不佳、封口不严、灌装不符合要求而造成的。在搬运时，货物受撞击等或受高温作用均会发生渗漏现象。

在运输过程中，应加强对液体货物包装容器的检查和高温时的防暑降温措施，装卸搬运要使用合适的机具，船舱内应紧密堆装、不留空隙，以避免引起碰撞而造成货物渗漏。易渗漏货物有污染性，应堆装在底部。

4）货物的结块

结块主要发生在粉粒晶体等类型的货物中。装载时堆码超高或受重货所压，以及在水湿、干燥、高温、冷冻等因素影响下会造成货物结块，如水泥、食糖、化肥、矿粉等。结块不仅会降低货物的质量，还会在装卸中造成货物包装断裂损坏，使散装货物难以卸货。在运输过程中应注意货物堆码时勿重压久压，装卸时不宜用水喷洒货物，以免造成货物结块。

3. 货物的化学性质

货物的化学性质是指货物在光、氧、水、酸、碱等作用下，发生改变物质本身的化学变化。在运输过程中，货物发生了化学变化就意味着其质量发生了变化。轻者会使货物遭受损失，重者会殃及其他货物，还可能导致严重事故的发生。

在运输过程中，货物发生化学变化的形式主要有氧化、腐蚀、燃烧、爆炸等。

1）氧化

氧化是指货物与空气中的氧或放出氧的物质所发生的化学变化，又称氧化作用。氧非常活泼，易与物质发生氧化反应使货物变质，甚至发生危险事故。易于氧化的货物很多，如金属类、油脂类、自燃类货物等。

一般情况下，氧化作用的发生是十分缓慢的。如果氧化产生的热量不易散发而积聚起来，就会发生自热、自燃现象。对于一些发热量较大、燃点较低的货物，如黄磷、废电影胶片等，要特别注意防止它们发生自燃。

金属锈蚀也是一种氧化现象。特别是钢铁制品，其在水、空气或酸、碱、盐的作用下，很容易氧化锈蚀。橡胶的老化、茶叶的陈化、煤的风化等也是在氧化作用造成的。

※课堂讨论※

同学们家中的大米是否出现过陈化现象？大米为什么会陈化？陈化后，大米的手感是怎样的？吃起来口感是怎样的？

2）腐蚀

腐蚀是指某些货物具有的能对其他物质产生破坏作用的性质。引起腐蚀的基本原因是货物具有酸性、碱性、氧化性和吸水性。

烧碱能与油脂作用，灼伤人的皮肤。浓硫酸能吸收植物水分，使之碳化变黑。漂白粉的氧化性能破坏有机物等。在运输过程中，常见的腐蚀品主要有酸类和碱类货物。

3）燃烧

燃烧是物质相互化合而发生光和热的过程，通常指物质与氧激烈的化合所发生的化学反应称燃烧反应。

物质若要燃烧或继续燃烧，必须同时具备三个条件，即可燃物、助燃物（氧或氧化剂）和一定的温度。气体燃料能直接燃烧并产生火焰，液体和固体燃料通常需先受热变成气体后才能燃烧并产生焰。

4）爆炸

微课资源
1.1　粉尘爆炸

爆炸是指物质非常迅速地发生化学（或物理）变化而形成压力急剧上升的一种现象，分为化学性爆炸和物理性爆炸。化学性爆炸是指物质受外因的作用，产生化学反应而发生的爆炸。爆炸反应的主要特点是反应速度极快，释放出大量的热和气体，产生冲击破坏力。爆炸和燃烧的主要区别在于反应速度，爆炸多伴随着燃烧发生，如黑火药等爆炸品发生爆炸。物理性爆炸是指由于货物包装容器内部气压超过容器的承受强度而发生的爆炸，如氧气瓶爆炸。

4. 货物的生物性质

货物的生物性质是指有生命的有机体货物及寄附在货物上的生物体，在外界各种条件的影响下，为了维持其生命而发生生物变化。在运输过程中，货物发生生物变化的形式主要有酶的作用、呼吸作用、微生物作用、虫害等。

1）酶的作用

酶又名酵素，是一类生物催化剂。酶在生物变化中起重要作用。因为一切生物体内物质分解与合成都要靠酶的催化来完成，所以它是生物新陈代谢的内在基础。例如粮谷的呼吸、后熟、发芽、发酵、陈化等都是酶作用的结果。酶是一种特种蛋白质，影响其催化作用的因素有温度、pH 值（酸碱度）、水分等。

2）呼吸作用

呼吸作用是有机体货物在生命活动过程中的新陈代谢现象。这种作用是一切活的有机体货物最普通的生物现象，寄附在货物上的微生物、害虫等也具有此特性。呼吸作用可分为有氧呼吸和无氧呼吸。

有氧呼吸是有机体货物中的葡萄糖或脂肪、蛋白质等，在通风良好、氧气充足的条件下受氧化酶的催化发生氧化反应，产生二氧化碳和水，并释放出热量。

无氧呼吸是有机体货物在无氧条件下，利用分子内的氧呼吸。此时，葡萄糖在各种酶的催化下转化为酒精和二氧化碳，并释放出少量热量，实际上是一种发酵作用。

旺盛的有氧呼吸可造成有机体中营养成分大量消耗并产生自热、散湿现象，而严重的缺氧呼吸所产生的酒精积累过多会引起有机体内的细胞中毒死亡。影响呼吸强度的因素有含水量、温度、氧的浓度等。所以在运输过程中，应合理通风并尽量控制有关因素，使货物可以进行微弱的有氧呼吸，以利于货物的安全保管。

3）微生物作用

微生物是借助显微镜才能看见个体形态的小生物，微生物作用是微生物依据外界环境条件，吸取营养物质，经细胞内的生物化学变化，进行生长、发育、繁殖的生理活动过程。有机体货物在微生物作用下，会发生霉变、腐败和发酵发热等质量变化的现象。易受微生物作用的货物主要有肉类、鱼类、蛋类、乳制品、水果、蔬菜等。

常见危害货物的微生物有细菌、霉菌和酵母菌等。微生物要在货物上生长、繁殖，除所需营养物质外，还要有适宜的温湿度、水分等条件。通常，货物含水量高和环境温暖潮湿时，最适宜微生物的生长和繁殖，因此控制含水量和环境温湿度以及防感染是防止货物受到微生物危害的主要措施。

4）虫害

虫害对有机体货物的危害性很大，害虫会破坏货物组织结构，造成其破碎、出现孔洞、发热和霉变等，害虫的分泌物、粪便还能沾污货物，影响卫生，降低质量。例如，粮谷害虫能促使粮谷结露、陈化、发热和霉变等，老鼠、白蚁等还会咬坏货物的包装、库场建筑物并引发传染病等。

虫害作用与一般环境的温湿度、氧气浓度、货物的含水量有关系，其中温湿度是最重要的。为防止虫害，应控制相关因素并做好防感染工作。在运输过程中，常见易受虫害作用的货物主要有粮谷类、干果类、毛皮制品等。

另外，有机体货物还会出现后熟、发芽、陈化、胚胎发育等生物变化现象，均会导致货物受损，不利于运输和保管。

任务实训

常见货物的性质变化观察

根据货物的变化性质，结合日常生活中的情况，填写常见货物的性质变化现象（表1.2）。

表1.2　货物的性质变化

货物的性质变化分类	日常生活中观察到的现象
吸湿	
燃烧	
挥发	
酶的作用	
热变	
变形	
氧化	
虫害	

任务 1.2　货物分类、编码和标准

案例引入

多国海关出台 HS 编码新规

2017 年，多国海关发布新规，纷纷要求在进口的货物提单的信息中显示 HS 编码（海关编码）的信息，否则将出现货物被海关扣押、不能上船、不予受理等情况。

德国海关要求在货物提单中必须要有 6 位或者不少于 4 位的 HS 编码，否则货物将被海关扣押；马士基航运已率先发布通知称，从 2017 年 10 月 16 日起，要求出口到德国或在德国港口中

转的货物必须提供货物的 HS 编码，若未能提供，将不予处理。没有在规定时间内提交完整且准确的货运指示的货物，很可能不允许上船。

为避免因违反规定遭受损失，从事外贸和货运代理工作的人员一定要注意，做好严格的自查工作。

1.2.1 货物分类及其分类管理

1. 货物分类

货物分类是按照货物的性质或其他特性将货物划分为不同的类别，一般分成大类、品目、小类、品种、纲目等。

1）货物分类的重要意义

货物科学分类，不仅有助于合理组织货物流通和有效改善企业管理，还有利于会计核算和计划、统计工作的进行。

货物科学分类是编制货物目录的基础。按货物科学分类编制的货物目录主次分明，名目清楚，便于货物管理工作的进行。

2）货物分类的基本原则

（1）必须满足分类的目的和要求。

（2）各类货物应有显著的本质区别。

（3）能概括规定范围内的所有货物，并有不断补充新货物的余地。

（4）每个货物只能限定在一个类别之内。

（5）货物分类采用独有的特征，不能同时采用相互矛盾的两种或多种特征进行分类。

（6）必须有能说明货物特征的基础标志，并能从本质上划分各类货物。

（7）在同一类货物中，不得同时使用两种或多种标志，也不能随便更换标志。

2. 货物分类管理

1）按货物装卸搬运方式

（1）散装货物。简称散货，以重量承运，是无标志、无包装、不易计算件数的货物，以散装方式进行运输，一般批量较大，种类较少。散货按其形态可分为散装固体货（如矿石、化肥、煤等）和散装液体货（如原油、动植物油等）。

（2）件装货物。简称件货，以件数和重量承运，一般批量较小、票数较多，称为件杂货或杂货，其标志、包装形式不一，性质各异。

※课堂讨论※

原油运输是我国石油化工企业的生命线，其运输方式主要有管道运输、水路运输、铁路运输、公路运输四种。

2011 年，中国石油、中国石化、中国海油三大石油公司通过管道输送原油 3.21 亿吨。其中，中国石化通过管道输送原油 2.06 亿吨，占其原油运输总量的 93.63%，极大限度地满足了石油化工企业原油加工需求，有力地保障了国内的成品油供应。

原油运输属于散装货物运输还是包装货物运输？

2）按包装特点

（1）包装货物，是指装入各种材料制成的容器或捆扎的货物，例袋装货物、桶装货物、捆装货物等。

（2）裸装货物，是指在运输中不加包装（或简易捆束），而在形态上却自成件数的货物，如汽车、铝锭、电线杆等。

3）按清洁程度

（1）清洁货物，是指在运输中本身不易变质，外观清洁干燥，对其他货物不会造成污染，且本身不能被沾污的货物，如棉毛织品、纸浆、茶叶等。

（2）污秽货物（又称污染货、脏货），是指在装卸运输中因本身无包装或包装不良，受损时容易污染损坏其他货物的货物，可以按照货物污染影响表（表 1.3）分类。

表 1.3　货物污染影响表

序号	污秽货物类型	举例
1	易扬尘货物	水泥、炭黑、矿粉等
2	易潮解货物	如糖、盐、化肥等
3	易融化货物	松香、石蜡、肥皂等
4	易渗油货物	煤油、豆饼、小五金等
5	易渗漏货物	酒、蜂蜜、盐渍肠衣等
6	散发强烈异味货物	鱼粉、氨水、油漆等
7	带虫害病毒货物	未经消毒的生牛羊皮、破布、废纸等

4）按装运要求

（1）特殊货物（也称特种货物），是指货物本身的性质、体积、重量和价值等方面具有特别之处，在积载和装卸保管中需要采取特殊设备和措施的各类货物，其特点见表 1.4。

表 1.4　特殊货物的特点

序号	类型	特点	举例
1	危险货物	具有燃烧、爆炸、腐蚀、毒害和放射性射线等性质，在运输过程中能引起人身伤亡、财产毁损	黄磷、硝酸、氰化钠等
2	贵重货物	本身价值很高	金银首饰、玉器、文物、名贵药材、高级仪器和电器等
3	笨重长大货物	单件重量、长度超过一定限制	机车头、成套设备、钢轨等
4	易腐货物（鲜货）	在常温条件下，容易腐败变质	新鲜的肉、鱼、蛋、乳、水果、蔬菜等
5	冷藏货物	使用冷藏船、舱、箱在指定的低温条件下运输	主要是指易腐货物
6	有生动植物货物（活货）	在运输过程中仍需不断照料，维持其生命和生长机能，防止使其枯萎、患病或死亡	蜜蜂、禽畜、鱼苗及树苗、盆景、花卉等

续表

序号	类型	特点	举例
7	涉外货物	政策性强，运输环节多，运输情况复杂多变，时间性强，风险较大	外国驻华使领馆、团体和个人的物品，以及国际礼品、展览品等
8	拖带运输货物	不便于装载在船舶上运输，较适宜于经编扎在水上拖带运输	竹、木排、浮物、船坞等

（2）普通货物，是除危险货物、鲜活货物以及其他因本身性质而在装卸和积载方面有特殊要求的特殊货物外的一般货物的统称。

5）按货物自然特性

货物自然特性见表1.5。

表1.5　货物自然特性

序号	类型	特点	举例
1	吸湿性货物	能吸收空气中水蒸气或水分	茶叶、香烟、食糖等
2	热变性货物	当环境温度超过一定值时，形态会发生变化	石蜡、松香、橡胶等
3	自热性货物	在不受外来热源影响下会自行发热	油纸、棉花、煤炭等
4	锈蚀性货物	在环境中易生锈和毁损	金属罐头食品、铁桶货、钢材等
5	染尘性货物	容易吸收周围环境中灰尘	纤维货物、液体货物、食品等
6	扬尘性货物	极易飞扬尘埃	矿粉、炭黑、染料等
7	易碎性货物	机械强度低，质脆易破	玻璃及其制品、陶瓷器、精密仪器等
8	吸味性货物	容易吸附外界异味（有些吸味性货物本身还具有散味性）	茶叶、香烟、大米等
9	冻结性货物	含有水分，在低温条件下，容易冻结成为整块或产生沉淀	墨汁、液体西药受冻后会沉淀影响质量，煤炭、散盐、矿石低温时易冻结成大块，造成装卸困难
10	危险性货物	具有自燃、易燃、爆炸、腐蚀、毒害、放射等性质	冰醋酸、聚酯树脂漆等

7）按货物储存场所

货物储存场所的特点见表1.6。

表1.6　货物储存场所的特点

序号	类型	特点	举例
1	舱内货物	装入船舱内运输	茶叶、食糖、棉布等
2	舱底货物（压载货物）	装在船舱底运输，一般比重较大或有污染性且都不怕压	钢材、桐油、矿石等

续表

序号	类型	特点	举例
3	衬垫货物	耐压，可以用来衬垫	旧轮胎、板条、旧麻袋等
4	填空货物	体积小、不怕挤压，可用来填补舱内空档	藤、成捆木柴、耐火砖等
5	舱面货物（甲板货物）	装在船舶没有遮蔽的甲板上。其一般具有不怕湿、不怕晒、不怕冻等特性	原木、汽车、有生动植物等
6	深舱货物	装入船舶中吃水最深的舱内运输	一般为流质货物、扬尘货物，如散装货油、动植物油、水泥等
7	房间货物	装入保险房或其他小舱室内（邮件房、行李房等）运输	贵重货物、邮件、行李等
8	冷藏舱（箱）货物	装入冷藏舱（箱）内运输	冻肉、冻鱼、水果、蔬菜等
9	非一般货舱货物	装入杂货船的油柜、水柜以及过道、穿堂等非舱室场所、用冷藏舱装运	—

7）按货物运输方式

货物运输方式的特点见表1.7。

表1.7　货物运输方式的特点

序号	类型		特点	说明
1	直达货物		—	从起运港直达某一目的港口的货物
2	国际过境货物	通过货物	中途经第三国港口并随原船在港口通过	不同国家的港口和运河当局，对国际过境货物的申报查验等手续有不同的规定，对危险货物过境，控制尤为严格
		国际中转货物	中途经第三国港口以水运转铁路、铁路转水运方式在港口通过	
		转船货物	中途经第三国港口以水运转水运	
3	选港货物	—	在装船时提供多个可供选择卸货港	选择卸货港的货物必须是运输文件上列明的港口，且货物数量应是整票的
4	联运货物	—	按照统一的规章或协议，使用同一份运输票据，中途换装他种运输工具，继续运输至目的港	—
5	集装箱货物	—	装入集装箱内运输	—

续表

序号	类型		特点	说明
6	零星货物（零担货物）		批量较小	单张货物运单的托运量不满30吨。通常班轮运输的货物，多属零星货物
7	大宗货物（整批货物）		在运量构成中占有较高比例	单张货物运单的托运量较大，通常整船装运，如粮谷、木材、煤炭、矿石等
8	管道运输货物	液体	—	原油、成品油和液态烃（液化石油气和液化天然气）等
		气体	—	天然气、二氧化碳和氮气等
		固体浆料	—	煤浆和各类矿浆等

思政拾萃

透过"货物分类"洞察"垃圾分类"

货物分类，大大提高了货物的生产和流通效率；物种分类，让人们对生物的多样和生命的起源有更多的认识；资料、信息分类，能提高我们的学习能力。分类，以一种体现秩序的方式，改变着人们的生活。

党的二十大明确指出："我们坚持绿水青山就是金山银山的理念，坚持山水林田湖草沙一体化保护和系统治理，全方位、全地域、全过程加强生态环境保护，生态文明制度体系更加健全，污染防治攻坚向纵深推进，绿色、循环、低碳发展迈出坚实步伐，生态环境保护发生历史性、转折性、全局性变化，我们的祖国天更蓝、山更绿、水更清。"生态文明建设已经纳入中国国家发展总体布局，建设美丽中国已经成为中国人民心向往之的奋斗目标。而垃圾分类作为生态文明建设的一项重要举措，不但可以大幅度减少垃圾带来的污染，节约垃圾无害化处理的费用，而且有利于资源的回收再利用，还可以促进社会的可持续发展。

【思政点拨】垃圾分类，举手之劳，功在当代，利在千秋。让我们携起手来，从"垃圾分类"做起，共同创造天更蓝、山更绿、水更清、环境更美好的明天。

1.2.2 货物目录与货物编码

1. 货物目录

1）货物目录概述

货物目录又称货物分类目录，是指国家或有关部门根据货品分类系统对所经营管理货物编制的总明细分类集（货物总明细目录），是在货物逐级分类的基础上，用表格、符号、文字全面记录货物分类系统和排列顺序的书本式工具。

货物目录是货物分类的具体表现，是货物分类工作的有机组成部分。只有根据货物科学分类编制的货物目录，才能使各类货物脉络清楚，有利于货物经营管理的科学化和现代化。

2）货物标准分类体系和方法

货物分类体系可概括为基本分类体系、国家标准分类体系、应用分类体系三大体系。

国家标准分类体系是为适应我国市场经济的需要，以国家标准形式对货物进行科学、系统地分类编码所建立的货物分类体系，即《全国主要产品分类与代码》（GB/T 7635.1—2002）。

2. 货物编码

1）基本含义

货物编码也称货品编码，是指将货物按其分类加以有次序的编排，并且简明的文字、符号或数字代替货物的名称、类别及其他有关信息的一种方式，其符号可以由数字、字母和特殊标记组成。

使用货物编码，可以使多种多样、品名繁多的货物便于记忆；可以简化手续，提高工作效率和可靠性；有利于管理，促进销售；有利于统计、计划、管理等业务工作的进行；能为信息化、电子技术运用做准备，有利于建立统一的货物分类代码系统。

对货物管理现代化、信息化来说，所有货物将分别用指定的编码或译码来表示，货物编码所用的类型可分为按数字顺序的数字编码、按字母顺序的字母编码、按字母和数字顺序的字母和数字编码。

2）数字型代码

数字型代码是用一个或若干个阿拉伯数字表示分类对象的代码。其特点是结构简单、使用方便、易于推广，而且便于计算机处理，是国际上普遍采用的一种代码。

数字型代码的编制方法通常采用层次编码、平行编码、混合编码等三种。

（1）层次编码法。层次编码法是使代码的层次与分类层级相一致的代码编制方法。

（2）平行编码法。平行编码法是对每一个分类面确定一定数量的码位，代码标志各组数列之间是并列平行关系的代码编制方法。

（3）混合编码法。混合编码法由层次编码法和平行编码法组合而成，它吸收了二者的优点，更便于使用。

3）货物条码

货物条码是由一组规则排列的条、空及其对应字符组成的标记，用来表达一定的信息。

货物条码是利用光电子扫描阅读设备识读，并实现数据输入计算机的一种特殊代码。它作为一种可印刷的计算机语言，以其特有的快速、信息量大、成本低、可靠性高等优点，被广泛地应用于商业、仓储、邮电、交通运输、图书管理、生产过程的自动控制等领域，是迄今为止在自动识别技术中应用得最普遍、最经济的一种信息标识技术。

货物条码是由一组宽窄不同、黑白（或彩色）相间的平行线条及其对应字符，按照一定的规则排列组合而成的条空数字图像。货物条码包含货物的生产国别、制造厂商、产地、名称、规格、特性、生产日期、数量、价格等一系列货物信息，是货物的身份证。

货物条码是快速、准确地进行货物流向控制的现代化手段。普及货物条码，可以实现销售、仓储、运输、订货、结账等的自动化管理，提高货物生产和经营效率。采用货物条码，有助于提高货物信誉，可以使出口货物在国际市场上正常流通，进入超级市场，为国家创汇。

在零售商业企业采用货物条码，可以改善零售作业，减少人为错误，提高结算效率；可以立即提供财务报告，加快簿记工作速度，随时了解存货量，避免货物脱销或积压；可以帮助消费者了解货物的生产国别和质量水平。

4）货物条码的种类和组成

常用条码在货物流通领域分为储运单元条码和消费单元条码，其中储运单元是指由若干消费单元组成的稳定和标准的货物集体，是装卸、仓储、收发货、运输等项业务所必需的一种货物单元。储运单元条码有 DUN－14 条码、DUN－16 条码、ITF－14 条码、ITF－16 条码、EAN/UPC－128 条码等。消费单元是指通过超级市场、百货商店、专业商店等零售渠道直接售给消费者的货物单元。

国际通用的货物条码分为国际物品条码（EAN 条码）和通用产品条码（UPC 条码）。

我国称 EAN 标准版（EAN－13）为标准码，由条、空及其下面对应的 13 位阿拉伯数字组成。这 13 位数字可分为 4 个码段，第一码段是前缀码（又称国别代码），为前二位或前三位数字；第二码段是厂商代码，为五位或四位数字；第三码段是货物标识代码，为五位数字；第四码段是校验码，为最后一位数字。其条码结构如图 1.1 所示。

国别代码 [2位]　　厂商代码 [7位]　　货物标识代码 [3位]　　校验码 [1位]

图 1.1　标准码结构举例

拓展阅读

一维条码与二维条码

一维条码：一维条码只能在一个方向（一般是水平方向）表示信息，而在其他方向则不表示任何信息（其高度通常是为了便于阅读器的对准），包括 EAN 条码、UPC 条码等，应用一维条码可以提高信息录入的速度，减少差错率，但是，一维条码数据储存量较少，主要依靠计算机中的关联数据库，其保密性能差，损污后可读性差。

二维条码：二维条码在两个维度方向上都表示信息（图 1.2）。二维条码储存数据量大，可用扫描仪直接读取内容，不需要关联数据库；保密性高（可加密）；有时在损污程度达 50% 时仍可读取完整信息。

图 1.2　二维条码示例

从应用的观点来看，一维条形码偏重于"标识"商品，而二维条码则偏重于"描述"商品。因此，相对于一维条码，二维条码中可以记录商品的基本资料，达到"资料库随着商品走"的效果，有助于进一步展示一维条码无法提供的信息。

微课资源
1.2　二维条码从何而来

1.2.3　货物标准

标准是为在一定的范围内获得最佳秩序，对活动或其结果规定共同的和重复使用的规则、导则或特性的文件。标准应以科学、技术和经验的综合成果为基础，以促进最佳社会效益为目的。根据《中华人民共和国标准化法》（以下简称《标准化法》）的规定，我国标准分为强制性标准和推荐性标准两类。强制性标准必须严格执行，做到全国统一。国家鼓励企业自愿采用推荐性标准，但推荐性标准如经协商，并记入经济合同或企业向用户做出明示担保，有关各方则必须严格执行，做到统一。

1. 货物标准概述

货物标准是指为保证货物的适用性，对货物必须达到的某些或全部要求而制定的标准，内容包括品种、技术要求、试验方法、检验规则、包装、标志、运输和储存等。

货物标准是货物生产、质量验收、监督检验、贸易洽谈、储存运输等的依据和准则，也是对货物质量争议做出仲裁的依据，对保证和提高货品质量，提高生产、流通和使用的经济效益，维护用户的合法权益等都具有重要作用。

货物标准按照其表现形式可分为文件标准和实物标准。文件标准是通过特定格式，用文字、表格、图样等表述货物的品种规格、质量要求、检验规则与方法、储运与包装规定等有关技术内容的统一规定。目前的货物标准绝大多数都是文件标准。对难以用文字准确表达的质量要求，如色、香、味、手感、质感等，由标准化机构或指定部门用实物制成与文件标准规定的质量要求完全或部分相同的标准样，按一定程序颁布，用来鉴别货物质量和评定货物等级，称为实物标准或标准物质。实物标准每年更新，以保持各等级标准样的稳定。例如粮食、茶叶、棉花、羊毛等农畜产品都需要实物标准。

此外，货物标准还可按其成熟程度分为试行标准和正式标准；按适用范围分为出口货物标准和内销货物标准；按其使用要求分为生产型标准和贸易型标准；按其保密程度分为公开标准和内控标准。

2. 货物标准的内容

货物标准的主要内容包括：①主题内容、适用范围和引用标准；②分类；③技术要求；④试验方法和检验规则；⑤包装、标志、运输和储存。

3. 货物标准分级

根据《标准化法》的规定，我国标准划分为国家标准、行业标准、地方标准和企业标准四级。从世界范围来说，标准通常被分为国际标准、国家标准、行业标准、地方标准、企业标准五级。

1）国际标准

国际标准是指由国际标准化组织公布的标准。国际标准化组织认可的国际组织是国际计量局（BIPM）、国际人造纤维标准化局（BISFA）、关税合作理事会（CCC）、国际电工委员会电工产品合格测试与认证组织（IECEE）、国际航空运输协会（IATA）、国际民用航空组织（ICAO）、国际乳品联合会（IDF）、联合国教科文组织（UNESCO）、世界卫生组织（WHO）、世界知识产权组织（WIPO）等。

2）国家标准

国家标准是由国家标准化行政主管部门批准发布、在全国统一施行的标准。国家标准主要包括重要的工农业产品（货物）标准；基本原料、材料、燃料标准；通用的零件、部件、元件、器件、构件、配件和工具、量具标准；通用的试验和检验方法标准；货品质量分等标准；广泛使用的基础标准；有关安全、卫生、健康和环境保护标准；有关互换、配合通用技术术语标准等。

根据《国家标准管理办法》的规定，我国强制性国家标准的代号由"国标"二字的汉语拼音第一个字母组成，为"GB"，推荐性国家标准的代号为"GB/T"。国家标准的编号由发布的顺序号和年号构成。例如 GB 9108—1989 表示 1989 年颁布的 9108 号强制性国家标准；GB/T 1006—1998 表示 1998 年颁布的 1006 号推荐性国家标准。

3）行业标准

行业标准即专业标准，是指在没有国家标准的情况下，由专业标准化主管机构或专业标准化组织批准发布、在某个行业范围内统一技术要求的情况下，可以制定行业标准。行业标准不能与有关国家标准抵触，有关行业标准之间应保持协调、统一，且不得重复。

4）地方标准

地方标准是指在没有国家标准和行业标准的情况下，由地方制定并批准发布，在本行政区域范围内统一使用的标准。地方标准由省、自治区、直辖市质量技术监督部门制定、审批和发布，并报国家质量技术监督局和国务院有关行政主管部门备案，在公布和实施相应的国家标准后，该地方标准即废止。强制性地方标准的代号由"DB"和省、自治区、直辖市行政区域代码前两位数字再加斜线组成，推荐性地方标准由强制性地方标准再加"T"构成。例如，江西省强制性地方标准代号为"DB 36/"，北京市推荐性地方标准代号为"DB 01/T"。

5）企业标准

企业标准是指由企业制定发布，在该企业范围内统一使用的标准。企业标准一般应严于国家标准、行业标准和地方标准，这样有利于提高产品质量，保证产品质量超过国家标准甚至国际标准。

企业标准原则上报当地质量技术监督部门和有关行政主管部门备案。企业标准代号为"Q/"，各省、自治区、直辖市颁布的企业标准应在"Q"前加上本省、自治区、直辖市的汉字简称，如北京市为"京Q/"（斜线后为企业代号和编号）。

※拓展阅读※
1.2 与标准亲密接触的一天

任务实训

电商货物分类调研

1. 任务描述

全班学生运用所学的货物分类知识对三大电商——淘宝、京东、拼多多的货物分类进行调研分析，并撰写一份500字以上的调研报告。

2. 任务目标

（1）巩固学生的货物分类知识。

（2）培养学生提高将知识应用于生活的能力。

（3）提高学生的学习兴趣。

3. 任务实施

1）熟悉电商平台的货物分类

（1）从全班学生中选出1位主持人、3位监督员、1位记分员。其余学生自愿分成3个小组，分别代表淘宝、京东、拼多多三大电商。

（2）主持人随机选报货物名称，各组学生在对应的电商平台凭借分类对货物进行查找，3位监督员分别对3个小组进行监督，监督其不得使用搜索功能。

（3）在规定的时间内能顺利找到货物的，每人每次计1分，统计员统计各小组的得分。

（4）找到5个货物后结束游戏，记分员计算各组总分，并将其填入表1.8，得分最高的小组获胜。

表 1.8　得分统计表

货物名称	淘宝组	京东组	拼多多组	备注
货物 1				
货物 2				
货物 3				
货物 4				
货物 5				
合计				

2）个人调研报告

（1）学生单独对三大电商的货物分类进行调查整理和分析比较，并分别评述其分类方式的优缺点。同时，针对其缺点提出改进意见，将其填入表1.9。

表 1.9　三大电商货物分类分析表

电商名称	特色	优点	缺点	改进意见
淘宝				
京东				
拼多多				

（2）学生根据表1.10并结合所学的货物学分类知识，撰写500字以上的调研报告。

4. 成绩评定

教师根据报告的语言逻辑、基本材料、个人观点、个人态度和卷面情况打分，满分为100

分，具体见表1.10。

表1.10　成绩评定

评价项目及分值	评分标准	得分
语言逻辑（40分）	语言流畅、精练；条理清晰，逻辑性强	
基本材料（20分）	数据真实、准确；材料具体、可靠	
个人观点（30分）	观点鲜明，有理有据	
个人态度（5分）	态度端正，认真积极	
卷面情况（5分）	字迹美观，卷面整洁	
总分	—	

模块考核

一、名词解释

货物　选港货物　联运货物　零星货物

二、选择题

1. 下列属于散装货物的是（　　）。

   A. 棉花 　　　　B. 生铁块 　　　　C. 石蜡 　　　　D. 盘圆

2. 下列属于粗劣货物的是（　　）。

   A. 纸浆 　　　　B. 茶叶 　　　　C. 棉纱 　　　　D. 盐渍肠衣

3. 下列属于特殊货物的是（　　）。

   A. 瓷砖 　　　　B. 烟叶 　　　　C. 橡胶 　　　　D. 世界名画

4. 条码按照使用目的可分为（　　）。

   A. 商品条码 　　B. 物流条码 　　C. 运输条码 　　D. 销售条码

三、简答题

1. 在运输生产实践中，对货物进行分类有何重要意义？

2. 按形态分类，可将货物分为哪几类？

3. 按货物自然特性可将货物分为哪几类？请列举货种说明。

4. 按运输方式，货物可分为哪几类？

模块 2

货物质量与检验

内容导读

货物质量不仅是国家、企业和消费者关注的重要问题，也是一切经营管理工作的永恒主题，货物学研究的中心内容就是货物的质量。因此，我们需要全面、正确地认识货物质量，了解现代货物质量观。

学习目标

[知识目标]

◎理解货物质量和货物质量管理基础知识。

◎熟悉常见货物质量的基本要求。

◎了解货物检验的依据、内容和程序。

◎了解货物储存与养护的基本知识。

[能力目标]

◎能够清楚货物质量分析指标，能够识别常见的货物质量认证标志。

◎能够通过货物质量影响因素掌握保证货物质量的方法，具有对普通货物进行检验的能力，掌握货物检验的几种常见方法。

◎能够通过货物质量特性对货物质量进行综合评价，能够初步判断导致某货物出现质量问题的关键因素。

[思政目标]

◎理解货物质量对中国经济健康发展的重要意义，感受民族企业精益求精的品质追求，增强民族自豪感。

◎理解保证货物质量是企业诚信经营的具体体现。

◎始终以生命和财产安全为基本出发点，树立质量高于一切的问题意识，愿意为提高货物质量和做好社会监督工作贡献自己的力量。

任务 2.1　货物质量

案例引入

长沙海关破获特大走私冻品案

2015 年 6 月，长沙海关破获一起特大走私冻品案，打掉 2 个涉嫌走私冻品团伙，查扣涉嫌走私冻牛肉、冻鸭脖、冻鸡爪等约 800 吨，价值约 1 000 万元。国家海关总署随即在国内 14 个省份统一组织开展打击冻品走私专项查缉抓捕行动。

行动的成果令人震惊，大量来自疫区甚至严重过期的猪蹄、鸡翅等通过走私入境，利用化学药剂加工调味后摇身一变成为"卖相"极佳的"美味佳肴"，悄无声息地出现在夜市、饭馆里，甚至百姓的餐桌上。

据相关专家解释，严重过期的冻肉品质上比鲜肉差，而且走私肉运输条件恶劣，在运输过程中会经历反复解冻，而不断解冻等过程，极易滋生各种细菌，有些走私肉甚至已经腐烂，又被重新冷冻，食品安全和卫生质量堪忧，而且走私肉都是没有经过检验检疫的肉品。人如果进食携带禽流感、疯牛病等病原微生物的冻肉，甚至可能危及生命。

为了打击冻品走私，全国各省份都成立了打击走私工作领导小组，成员包括海关、公安、工商、出入境检验检疫局等十几个部门。各省、各部门联合出手，力争实现源头打击，从根本上解决冻品走私问题，切实保障消费者的食品安全和人身健康，维护有序、健康的市场环境。

【案例思考】上述案例说明商品质量问题会给消费者带来财产损失、健康隐患甚至生命危险。因此，货物质量问题不容小觑。那么货物质量究竟是什么呢？现代企业应具备怎样的货物质量观呢？

2.1.1　货物质量概念

1. 货物质量概述

货物质量是指货物满足规定功能或潜在要求（或需要）的特征与特性的总和。

2. 货物质量的构成要素

1）按表现形式分析

货物质量由外观质量、内在质量和附加质量构成。货物的外观质量主要指货物的外部形态以及通过感觉器官能直接感受到的特性，如货物的式样、造型、结构、色泽、气味、食味、声响、规格（尺寸、大小、轻重）等。货物的内在质量指通过仪器、实验手段能反映出来的货物特性或性质，如货物的物理性质、化学性质、机械性质及生物学性质等。货物的附加质量主要指货物信誉、经济性、销售服务质量等。

2）按形成环节分析

货物质量由设计质量、制造质量和市场质量构成。设计质量指在生产过程以前，在货物品种、规格、造型、花色、质地、装潢、包装等方面设计的过程中形成的质量因素；制造质量指在生产过程中所形成的符合设计要求的质量因素；市场质量指在整个流通过程中，对已在生产环节形成的质量的维护保证和附加的质量因素。

　　3）按有机组成分析

　　在有机组成上，货物质量由自然质量、社会质量和经济质量构成。自然质量是货物自然属性给货物带来的质量因素，社会质量是货物社会属性所要求的质量因素，经济质量是货物消费时在投入方面所要考虑的因素。

3. 货物质量评价要素和质量指标分析

　　1）货物质量评价要素

　　货物质量评价要素可以分成性状、缺陷、性能、感官、嗜好、市场适应性 6 类，见表 2.1。

表 2.1　货物质量评价要素类型

要素	类型		质量特性		说明	
内部要素	性状	尺寸重量	尺寸、重量、容积、毛重	客观的质量要求	使用质量要求	广义货物质量要素
		原料成分	有效成分、含量、辅助成分、填料、杂质水分			
		形态构造	品种、结构、装饰、加工方法、镀层厚度			
		其他性质	色泽、相对密度、黏度、折光指数、透明度、凝固点、产地、制法			
	缺陷		各种外观缺陷、包装缺陷			
	性能		强度、延伸性、硬度、弹性、耐久性、功率、传导率、营养率、吸湿性、透气性、色牢度、收缩率、耐水性、阻燃性、保存性、可搬运性			
	感官		色泽、手感、音色、新鲜度、外观	客观		
	嗜好		图案、图样设计、式样、色调、风味、风格、流行性	主观		
外部要素	市场适应性		包装、商标、标签、广告、产地、价格、保管、搬运费	客观加主观	市场要素	

　　※课堂讨论※

　　选择课堂上常见的 5 种货物（签字笔、书、笔记本、电子黑板、课桌），对照表 2.1 中的货物质量评价要素（性状、缺陷、性能、感官、嗜好、市场适应性）分别进行评价。

　　2）货物质量指标

　　货物质量指标的类型以及定义和说明见表 2.2。

表 2.2　货物质量指标的类型以及定义和说明

序号	质量指标类型	定义和说明
1	适用性	货物在规定的条件下完成规定功能的能力，如服装的适用性，主要是指穿着的舒适、合体、美观
2	可靠性	货物在规定的条件下和规定的时间内，完成规定功能的能力，如电视机的显像度表现其稳定性，手表走时的准确性表现其精确度

续表

序号	质量指标类型	定义和说明
3	安全性	货物在制造、储存和使用中，保证人身与环境免遭危害的程度，如电器的电绝缘性，食品的卫生性，农药的残留毒性等均属货物的安全性
4	维修性	在规定的时间内、按规定的程序和方法进行维修时，保持或者恢复到能完成规定功能的能力
5	使用寿命	货物在规定的使用条件下完成规定功能的总工作时间。在流通阶段的寿命称之为货架寿命，如食品的保鲜期；在使用阶段的寿命称之为使用寿命，如灯泡可以使用的小时数
6	储存寿命	在规定的储存条件下，货物从开始储存到规定的失效的时间
7	合格品	满足全部规定要求的货物
8	不合格品	不满足规定要求的货物
9	缺陷	不满足预期使用要求
10	故障	货物不能在预定的性能范围内工作
11	失效	货物丧失规定的功能

思政拾萃

华为质量熔铸工匠精神

2016年3月，华为公司（以下简称"华为"）凭借"以客户为中心"的质量管理模式获得"中国质量奖"制造领域第一名，这一殊荣是对华为长期坚持以"质量为生命"的肯定和褒奖。"以客户为中心"是华为的核心价值观，是华为质量文化的核心，也是华为一切工作的驱动力。"质量好、服务好、运作成本低、优先满足客户"是华为自1987年成立以来一直坚持的精神。

为解决一个在跌落环境下致损概率为1/3 000的手机摄像头质量缺陷问题，华为不断测试，最终找出问题并解决；为弥补某款热销手机生产中的一个小缺陷，华为曾经关停生产线重新整改，不惜以影响了数十万台手机的发货为代价，正是靠着对产品瑕疵零容忍的质量原则和对不断提升产品品质的追求，华为走出国门，用优质的产品、服务和领先的技术服务全球。质量目标、方针、战略落地到流程中，构筑到文化中，使华为的质量战略真正成为每个华为人追求的目标。华为"以客户为中心"不断提升质量的工匠精神值得更多的企业学习。

【思政点拨】工匠精神是一种在设计上追求独具匠心、质量上追求精益求精、技艺上追求尽善尽美的精神，蕴含着严谨、耐心、踏实、专注、敬业、创新、拼搏等宝贵品质，体现在各行各业的企业家和劳动者的价值追求和综合素质上，落实在产品的质量和生产的各个环节中。

4. 保证货物质量的重要意义

（1）货物质量是企业的生命，不断提高货物质量是发展生产、扩大经营的重要前提条件。

（2）重视并不断提高货物质量是创造社会财富，满足消费者需求的重要标志，既减少了消耗、降低了成本，又相应地增加了企业的利润，而且减少了消费者的支出。

（3）重视并不断提高货物质量是促进企业质量管理制度不断完善的中心环节。

（4）重视并不断提高货物质量是提高企业的市场竞争力的重要措施与可靠保证。

拓展阅读

至今，一个被海尔人称为"毛刺事件"的案例还清晰地印在人们的脑海中。多年前，"小小神童"洗衣机刚上市，一位用户在使用洗衣机时不慎被进水口上的一个小毛刺划破了手，这件事情对于其他企业也许是一件微不足道的小事，但在海尔公司内部却引起了轩然大波。海尔人认为，这个毛刺不仅扎伤了用户的手，还刺伤了用户的心。一场以"我们到底怕什么？"为主题的质量讨论会，在海尔进行了一个月，声势极为浩大。而正是这样一次经历，使海尔洗衣机员工确立了"有缺陷的产品就是废品"和"精细化、零缺陷"的质量价值观，从而让"质量"两个字深深印在了每一个海尔人的脑海中。

2.1.2 决定和影响货物质量的因素

1. 决定货物质量的基本因素

1）原材料质量

原材料质量对货物的质量起着决定性的作用。原材料质量对货物质量的影响因素主要是原材料的成分、性质、结构。因此，企业要注意原材料的化学成分、结构、性质等的分析研究。

原材料质量对食品质量的影响主要表现在卫生质量、营养价值、色香味形等方面。例如，在食品的加工过程中，如果使用的原料被污染了，制成的食品中就会含有对人体健康有害的成分，而当有害成分超过规定标准时，就会被视为不合格产品。因此，在研究货物质量时，一定要充分考虑原材料质量对货物质量所起的决定作用。

2）生产工艺

生产工艺对货物质量起决定性作用的有配方、操作规程、设备条件和人员技术水平等。生产工艺过程都是按照科学规律制定的，必须根据规程进行生产，才能保证产品质量。如果违反规程生产，就保证不了产品质量。享有盛名的名牌产品的质量优于其他产品的关键原因除严格精选原材料外，还取决于加工制造过程的工艺水平。

思政拾萃

进博会，让开放的春风温暖世界

2021年11月5—10日，第四届中国国际进口博览会（以下简称"进博会"）在上海成功举办。本届进博会有58个国家和3个国际组织参加，来自127个国家和地区的近3 000家参展商亮相，国别、企业数均超过上届。其中，企业展设置食品及农产品、汽车、技术装备、消费品、医疗器械及医药保健、服务贸易六大展区，累计意向成交额达707.2亿美元。

作为世界上首个以进口为主题的国家级展会，进博会为国际采购、投资促进、人文交流、开放合作提供了开放的大平台。在这里，展品变商品，展商变投资商，出口市场拓展为生产地和创新址。从发达国家的铣床、机器人，到发展中国家的芝麻、蜂蜜，进博会以包容互惠、机遇共享的姿态汇集了来自全球的商品。

进博会不是中国的独唱，而是世界的大合唱。面对经济全球化遭遇的逆风和回头浪等问题，中国坚定地站在"历史正确的一边"，屹立于风浪之中，作出建设开放新高地，促进外贸创新发展，持续优化营商环境，深化双边、多边、区域合作的郑重承诺，旨在推动经济全球化朝着更加开放、包容、普惠、平衡、共赢的方向发展，让各国人民共享成果。

【思政点拨】发展自己，也造福世界。中国在进博会上作出的郑重承诺，彰显与世界共享发展机遇的博大胸怀，承担起建设开放型世界经济的责任，致力于创造开放合作、团结共赢的美好未来。

3）产品设计质量

有些货物不受消费者喜爱，造成了积压滞销，其原因并不是原材料质量不好，或工艺流程有问题，而是产品的设计质量不高。样式不新、外形不佳、结构不良、使用不便的产品怎么能占领市场呢？所以，产品设计的质量也是决定货物质量的不可忽视的先决条件。

2. 影响货物质量的主要因素

决定货物质量的是设计、生产部门，影响货物质量的是流通部门。货物进入流通领域之后，经过运输、储存、销售等环节，货物质量会在外界因素（如阳光、空气、温湿度、外力等）的作用下发生各种各样的变化，从而导致货物质量下降。如果采取积极的防范措施（如包装质量好、养护得当等），就会降低货物质量下降的程度。因此，加强流通领域中货物管理工作的力度，不断提高流通领域中质量管理工作的水平，有助于提高货物质量。

1）造成货损、货差的原因

货损是指在运输、装卸和保管过程中，货物质量上的损坏和数量上的确实损失。质量上的损坏包括货物受潮、污染、破损、串味、变质等。数量上的确实损失包括海难、火灾、落水无法捞取、被盗、遗失等导致的货物的灭失，以及挥发等情况造成的超过自然损耗的货物减量。

货差是指货物在运输过程中发生的溢短和货运工作中的差错。其包括错转、错交、错装、错卸、漏装、漏卸，以及货运手续办理错误等原因造成的有单无货和有货无单，或若点数不准等单货不符、件数或重量溢短等问题。

在运输中产生货损、货差的原因是错综复杂的，归纳起来主要包括配积载不良、装卸操作不慎、货物本身问题、堆存保管不妥、航运途中管理不善以及理货工作失职等。

（1）配积载不良造成的货损、货差原因。

①货物搭配不当。例如，性质相抵的货物同舱混装，致使货物发生串味、污染、溶化、腐蚀、发热和自燃等货损。

②装载货位不当。例如，怕热货物装载在机炉舱等热源部位，导致其熔化受损；怕潮货物装载在甲板上或舱盖不严密、易产生"汗水"的舱内部位，致使其湿损、霉变；易碎货物装载在震动很剧烈的机舱附近或在作业困难的货位操作，导致货物倾倒破损；未按照港口顺序装卸，致使货物需要在卸货港捣载，在搬运时引起货物损坏。

③舱内堆码不当。例如，货物堆码不紧密或垛型不符合要求，引起碰撞、挤压、倒垛，致使货物破损；堆码超高，造成底层货物被压坏；堆码未留通风道或未设置通风器，致使货物霉变、

腐烂；重大件货物因捆绑不牢，货物移位，致使货物受损，重货压轻货或木箱压纸箱，造成货物压损等。

④衬垫隔票不当。例如，衬垫材料潮湿、不干净，致使货物湿损、污损；衬垫方法不当或衬垫材料与货物性质相抵触造成货物变形、破损、腐烂、串味、湿损，以及燃烧、爆炸等；货物未隔票或隔票方法不当，致使货物混票、隔票不清，造成错卸、漏卸和翻堆查找的货损货差。

（2）装卸操作不慎造成的货损、货差。

①装卸操作不当或违章操作。例如，某些装卸工人操作不熟练或操作马虎，不按储运指示标志作业，如装卸易碎货物时，没有轻拿轻放，司机没有稳起稳吊；装卸重大件起吊绑扎位置不当，致使货物损坏；起吊货物超过吊杆安全负荷定额，装卸时的拖钩、倒钩、游钩、留山挖井、乱摔乱扔等违章操作和野蛮装卸导致的货损、货差。

②装卸设备或吊货工具不当。例如，吊杆各部件过分磨损，吊货索、吊杆、滑车索具不良，而工前和工间又未认真检查，致使其发生折断、松弛等情况，造成货物损坏；装卸作业中采用不适合货物的工具（如手钩、撬杠、网兜、吊链等），致使货物发生袋破、桶裂、箱坏，造成撒落、渗漏、破损等货损。

③装卸中气候变化的影响。例如，在雨雪天进行装卸或对天气变化疏忽大意，在下雪、雷雨等环境中未能及时关舱或搭篷，造成货物水湿、溶化、燃烧；液体货物受炎热或严寒气温变化的影响，致使包装胀裂，造成溢漏损坏等。

（3）货物本身问题造成的货损、货差。

①货物运输包装不良。例如，货物运输包装的强度不足，包装材料不适合货物的性质，包装内部结构、衬垫不当或使用有缺陷的旧包装等，致使货物造成破损、污损、断裂、脱落、散捆等。

②货物标志不清。例如，货物标志制作字图不清楚、内容不完整不规范或脱落，造成运输标志、包装储运指示标志、危险货物标志难辨认或欠缺，会造成错装、错卸、货差，导致装卸、堆存中发生货损、货差事故。

③货物本身的自然属性所致。例如：易腐货物少量腐烂变质；有生动植物的个别枯萎、死亡；橡胶老化；散装原油挥发、降质等，均是货物本身自然属性上的缺陷所造成的货损、货差。

（4）运输途中造成的货损、货差。

①货舱设备不完善。例如，货舱在装货前的准备工作没有满足货物的要求，勉强装货而造成货损；货舱外板、甲板、舱口盖漏水或货舱开口造成货舱进水引起货损；货舱舱壁护板不全，通风设备失灵，舱内管道漏损等原因造成货损。

②保管不当。例如，装有呼吸货物的货舱长期封闭致使货物发酵、霉烂、自热；通风不当造成货物霉腐、汗湿、燃爆；污水沟、污水井积水未及时排除，溢出造成货物湿损、污损，没有满足冷藏货物保管的温湿度要求而造成货损等。

③不可抗力。例如，船舶在航行中遭遇主观意志不可抗拒的海损事故（如碰撞、搁浅、触礁、沉船）、自然灾害（如台风、洪水）、军事拦阻、航道堵塞等而造成货损、货差。

（5）堆存保管不妥造成的货损、货差。

①库场设备不全。例如，库内漏水漏电、露天场地苫垫设备不良，致使货物水湿、污损、燃烧等。

②库场清扫工作差。例如，库场的清洗、干燥、除味、驱鼠、熏蒸、除毒等清扫工作不及时或没有满足货物性质的要求，致使货物受地脚污染，遭受虫蛀、鼠害等而造成货损。

③货物保管不当。例如，性质相互抵触的货物同库堆存而造成串味、污染、腐蚀等货损；库内通风不当，造成货物汗湿；货物堆码过高，致使下层货物被压坏；残损货物未剔除而影响其他货物；防汛防盗工作未做好，造成货物损失、被盗等。

④货物交付不及时。例如，易腐货物、有生动植物货物到港未及时交付，致使货物造成腐蚀、死亡、枯萎等。

（6）理货工作中造成的货差。

①收发货时数字不准。例如，理货、库场人员在收发、点垛、抄号、划钩理数过程中数字不准确，少收多报或多收少报等。

②错装、漏装、混装。错装是指将不该装船的货物误装上船，或将货物误装在开往其他港的船舶上。例如，在货物装船时，理货员对同规格、同包装、不同收货人或不同卸货港的货物的运输标志没有分清，或对作业班组工人未交待清楚所装的船名、舱位，致使装错船或装错舱位造成货差。漏装是指将应该装船的整票或部分货物遗漏未装。例如，在装船时，将装货途中跌落的货物或零星货物遗漏而造成的货差。混装又称混票，是指装船时，将不同卸货港、不同收货人、不同提单号的货物混杂堆装。例如，在装船时，因装卸工人之间的协作配合程度不高，致使货物混票、隔票不清而造成的货差。

※拓展阅读※
女子寄酒收到空瓶

2）货物自然减量

在运输、装卸、保管过程中，性质、状态、自然条件、技术条件等因素造成的货物在重量上不可避免的在一定标准内的减少，称为货物自然减量，又叫作货物自然损耗。它是货物的合理损耗，是非事故性的、非人为的货物减量。造成货物自然减量的原因如下。

（1）挥发和干耗。例如，有挥发性的散装液体货物及含水分较多的货物，由于环境温度湿度的变化及长时间暴露在空气中，以致气体挥发或水分蒸发而造成重量减少，如汽油、原油、水果、蔬菜等。

（2）渗漏和沾染。例如，由于包装及温度的因素，液体货物（不包括罐头等密封包装液体货）易发生渗溢、漏滴现象，还有散装在舱内时，残液沾附在舱内壁无法卸出，造成非人为的货物减量，如木质桶装液体货易渗透，油舱卸油后剩有残存的油脚等。

（3）飞扬和撒失。例如少量粉末状、晶体状、颗粒状的货物会透过包装的空隙撒失；在运输过程中不可避免有个别破包现象而发生撒失；在散装运输时，由于扬尘、撒漏等而出现难以收集的少量粉末地脚，均会导致货物减量。

2.1.3 货物质量管理

1. 质量管理的概念和意义

所谓质量管理，是指为了保证和提高企业的作业质量、工作质量和产品质量所采取的各种科学技术、组织措施等一系列的管理活动。

质量管理的内容包括搜集质量情报、制定质量计划、确定质量水平、建立质量管理体系、创造质量管理标准、进行质量控制、组织质量检验等环节。

产品质量是企业的生命线，加强产品质量管理，不仅能保证企业产品满足消费者需求，还是企业在市场经济中竞生存、求发展的根本途径。

思政拾萃

中国首届"质量认证促进国际贸易论坛"在北京举行

为推动国内国际业界加强交流合作，促进国际贸易可持续、高质量发展，2021 年 9 月 6 日，中国国际服务贸易交易会"质量认证促进国际贸易论坛"在北京成功举行。本次论坛由中国国际贸易促进委员会和国家认证认可监督管理委员会共同举办。

在论坛举行期间，国家市场监督管理总局发布了"质量认证服务国际贸易便利化优良实践"成果。中国认证认可协会发起了《合格评定促进国际贸易北京倡议》。此外，该论坛还就"合格评定服务企业走出去""合格评定促进可持续发展"等议题进行了深入探讨。

中国共有认证机构 869 家，累计颁发有效认证证书 280 余万张，获证书组织突破 80 万家，连续多年位居全球第一。同时，中国已加入 21 个合格评定国际组织，对外签署了 15 份多边互认协议和 124 份双边合作安排，与东盟、欧盟、美国、俄罗斯、德国、日本、韩国、瑞士、沙特等组织和国家建立了固定合作机制，为国内外企业提供国际化的合格评定服务，使国际贸易交往的便利化程度显著提升。

【思政点拨】质量认证作为国际通行的质量管理手段和贸易便利化工具，在全球贸易体系中发挥着协调国际市场准入、促进贸易便利等重要功能。中国凭借开放的胸怀和互利共赢的心态举办了此次论坛，对促进贸易便利和可持续发展等具有重大意义。

2. 全面质量管理

1）全面质量管理的概念

全面质量管理（TQC）是企业为了能够在最经济的水平上，并考虑充分满足用户要求的条件下，进行市场研究、设计、生产和服务，把企业内各部门的研制质量、维持质量相提高质量的活动构成为一体的一种有效体系。全面质量管理可以概括为"三全"管理，即全体人员参加的管理、全部过程的管理、全面质量的管理。

2）全面质量管理的基本观点

（1）"用户第一"的观点。

（2）"预防第一"的观点。

（3）"一切用数据说话"的观点。

（4）一切按 PDCA（Plan，Do，Check，Act）管理循环程序办事的观点。PDCA 管理循环是全面质量管理的基本方法，是由美国质量管理专家戴明博士发明的，故又称"戴明环"，如图 2.1 所示。一切质量管理都必须遵循科学管理程序，按计划—执行—检查—处理工作四个阶段循环进行质量管理。

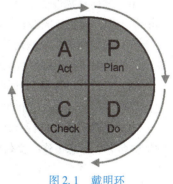

图 2.1　戴明环

拓展阅读

三星 Galaxy Note 7"爆炸门"事件

Galaxy Note 7 是三星公司（以下简称"三星"）于 2016 年 8 月 2 日发布的旗舰大屏幕手机。2016 年 8 月 24 日，韩国发生首起 Galaxy Note 7 爆炸事件，其后世界各地亦发生多起 Galaxy Note 7 爆炸及起火事件。2016 年 9 月 2 日，三星宣布在全球范围内召回大约 250 万部 Galaxy Note7 手机。国家质量监督检验检疫总局（以下简称"总局"）执法司先后 3 次约谈三星负责人后，2016 年 10 月 11 日，三星在总局备案了召回计划，将此前召回 1 858 部 Galaxy Note 手机的方案更改为召回在中国大陆地区销售的全部三星 Galaxy Note7 手机，共计 19.1 万部。2017 年 1 月 23 日，三星召开新闻发布会，公布 Galaxy Note 7 爆炸原因是：电池在设计与制造过程中均存在问题。

三星 Galaxy Note 7"爆炸门"事件最终以"三星宣布停产并全球召回三星 Galaxy Note 7"画上了句号。三星 Galaxy Note7 也成了智能手机史上最短命的"机皇"。"爆炸门"事件让三星在 2016 年第 4 季度损失了高达 21 亿美元。

【案例思考】上述案例说明再强大的企业，如果忽视了质量管理，就会埋下事故隐患，给企业带来巨大的损失，那么影响质量的因素有哪些？又该如何进行质量管理呢？

3. 做好货物质量保证的策略

（1）对货物实现全面质量管理，普遍建立质量管理小组（即 QC 小组），积极开展活动，将货运质量建立在严格的科学管理的基础上。

（2）掌握各类货物的特性、包装，熟悉所装货物的船舶性能、货舱位置，科学地做好配载工作，合理地选舱，避免将性质互抵的货物混装一舱。

（3）经常做好安全操作规章的宣传教育工作，严格遵守操作规章制度，告知装卸工人爱护货物，让他们操作时注意轻拿轻放，防止货物损坏。

（4）应加强对装卸机械设备、吊货工具的安全检查，注意根据气候的变化做好充分的准备，以防发生意外的货损、货差。

（5）应对进出口货物把好质量验收关。理货人员和库场人员要认真检查货物包装、标志、品质、流向等状况，点清数字、剔除残损，认真办理好货物交接工作，把好进口货物的出舱和出口货物的进栈验收关，并依据货物的堆存要求进行堆垛和存放。

（6）根据货物性质与流向情况及时做好库场（货舱）的清扫工作，以及货物的衬垫、苫盖和隔票工作，避免造成湿货、污损、混票、错漏装卸，影响货物质量。

（7）根据相关检疫法规的规定，应经常对港口仓库进行消灭有害生物的工作。例如，在大潮汛、台风期间必须做好货物的防潮防台工作。

（8）对理货、库场和其他管理人员严格执行岗位责任制，鼓励他们钻研和精通业务，经常进行调查研究，认真总结和改进工作状况，不断提高货运管理水平。

（9）加强对货主进行货运规则宣传工作，取得货主支持和配合，使其能按货运规划做好货物运输包装、标志工作，交付质量合格的货物，避免货运中发生数量或质量的变化事故。

任务实训

"大润发变质肉事件" 分析报告

1. 任务描述

学生运用质量管理知识单独（也可分组）对案例"大润发变质肉事件"进行分析，并整理成书面材料。

2. 任务目标

①检查学生对质量与质量管理知识的理解情况。

②培养学生提高分析问题的能力。

③提高学生的学习兴趣。

④培养学生理论联系实际的能力。

3. 任务实施

①学生单独（也可分组）对案例"大润发变质肉事件"进行分析。

②每名学生根据所分析内容，谈一谈自己对质量和质量管理的认识并撰写500字以上的报告。

③教师组织学生交流，可派代表发言。

4. 成绩评定

教师根据报告的语言逻辑、基本素材、个人观点、个人态度、卷面打分，满分为100分，具体见表2.3。

表 2.3 成绩评定

评价项目及分值	评分标准	得分
语言逻辑（40分）	语言流畅、精练；条理清晰，逻辑性强	
基本材料（20分）	数据真实、准确；材料具体、可靠	
个人观点（30分）	观点鲜明，有理有据	
个人态度（5分）	态度端正，认真积极	
卷面情况（5分）	字迹美观，卷面整洁	
总分	—	

5. 案例

大润发变质肉事件

2021年8月16日，"济南大润发发臭隔夜肉洗了再卖"相关话题冲上新浪微博热搜。媒体在暗访时发现，在大润发济南"省博"店，店员每天将未卖完或者发臭的隔夜肉进行去味处理后，以每斤9.9元的特价向消费者出售，甚至将部分变质的肉直接绞馅或灌肠售卖。当日，大润发通过微博致歉，称已对相关商品全部下架封存，涉事员工停职接受调查。随后，当地市场监管部门也已介入。消息一出，引起了广大民众的愤怒和惶恐，热议不断，隔夜肉也被外界视为整件事情的罪魁祸首。

在法律层面，没有任何一条法令规定超市不得销售超过24小时的猪肉，而"隔夜肉"在妥善冷藏保存的情况下谈不上危害。只要鲜度管理得当，猪肉的保质期可以达到2~3天。事实上，新鲜猪肉经过一整夜的冷藏保存之后，肉质更加紧实、美观。一些企业的精品猪肉往往会采用隔夜肉来加工，这也是行业通行的做法。"不卖隔夜肉"只是一种对于美好生活的向往，对大部分超市而言是不现实的。因此，隔夜肉不是问题的根源。

究其原因，是大润发的管理出现了问题。首先，从大润发猪肉柜组员工娴熟的操作可以推断，将变质猪肉二次售卖已经常态化了，员工个人丝毫没有意识到猪肉的质量问题，这说明其鲜度管理存在很大问题。其次，大润发对食品安全及操作流程有明确的规范和要求，而门店员工却能在如此严格的制度下做出这样的事情，这说明它的制度或许只是给外部看的样本，而对内部缺乏约束力。最后，大润发员工销售变质猪肉的行为，其主要动机是为了控制损耗、完成KPI（关键绩效指标）、获得奖金。如此一来，虽然控制住了损耗，但却埋下了食品安全的隐患。

在整个事件中，无论是门店员工出于KPI的考虑将本应报损的猪肉进行二次销售，还是总部下发了寥寥数语的整改通告，自上到下都体现出一种只为解决眼前问题的功利主义态度。只看到眼前利益而不顾及长期利益的短视行为可以说是从上到下、从总部到门店保持了高度一致。

门店员工的短视在于，即使他们知道销售变质猪肉存在食品安全风险，或者即使不出现食品安全事件，时间长了也会影响消费者的购物体验，最终导致门店销售量下滑，影响自己的收入，但他只想完成本月或者本季度的指标，拿到奖金。

总部的短视在于，出现问题之后急于处理员工，给外界一个交代，其调查也只停留在事件本身，而没有去深思是否是制度、模式的问题，或者更深层次的问题。如果说门店员工的问题在于"知法犯法"，那么总部的错误就是"头痛医头，脚痛医脚"。

在零售行业，济南大润发并不是个例，大量的功利主义、短视行为制约了企业的发展，而产品质量管理不容小觑，任重道远。放弃短视，做长期主义者，才是企业长盛不衰的秘诀。

6. 报告模板

案例分析报告

专业_____ 班级_____ 姓名_____ 学号_____

一、案例标题_____

二、案例中出现的问题

问题1：_____。

问题2：_____。

问题3：_____。

三、分析意见

_____

_____

_____

_____

_____

_____

任务 2.2　货物检验

案例 1　海关发现有害生物

2018 年 5 月，国家海关总署在其官网发布消息称，在货物检验工作中，上海、深圳、青岛、厦门等地海关在检验进口美国苹果和原木中截获检疫性有害生物——苹果牛眼果腐病菌，苹果星裂壳孢果腐病菌，苹果球壳孢腐烂病菌及南部松齿小蠹、象甲科和天牛。其中，苹果牛眼果腐病菌、苹果星裂壳孢果腐病菌和苹果球壳孢腐烂病菌是对苹果的危害十分严重的真菌病害，而南部松齿小蠹、象甲和天牛则是危害植物的昆虫。这些有害生物一旦传入我国，将对农林业生产和生态安全构成严重威胁。因此，为防止有害生物传入，按照相关规定，相关商品被进行退运处理。

案例 2　市政道路项目电缆导管涉嫌质量不合格

2021 年 1 月，江西省新余市市场监督管理局执法人员在监督抽查工作中发现，新余市部分市政道路项目施工现场的电缆导管涉嫌质量不合格，于是依法委托国家化学建材质量监督检验中心对抽样样品进行检测。经检测，该电缆导管氧指数项目不符合电力行业的相关标准，检验结果为不合格。电缆导管用于保护埋在道路地下的电线、电缆，广泛应用于电力地下管网工程，其质量的好坏直接影响工程质量和电缆使用寿命，关系人民群众的生命财产安全。因此，新余市市场监督管理局依法对该电缆导管的生产者和销售者——湖北诚悦管业有限公司以不合格品冒充合格品的违法行为作出没收违法所得 1 896 元和罚款 49 770 元的行政处罚。

2.2.1　货物检验基础知识

货物检验是指货物的供货方、购货方或者第三方在一定条件下，借助某种手段和方法，按照合同、标准或国际、国家有关法律法规和惯例，对货物的质量，规格、重量以及包装等方面进行检查，并做出合格与否或通过检验与否的判定。

货物检验的任务是从货物的用途和使用条件出发，分析和研究货物的成分、结构、性质及其对货物质量的影响，以确定货物的使用价值。

2.2.2　货物检验的分类

1. 按检验目的分类

按检验目的可分为生产检验（第一方检验）、验收检验（第二方检验）和第三方检验。

（1）生产检验是货物生产者为了维护企业信誉、保证货物质量对原材料、半成品和成品进行检验的活动。

（2）验收检验是由货物的买方为了维护自身及顾客利益，保证所购货物符合标准和合同要求所进行的检验活动。

（3）第三方检验是由处于买卖利益之外的第三方（如专职监督检验机构）以公正、权威的非当事人身份，根据有关法律、标准或合同所进行的货物检验活动，如公证鉴定、仲裁检验、国家质量监督检验等。

2. 按检验有无破坏性分类

按检验有无破坏性可分为破坏性检验和非破坏性检验。破坏性检验是指为了取得必要的质量信息，经测定、实验后的货物遭受破坏的检验；非破坏性检验是指经测定、实验后的货物仍能够正常使用的检验，也称无损检验。

3. 按检验的相对数量分类

按检验的相对数量可分为全数检验和抽样检验。

（1）全数检验是指对被检货物逐个（逐件）地进行检验，也称百分之百检验。这种方法只适用于货物批量小、货物特性少、非破坏性的货物检验。在实际工作中，全数检验只用于检验贵重、质量不够稳定的货物。

（2）抽样检验是货物检验中的常见方式，是指先从被检批货物中随机抽取少量样品，再对样品逐一测试，最后由样本质量状况统计推断受检批货物的整体质量是否合格的检验。抽样检验适用于检验批量大、价值低、质量特性多且质量较为稳定、具有破坏性的货物。

2.2.3 货物质量检验的程序

1. 货物检验的一般程序

货物检验的一般程序通常包括定标、抽样、检查、比较、判定、处理。定标是指在检验前根据合同或标准的要求，确定检验手段和方法以及货物合格的判断原则，制定货物检验计划的工作；抽样是按上述计划，随机抽取样品以备检验的过程；检查是在规定的条件下，用规定的实验设备和检验方法检测样品的质量特性；比较是指将检查的结果与要求进行比较，衡量其结果是否符合质量要求；判定是指根据比较的结果，判定样品的合格数量或质量状况；处理是指根据样本的质量判断货物总体是否合格，并得出是否接受的结论。

2. 进出口货物检验的工作流程

1）接受报检

报检是指对外贸易关系人向货物机构报请检验。报检范围为属于法定检验和公证检验业务范畴的货物。报检时，外贸关系人需填写"报检申请单"，填明申请检验、鉴定工作项目和要求，同时提交对外所签买卖合同成交小样及其他必要的资料，如进口单据（国外发票、运单、提单、检验记录、进口到货情况单等）或出口单据（信用证、许可证）等。

2）抽样与制样

抽样工作是进出口货物检验的基础，必须按规定方法，在规定的场地中从整批完整的包件中或生产线上随机抽取，以保证样品的真实性和代表性。抽取出的样品应妥善保管，以保证检验与复验的真实性。制样分为物理制样、化学制样等方式，其目的是为使用设备仪器检测做准备。

科学制样是保证检验正确的重要环节。

3）检验

商检机构应认真研究申报的检验项目，确定检验内容，仔细审核合同（信用证）对品质、规格、包裹的规定，弄清检验的依据，确定检验标准、方法。检验鉴定项目一般包括被检货物的外观和内在质量以及包装重量等，方法有感官检验（鉴定）、理化检验（鉴定）和生物检验等。

4）签发证书

在出口方面，凡列入《进出口货物检验种类表》的出口货物，经检验合格后签发放行单。凡合同、信用证规定由商检部门检验出证的，或国外要求签检证书的，根据规定签发所需封面证书；不向国外提供证书的，只发放行单。未列入《进出口货物检验种类表》的出口货物，应由商检机构检验的，经检验合格发给证书或签发放行单后，方可出运。在进口方面，进口货物经检验后，分别签发"检验通知单"或"检验证书"，供对外结算或索赔使用。

2.2.4　货物检验的内容

1. 品质检验

品质检验是运用人的感官或物理、化学等的各种手段进行测试、鉴别，包括外观品质检验和内在品质检验。

（1）外观品质检验。其是指对货物外观尺寸、造型、结构、款式、表面色彩、表面精度、软硬度、光泽度、新鲜度、成熟度、气味等的检验。

（2）内在品质检验。其是指对货物的化学组成、性质和等级等技术指标的检验。

2. 规格检验

规格表示同类货物在量（如体积、容积、面积、粗细、长度、宽度、厚度等）方面的差别，与货物品质的优劣无关。货物的品质与规格是密切相关的两个质量特征，贸易合同中的品质条款中一般包括了规格要求。

3. 数量和重量检验

数量和重量是买卖双方成交货物的基本计量和计价单位，包括货物个数、件数、双数、打数、令数、长度、面积、体积、容积和重量等。

4. 包装质量检验

包装质量检验即检验货物包装本身的质量和完好程度，是分清责任归属、确定索赔对象的重要依据之一。当检验中发现有货物数（重）量不足，如包装破损者，责任在运输部门；如包装完好者，责任在生产部门。包装质量检验的内容主要是内外包装的质量，如包装材料、容器结构、造型和装潢等对货物储存、运输、销售的适宜性，包装体的完好程度，包装标志的正确性和清晰度，包装防护措施的牢固程度等。

5. 安全和卫生检验

货物安全检验是指电子电器类货物的漏电检验、绝缘性能检验和 X 光辐射等。

货物的卫生检验是指货物中的有毒有害物质及微生物的检验，如食品添加剂中砷、铅、镉的检验，茶叶中的农药残留量检验等。

除上述内容外，对于进出口货物的检验内容还包括海损鉴定、集装箱检验、进出口货物的残损检验、出口货物的装运技术条件检验、货载衡量、产地证明、价值证明及其他业务检验。

拓展阅读

盐津铺子食品股份有限公司（以下简称"盐津铺子"）成立于 2005 年，其主要出售以鱼豆腐、豆干为代表的"咸味零食"类和以面包、蛋糕、糖果为代表的烘焙甜点类产品。

2021 年 11 月，深圳市市场监督管理局公布的食品安全抽样检验情况通报显示，盐津铺子生产的"盐津铺子"黑糖话梅被检出铅含量超出标准规定 3 倍多。值得注意的是，该产品经复检仍不合格。

铅属于慢性和积累性毒物，是一种能够在生物体内蓄积的重金属污染物。若长期或过多摄入铅含量超标的食品，可能影响大脑和神经系统，尤其会对儿童的智力发育产生影响。深圳市市场监督管理局表示，对本次抽检不合格的货物，要求各辖区市场监管部门及时对其生产经营者进行调查处理，进一步督促企业履行法定义务。

从上述案例可知，货物检验对保证货物质量、保护消费者的安全发挥着重要作用。那么，货物检验是怎样开展的呢？可以使用哪些方法呢？货物检验的结果又是以怎样的形式展现的呢？

2.2.5　货物质量检验的方法

货物质量的检验方法分为感官检验、理化检验和生物学检验三大类。

1. 感官检验

感官检验是利用人的感觉器官作为检验器具，在一定条件下对货物的色、香、味、形、手感、音色等感官质量特性进行判定或评价的检验方法。其优点是简便易行，快速灵活，成本较低，而且适用范围广。因此，它在食品、化妆品、艺术品等货物的检验中就显得尤其重要，是其他检验法不能替代的。感官检验通过运用统计学的方法分析和处理感官检验数据，将不易确定的货物感官检验的指标客观化、定量化，从而使自身更具有可靠性和可比性。部分货物的感官检验应用项目见表 2.4。

表 2.4　部分货物的感官检验应用项目

货物种类	应用项目
家用电器	彩色电视机的色调；照明灯光的颜色；音响设备的音质；电冰箱、吸尘器、洗衣机的噪声；外观造型等
纺织纤维	织物的手感；印染的色调；纱的手感；织物疵点；脏物斑点；花色图案等
纸张印刷品	彩色照片的色调；纸的颜色、光泽、皱纹、透明度；涂剂的气味等
化学商品	塑料的触感、外观造型；合成物的颜色、硬度等
油脂、涂料、医药品	涂面的光泽、色调；化妆品的颜色、香味、气味；药品的气味等
食品	气味、香味、舌感、着色、干燥度、新鲜度；酒和烟味等
其他	家具的使用性能；色调协调等

感官检验可分为视觉检验、嗅觉检验、味觉检验、触觉检验和听觉检验等。

（1）视觉检验。视觉检验是用视觉来检查货物的外形、结构、颜色、光泽，以及表面状态、疵点等质量特性。由于外界条件如光线的强弱、照射方向、背景对比，以及检验人员的生理、心理和专业能力，会影响视觉检验效果，所以视觉检验必须在标准照明条件下和适宜的环境中进行，并且应对检验人员进行必要的挑选和专门的训练。

视觉检验法是一种应用极为广泛的货物检验方法。例茶叶的外形、叶底；水果的果色、果形；棉花色泽的好坏，疵点粒数的多少；罐头容器外观情况和内容物的组织形态；玻璃罐的外观缺陷；食品的新鲜度、成熟度和加工水平等。

（2）嗅觉检验。嗅觉检验是通过嗅觉检查货物的气味，进而评价货物的质量，广泛用于食品、药品、化妆品、日用化学制品等货物的质量检验，并且对于鉴别纺织纤维、塑料等燃烧后的气味差异也有重要意义。在检验中应避免检验人员的嗅觉器官长时间与强烈的挥发物质接触，检验也应从气味淡向气味浓的方向进行，并注意采取措施防止串味等现象。

（3）味觉检验。味觉检验是利用人的味觉来检查有一定滋味要求的货物（如食品、药品等），通过品尝食品的滋味和风味来检验食品质量的好坏。为了顺利进行味觉检验，一方面要求检验人员必须具备辨别基本味觉特征的能力，并且被检样品的温度要与对照样品温度一致；另一方面则要求采取正确的检验方法，遵循一定的规程。如检验时不能吞咽样品，应使其在口中慢慢移动，每次检验前后必须用水漱口等。

味觉检验主要用来鉴定食品，如糖、茶、烟、调料等味觉食品。食品的滋味和风味是决定食品品质的重要因素。来源于同一原料的食品，加工调制方法不同，滋味和风味也不同。质量发生变化的食品，滋味必然变差，从而产生异味。味觉检验是检验食品品质的重要手段之一。

（4）触觉检验。触觉检验是指利用人的触觉感受器官对于被检验货物轻轻作用的反应来评价货物质量的。触觉是皮肤感受到机械刺激而引起的感觉，包括触压觉和触摸觉，属于皮肤感觉。

（5）听觉检验。听觉检验是利用听觉器官对货物发出的声音是否优美或正常来评判货物质量的检验方法。

听觉检验一般用来检验玻璃制品、瓷器（如敲击瓷器或陶器，根据声音判断品质是否正常，声音清脆悦耳，表明品质正常；声音嘶哑则表示有裂纹）、金属制品有无裂纹或其内在的缺陷；评价以声音作为质量指标的乐器、家用电器等货物；评定食品成熟度、新鲜度（如根据鸡蛋是否有水声，判断鸡蛋的新陈）、冷冻程度等。此外，听觉检验还被广泛应用于对塑料制品的鉴别、对纸张的硬挺性与柔韧性、颗粒状粮食和油料的含水量及罐头食品是否变质的检验。

微课资源
2.2　货物检验

2. 理化检验

理化检验（包括物理检验和化学检验）是在一定的实验室环境条件下，利用仪器、器具和试剂作为检验手段，运用物理、化学的方法来测定货物质量的方法。理化检验主要用于货物的成分、结构、物理性质、化学性质、安全性、卫生性以及对环境的污染和破坏性等方面的检验。与感官检验相比，理化检验的结果可以用数据定量表示，较为准确客观。由于其能用数字定量地表示测定结果，客观、准确地反映货物质量情况，对于货物质量鉴定具有较强的科学性，较感官检验客观和精确，因此理化检验的应用越来越广泛。

1）物理检验

根据检验货物的性质和要求不同以及采用的仪器设备不同，物理检验可以分为一般物理检验、力学检验、光学检验、电学检验、热学检验等。

（1）一般物理检验主要是通过各种量具、量仪、天平、秤或专业仪器来测定货物的一些基本物理量，如长度、细度、面积、体积、厚度、重量、密度、容重、表面光洁度等。这些基本的物理量指标往往是货物贸易中的重要交易条件。

（2）力学检验是通过各种光学仪器测定货物的力学性能的检验方法。这些性能主要包括货物的抗拉强度、抗压强度、抗弯曲强度、抗冲击强度、抗疲劳强度、硬度、弹性、耐磨性等。

（3）光学检验是通过各种光学仪器如显微镜、折光仪等检验货物光学性能方面质量指标的方法。

（4）电学检验是利用电学仪器测定货物的电学方面的质量特性。当然，通过有些电学性能的测定也可以测定货物的材质、含水率等多方面性能。

（5）热学检验是利用热学仪器测定货物的热学质量特性。货物的热学质量特性主要包括熔点、凝固点、沸点、耐热性、导热性、热稳定性等。货物的很多热学质量特性与货物的使用条件及使用性能有很大的关系。

2）化学检验

化学检验是用化学试剂或化学仪器对货物的化学成分及其含量进行测定，进而判定货物是否符合规定的质量要求。根据操作方法的不同，化学检验可分为化学分析和仪器分析。

（1）化学分析是根据检验过程中货物再加入某种化学试样和试剂后所发生的化学反应来测定货物的化学组成成分及含量的一种检验方法，其适用于食品检验，包括营养素、食品添加剂、有毒有害物质及发酵、酸败、腐败等食品变质的成分变化指标测定；而对于纺织品等的检验则主要包括有效成分、杂质成分、有害成分的含量，以及耐水、耐酸碱、耐腐蚀等化学稳定性方面的测定。

（2）仪器分析是使用特殊仪器对货物进行定性分析、定量分析、形态分析的方法，有数十种之多，每种分析方法所依据的原理不同，此处不展开介绍。

3. 生物学检验

生物学检验是食品类、药类和日用工业品类货物质量检验常用的方法之一，一般用于测定食品的可消化率、发热量和维生素的含量、细胞的结构与形状、细胞的特性、有毒物品的毒性等，包括微生物学检验和生理学检验两种，此处不展开介绍。

任务实训

做一次食品感官检验员

1. 任务描述

学生自行挑选食品，运用所学的知识对其进行感官检验，并根据检验结果自行模拟食品分级。

2. 任务目标

（1）检查学生对食品检验知识的掌握情况。

（2）培养学生的观察、分析和表达能力。

（3）提高学生的学习兴趣。

（4）培养学生理论联系实际的能力。

3. 任务实施

（1）学生自行挑选3种或3种以上熟悉的食品，运用所学知识对其色泽、香气、滋味、声音、外形及触感独立进行感官检验。

（2）完整记录检验过程及理论依据，描述检验结果，并完成表格2.5的填写。

表 2.5　食品的感官检验

样品	色泽	香气	滋味	声音	外形	触感
食品 1						
食品 2						
食品 3						
……						

（3）学生自行制定分级方法，然后根据检验结果确定食品等级，可以采用百分制计分法将其计入表2.6中。

表 2.6　百分制计分法确定食品等级

| 品级 | 色泽 | 香气 | 滋味 | 声音 | 外形 | 触感 | 总分 |
	10 分	10 分	30 分	10 分	20 分	20 分	100 分
一级							
二级							
三级							

（4）结合检验实训，将对食品检验与食品分级的认识，汇总成不少于800字的书面报告并上交。

4. 成绩评定

教师根据报告的语言逻辑、基本材料、个人观点、个人态度和卷面情况打分，满分为100分，具体见表2.7。

表 2.7　报告的评分标准

评价项目及分值	评分标准	得分
语言逻辑（40分）	语言流畅、精练：条理清晰，逻辑性强	
基本材料（20分）	数据真实、准确：材料具体、可靠	
个人观点（30分）	观点鲜明，有理有据	

续表

评价项目及分值	评分标准	得分
个人态度（5分）	态度端正，认真积极	
卷面情况（5分）	字迹美观，卷面整洁	
总分	—	

任务2.3 货物储存与养护

案例引入

广东韶关市市场监督管理执法部门发现发霉变质的"广式腊鸭腿"

2021年3月19日，广东韶关市市场监督管理执法部门依法对某腊味成鱼批发部进行检查，发现其销售的"广式腊鸭腿"已发霉变质，当事人涉嫌销售不合格食品。经调查，当事人购进"广式腊鸭腿"100箱后，没有按照0℃以下的条件储存，导致部分"广式腊鸭腿"发生发霉变质。当事人在明知"广式腊鸭腿"已发霉变质的情况下，仍将10箱上述发霉变质的"广式腊鸭腿"清洗后准备销售给他人，但至案发之日止尚未销售出去。现场发现上述已发霉变质的"广式腊鸭腿"共计21箱，价值3 885元。

该腊味成鱼批发部销售已发霉变质食品的行为违反了《中华人民共和国食品安全法》第三十四条第六项的规定：禁止生产经营腐败变质、油脂酸败、霉变生虫、污秽不洁、混有异物、掺假掺杂或者感官性状异常的食品、食品添加剂。广东韶关市市场监督管理执法部门依据《中华人民共和国食品安全法》第一百二十四条的规定，没收该腊味成鱼批发部不合格"广式腊鸭腿"21箱，并对其罚款5万元。

【案例思考】在储运期间，货物会发生各种各样的变化。这些变化会影响货物的质量，进而影响其使用价值。因此，在储运中做好货物的养护对保障货物的质量具有重要意义。那么，货物质量变化的类型及影响因素有哪些？应如何对货物进行妥善储运？

2.3.1 货物储存

1. 货物储存概述

货物储存是指货物在流通领域中暂时滞留的存放。储存是货物流通过程中的必要条件，是调节市场供求、保证市场供应、满足消费者需要的必要手段。货物在储存过程中，由于货物的成分、结构、性质的差异，以及受到外界因素的影响，会发生各种各样的变化，使货物的数量和质量受到损失。因此，针对货物的不同特性，研究和探索各类货物在不同环境条件下质量变化的规律，采取相应的技术措施和方法，控制不利因素，为保护货物的质量，减少货物的损耗，创造优良的储运条件，是货物养护工作主要的目的和任务。做好货物储存，可保证货物流通不致中断和社会再生产的持续进行，能够降低货物的流通费用，使货物的使用价值得以充分实现。

2. 货物储存的种类

按照储存的目的和作用，货物储存可分为季节性储存、周转性储存和储备性储存。

3. 货物储存的原则

货物储存必须贯彻"安全、及时、方便、经济"的方针，并在保证货物质量和数量的前提下，坚持"按需储存、方便进出、节约费用、减少损耗"的原则。

（1）减少货物损耗，确保货物安全的原则。储存的根本目的是保证货物安全。防止货物在外界条件下的影响作用下发生霉腐、变质、锈蚀、老化，防止鼠咬、虫蛀等情况的发生，力求减少货物损耗。

（2）简化手续、出入库方便的原则。货物储存要求堆码整齐、排列有序、标志明显、出入库手续简便，以提高周转效率。同时，按照"先进先出"原则，保证货物质量。

（3）贯彻节约、降低储存费用的原则。在货物储存过程中应牢记成本概念，合理利用库房空间，有效利用设备设施，最大限度地提高资源利用率，减少人力、物力、财力的消耗，努力降低储存费用，提高经济效益。

4. 货物存储的条件

1）仓库的基本条件

可以分类储存不宜与其他类货物混合存放的货物，如茶叶、卷烟、水果、肉类等，特种仓库用来储存具有特殊性质、要求特殊的货物，如石油、危险品等。

2）仓库的卫生条件

仓库的卫生条件也会影响货物的质量。仓库中影响货物质量的因素一般包括有害生物（仓虫、老鼠等）、化学活性物质（有害气体，如二氧化硫、硫化氢、一氧化氮等）和机械活性颗粒（如灰尘、工业粉尘），以及垃圾、杂草等。这些都可能导致仓储货物发生霉烂、变质、污染、虫蛀、鼠咬等祸害。必须经常保持仓库清洁卫生，净化库内环境，保证货物储存的安全。

3）实行分区、分类、定位保管

分区保管就是按照库房、货场条件将仓库分为若干货区；分类保管就是按照货物的不同属性将储存货物划分为若干大类；定位保管就是在分区、分类的基础上固定每种货物在仓库中的存放位置。其目的是使不同性质的货物分别储存在不同保管条件下的仓库或货场，以便在储存过程中有针对性地进行保管和养护。严禁将危险品和一般货物，有毒品和食品，性质相互抵触，互相串味，互相污染以及养护、灭火方法相抵触的货物混合存放。基本原则是货物基本性质一致、消防方法一致、养护措施一致。

2.3.2　温湿度控制与调节

1. 仓库温湿度的基本知识

1）仓库温度

大气中的热量，以传导、对流和辐射形式通过库顶、墙壁和门、窗的启闭，影响着库内温度。由于标定的方法不同，温度的表示方法有以下两种。

（1）摄氏温标（℃）。摄氏温标是世界上普遍使用的温标。摄氏温标的规定是：在标准大气压下，以水的冰点为 0 ℃，以水的沸点为 100 ℃，中间划分 100 等份，每等份表示 1 ℃。该标准是由瑞典天文学家安德斯·摄尔休斯制定的，摄氏温度用℃表示。

（2）华氏温标（℉）。华氏温标的规定是：在标准大气压下，以水的冰点为 32 ℉，以水的沸点为 212 ℉，中间划分 180 等份，每等份表示 1 ℉。该标准是由德国物理学家丹华伦海特制定的，至今只有美国等少数国家仍在使用，华氏温度用℉表示。

摄氏温度、华氏温度之间有如下换算关系：

$$℉ = 1.8 × ℃ + 32$$

$$℃ = 5/9（℉ - 32）$$

※课堂讨论※

根据摄氏温度和华氏温度的换算公式进行换算训练。

（1）正常人体体温约 36.3 ℃，相当于华氏温度_____℉。

（2）水的沸腾温度是 100 ℃，相当于华氏温度_____℉。

2）仓库湿度

湿度是表示空气干、湿程度的物理量。地面或库内货物中的水分，在空气热量的作用下会有一部分蒸发成水蒸气，上升到空气中，使空气显示出一定的潮湿度。测量温湿度主要使用温湿度计（图2.2）。其中，湿度包括绝对湿度、饱和湿度、相对湿度几个指标。

图2.2　温湿度计

2. 温湿度的变化规律

1）温度的变化规律

由于地球的自转和公转，同一地区太阳照射的高度角随昼夜和季节的不同而变化，导致大气温度发生日变化和年变化。

（1）大气温度的年变化。气温的年变化是指气温在一年之中有规律的变化。一年之中，气温最高的月份，在内陆一般为七月，在沿海地区为八月；气温最低的月份，在内陆一般为一月，在沿海地区为二月。每年的平均温度大约出现在四月底和十月底。

（2）大气温度的日变化。气温的日变化是指气温在一昼夜之中的变化。在一天之中，日出前气温最低，日出以后气温逐渐上升，到下午两三点时，气温达到最高值，随着太阳西移，气温逐渐降低，直至次日日出前，温度又降至最低。

（3）仓库温度的变化。其与库外气温的变化大致相同，但库外温度对库内的影响，在时间上需要有一个过程，因此仓库温度的变化一般是稍后于库外，而且变化的幅度也比库外小。通常库内最高温度要比库外低一些，最低温度比库外高一些。

仓库温度随着库房的坐落方向、建筑条件、库房部位和储存货物等情况的不同而有所差异。越接近库顶温度越高，越接近地面温度越低，向阳面的库温高于背阴面的库温，靠近门窗等通风部位的库温变化要大于其他部位。

2）湿度的变化规律

（1）湿度的年变化。夏季空气相对湿度偏高，冬季和初春季节的空气相对湿度偏低。

（2）湿度的日变化。内陆地区一般是日出之前，相对湿度出现最高值，下午两三点，相对湿度出现最低值；对于海洋附近地区，在温度最高时海风最强，因此在下午两三点，其相对湿度也最高。

（3）仓库湿度的变化。库内湿度的变化和温度一样，一般也是随库外湿度的变化而变化，但是密封条件较好的库房受到的影响较小。

库房的上部因气温较高，所以相对湿度较低，底部因接近地面，温度较低，相对湿度较高。仓库向阳部位温度较高，相对湿度较低，反之，相对湿度较高。库房的四角、垛下由于空气淤积不易流通，相对湿度就较高。

3. 温湿度对货物的影响

大多数货物含有水分，因此对温湿度的适应范围有限，如果长期超过或低于这个限度，货物质量就会发生变化。

4. 温湿度的控制与调节

控制仓库温湿度的方法，主要有密封、通风、去湿、保温等措施。

（1）密封。密封可以达到防潮、防霉、防溶化、防热、防冻、防干裂、防虫、防锈等方面的效果。仓库密封可以采取整库密封、库内小室密封、货垛密封、货位密封、按件密封等方法。

（2）通风。通风就是根据空气自然流动的规律，使库内外的空气进行交换，以达到调节库内温湿度的目的。由于库内、外的温度高低不同，空气密度、空气压力也就不同，形成了压力差，空气就能够开始流动。

（3）吸潮。吸潮是指在霉雨季节或在库内外湿度较大时，不宜进行通风防潮时，可在密封库内利用机械或吸潮剂降低库内湿度的方法。例如可以采用去湿机排潮、吸湿剂吸潮和风帘方式。

※课堂讨论※

结合个人经历，列举一些生活中常见的发生质量变化的货物，并根据所学的知识说一说导致这些货物质量变化的因素有哪些。

2.3.3　货物的养护技术

1. 合理安排存储库位

根据储存货物的性质和仓库的条件，进行分区、分类和定位保管。坚持货物基本性质一致，消防方法一致，养护措施一致的三原则，使货物在储存过程中能够得到有针对性的保管和养护。

2. 选择科学的堆码、苫垫方法

为维护货物质量，必须根据货物性质、包装情况以及仓库设备条件，实施科学的堆码、苫垫方法，维护货物安全。

1）货物堆码方式有散堆方式、垛堆方式、架堆方式和集合方式。

（1）散堆方式适用于存放不怕摔碰的颗粒状、块状大宗货物，如矿石、煤炭、食盐、建材等。这种堆码方式作业简便、装卸迅速、节省费用，但缺点是不利于通风和散热，容易使货物变质或引起火灾。

（2）垛堆方式是指直接利用货物或其包装外形进行堆码的方法，这种堆码方式能够增加货垛高度，提高仓容利用率，采用该方法时应保持适当的高度，注意货垛的稳固性，防止压坏货物。垛堆方式的主要样式有：重叠式、压缝式、通风式、缩脚式等。

（3）架堆方式指使用通用和专用货垛进行货物堆码的方法，适用于存放不宜堆高、需特殊保管养护的零星小件包装货物，以及怕压的货物，如小百货、小五金、药品等。

（4）集合方式是指利用托盘、集装袋、集装箱等各种可以反复使用的货物运输工具，进行货物堆码的方法。该方法适用于易损、贵重、中小仓装的各种货物的堆码，能够减少运杂费用，提高劳动效率，降低货物破损率。

2）货物苫垫是利用物料对货垛进行苫盖和铺垫的操作及其方式的总称，操作时应做到以下几方面：

（1）适应货物性能的要求。这样可以使货物符合避光、隔热、隔潮、防冻、防风等要求。

（2）适应季节气候的要求。例如雨季苫盖要严密，覆盖面中间不可凹陷，以免雨水渗入垛内。篷布苫盖应根据季节风向顺风相压，防止被风刮开。

（3）适应货物管理的要求。货物苫垫后应能方便地进行检查和作业，分批进出货时，应保持拆垛翻盖的面积较小。

3. 加强储存货物的日常养护工作

仓库的基本业务包括货物入库、货物在库保管和货物出库。人们在习惯上把这个过程中的入库验收、在库管理、出库复核工作称为"三关"。把住这三关，也就掌握了储存货物的日常养护工作的关键。入库验收的主要内容是检查货物包装和货物质量，在库管理的主要内容是库房的温湿度控制和在库检查，出库复核的主要内容是单证复核和实物复核。

拓展阅读

8·12 天津滨海新区爆炸事故

2015 年 8 月 12 日晚，一声轰然巨响震动了整个天津，这就是 8·12 天津滨海新区爆炸事故——位于天津市滨海新区天津港的瑞海国际物流有限公司（以下简称"瑞海公司"）的一个危险品仓库发生特别重大爆炸事故。该事故造成 165 人遇难，8 人失踪，798 人受伤住院治疗；304 幢建筑物、12 428 辆商品汽车、7 533 个集装箱受损的严重后果。截至 2015 年 12 月 10 日，已核定直接经济损失 68.66 亿元。8 月 18 日，依据相关法律法规，经国务院批准，相关部门成立了国务院天津港"8·12"瑞海公司危险品仓库特别重大火灾爆炸事故调查组（以下简称"事故调查组"），对事故展开调查。

经事故调查组查明，事故的直接原因是瑞海公司危险品仓库运抵区南侧集装箱内的硝化棉，由于湿润剂散失出现局部干燥，在高温（天气）等因素的作用下加速分解放热，积热自燃，进而引起相邻集装箱内的硝化棉和其他危险化学品长时间大面积燃烧，导致堆放于运抵区的硝酸铵等危险化学品发生爆炸。

事故调查组认定，瑞海公司严重违反有关法律法规，是造成事故发生的主体责任单位。该公司无视安全生产主体责任，置国家法律法规、标准于不顾，只顾经济利益，安全教育培训流于形式，不择手段变更及扩展经营范围，违法建设危险货物堆场，违法经营、违规储存危险货物，甚至企业负责人、管理人员及操作工、装卸工都不知道运抵区储存的危险货物种类、数量及理化性质，最终直接导致了此次特别重大爆炸事故的发生。

任务实训

做一次仓库管理员

1. 任务描述

全班学生分组，收集常见货物的包装形式，结合具体货物的特点及所学知识，给出保养建议，旨在通过模拟仓库管理员的身份，将所学知识应用到实际生活中去。

2. 任务目标

（1）加深学生对货物养护知识的认识和理解。

（2）培养学生提高收集信息与整理材料的能力。

（3）激发学生的学习热情。

（4）培养学生了解、适应社会以及理论联系实际的能力。

3. 任务实施

（1）将全班学生分成 5 个仓库管理小组，每组选出 1 名组长。

（2）各组仓库管理员在组长的带领下，分工协作。

（3）现有一批货物已经运抵各仓库。各仓库管理员需了解每种货物的包装形式，再结合具体货物的特点及所学知识，总结出其在储存中的变化特点，并讨论保养建议，将其填入表 2.8 中。

（4）每位管理员根据所分析的内容，谈一谈自己对货物养护的认识，写成书面报告并上交。

表 2.8　仓库保管货物分析

序号	货物名称	包装形式	储存中的变化特点	保养建议
举例	羊肉片	塑料密封包装盒	易霉腐、变质、易干耗	冷藏、通风、恒温、干燥
1	大米			
2	鸡蛋			
3	巧克力			
4	橡胶轮胎			
5	丝绸			
6	塑料玩具			
7	轴承			
8	皮鞋			
9	图书			
10	手机			

4. 成绩评定

教师根据报告的语言逻辑、基本材料、个人观点、个人态度和卷面情况打分，满分为100分，具体见表2.9。

表2.9　成绩评定

评价项目及分值	评分标准	得分
语言逻辑（40分）	语言流畅、精练：条理清晰，逻辑性强	
基本材料（20分）	数据真实、准确；材料具体、可靠	
个人观点（30分）	观点鲜明，有理有据	
个人态度（5分）	态度端正，认真积极	
卷面情况（5分）	字迹美观，卷面整洁	
总分	—	

模块考核

一、名词解释

货物质量　全面质量管理　露点　质量　简单随机抽样　感官检验法　理化检验法

二、单项选择题

1. 为防止船舱内产生汗水，当（　　　）时，可以进行自然通风。
   A. 天气晴好
   B. 船舱内温度高于外界温度
   C. 船舱内空气的露点温度高于外界空气的露点温度
   D. 船舱内空气的露点温度低于外界空气的露点温度

2. 以下哪种货物配装时应远离热源？（　　　）
   A. 茶叶　　　　　　B. 石蜡　　　　　　C. 松香　　　　　　D. 以上都是

3. 货船上的货物受到的力是（　　　）。
   A. 静态作用力　　　B. 动态作用力　　　C. 前两项都具有　　D. 前两项都没有

4. 当货舱内绝对湿度不变，温度下降时（　　　）。
   A. 相对湿度下降　　B. 相对湿度上升　　C. 露点温度上升　　D. 饱和湿度上升

三、多项选择题

1. 配积载不良的货损货差原因有（　　　）。
   A. 货物搭配不当　　B. 衬垫隔票不当　　C. 装载货位不当　　D. 舱内堆码不当

2. 货物本身问题造成的货损货差原因有（　　　）。
   A. 货物运输包装不良　　　　　　　　B. 货物通风不合理
   C. 货物本身自然特性缺陷　　　　　　D. 货物标志不清

3. 理货工作中所造成的货差原因有（　　　）。
   A. 收发货时数字不准　　　　　　　　B. 混装、错漏装卸
   C. 货物包装不固　　　　　　　　　　D. 其他失职原因

4. 属于货物的物理性质的有（　　　）。

  A. 货物的热变 B. 燃烧   C. 熔化   D. 结块

5. 属于氧化反应的货物变化有（　　　）。

  A. 玻璃的风化 B. 粮谷的陈化 C. 橡胶的老化 D. 钢铁生锈

6. 货物检验的内容包括（　　）。

  A. 品质检验   B. 规格检验   C. 数量和重量检验 D. 包装检验

  E. 安全、卫生检验

7. 货物储存的基本要求包括（　　）。

  A. 合理使用仓容 B. 分区分类货位编号 C. 科学堆码和苫垫 D. 建立货物保管账卡

  E. 货物养护

四、判断题

1. 露点是指某种条件下的空气温度。   （　　）

2. 货差包括漏装、错装、货物受潮、污染等方面。   （　　）

3. 水泥、白糖、化肥、矿粉在运输中容易结块。   （　　）

4. 温度越高，饱和湿度越大；反之，则饱和湿度越小。   （　　）

5. 密封是温湿度管理的基础，它利用一些不透气、能隔热、隔潮的材料，把货物严密地封闭起来，以隔绝空气，降低或减少空气温湿度变化对货物的影响。 （　　）

6. 货物储存是指货物在流通领域中暂时滞留的存放。   （　　）

五、简述题

1. 简述 PDCA 管理循环。

2. 简述货物储存的原则。

3. 货物质量有哪些特征？

4. 食品类货物的质量要求主要有哪些？

5. 感官检验有哪些优缺点？

六、计算题

进行摄氏温度与华氏温度的换算。

1. 人体体温 36.3 ℃一般是指摄氏温度，请将其换算成华氏温度。

2. 欧美国家习惯使用华氏温度来表述各种温度，请将 150 ℉换算成其对应的摄氏温度。

模块 3

货物运输与包装

内容导读

在不同的历史时代中，货物包装具有不同的内涵。随着市场竞争的日趋激烈和感性消费时代的到来，包装作为货物的重要组成部分，其作用已不仅局限于保护、容纳和宣传商品，同时也成了提升货物的附加价值以及市场竞争力的重要手段。本模块介绍了货物包装的概念、分类与作用；货物包装标准化在物流中的重要意义；常用货物包装的基本技术及货物运输包装的要求；货物包装的各种标志及货物积载因数的计算与应用；集装箱的种类、运输方式及在运输过程中的注意事项。

学习目标

[知识目标]

◎理解货物包装的概念与功能。

◎熟悉货物包装的分类、各种包装材料的特点、适用范围和常见的包装技法。

◎熟悉主要的包装标志，并对商标有一定的认识。

◎了解集装箱运输的特点。

[能力目标]

◎能够根据货物特性选择合适的包装材料和技法。

◎能够根据货物包装的标志判断出货物的某些属性和特征。

◎能够根据货物特点考虑使用何种集装箱运输。

[思政目标]

◎培养善于观察生活并从生活中获取知识的能力。

◎树立内容大于形式，质量高于包装的意识。

◎了解中国集装箱运输的发展状况。

◎培养爱护公共环境，合理处置货物包装，积极进行垃圾分类的环保意识。

任务 3.1 货物包装

商品包装与市场

案例1:

我国传统的出口商品18头莲花茶具,本身质量很好,但由于采用简易的瓦楞纸盒作为包装,不仅让人难以判断里面是什么,而且不美观,还容易破损,给人以廉价的感觉,所以销路一直不佳。后来,一个精明的外商将该商品买走后,仅仅在原包装上加了一个精致的包装盒,系上了一条绸带,使茶具显得高雅、华贵,一时销路大开,并且把销售价格从1.7英镑①提高到8.99英镑。

案例2:

人参是名贵的稀有药材,价格昂贵。但是在改革开放以前,我国出口人参时,将人参像捆萝卜干似的捆扎起来,用麻袋或木箱包装。这种"稻草包珍珠"的包装方式,让人对商品的真实性表示怀疑,也极大地降低了人参的"身价"。在这种情况下,虽然人参的价格很低,但是销路仍然不佳。后来,终于有人改变了包装策略,采用小包装(对1支或2支进行包装),并配上了绸缎锦盒,或使用木盒外套玻璃纸罩,这样的"装束"雅致大方,使人参的稀有和名贵充分地展现了出来,结果不仅销路大开,而且利润倍增。

【案例思考】上述案例说明,一款好的产品要打入市场的先决条件是有好的包装,而这种包装又必须符合消费者的消费心理,这样才能为产品成功占有市场打好基础。那么货物包装的功能是什么?又该怎样对商品包装进行分类呢?

3.1.1 货物包装概述

1. 货物包装的概念

包装是指为在流通中保护货物,方便储运,促进销售,按一定技术方法而采用的容器、材料和辅助物的过程中施加一定技术方法等的操作活动。包装不仅是构成货物的重要组成部分,是实现货物价值和使用价值的手段,也是货物生产与消费之间的桥梁,与人们的生活密切相关。

微课资源
3.1 创意包装

2. 货物包装的作用

1)保护货物

包装可以保证货物在复杂的运输、装卸、仓储条件中的安全,质量和数量不受到损失,具体体现在以下几个方面:

(1)防护货物以免发生破损变形。货物在流通过程中要承受各种冲击、震动、颠簸、摩擦、外力重压等作用,所以包装具备相应的强度能对货物起到一定的保护作用。

---

① 1英镑≈8.22元。

（2）防止货物发生化学变化。通过包装实施隔离水分、霉菌、溶液、潮气、光线及空气中有害气体等，达到防霉、防腐、防变质、防生锈、防老化等化学变化。

（3）防止有害生物对货物的影响。包装具有阻隔老鼠、昆虫、白蚁等有害生物对货物的破坏及侵蚀的作用。

（4）防止由于异物混入而导致货物受到污染。

2）便于流通

包装有利于提高运输工具的装载能力，减少运输难度，提高运输效率；有利于采用机械化、自动化的装卸搬运作业，降低劳动强度和难度，加快装卸搬运速度；有利于在仓储作业中加快计数，方便交接验收，缩短接收、发放时间，提高速度和效率，同时还有利于货物的码放。

3）促进销售

在商品贸易中，促进销售的手段很多，其中包装的装潢设计是重要的手段，精美的包装是对商品的良好宣传，能够吸引人们的视线，唤起人们的购买欲。

4）方便消费者

成功的货物包装在包装造型的别致性、货物数量的适中性、使用方法的便利性以及完成包装使命之后的可持续使用性或绿色环保、易于处理性等方面做文章，这样可以最大限度地方便消费者。

※课堂讨论※

假设现在有塑料密封包装的膨化食品、用普通纸盒包装的皮鞋和未经防锈处理的钢材三种货物。请同学们讨论并分析这些货物能否放入同一个仓库中储存？如果不可以，为什么？如果可以，应该采取哪些养护措施？

3. 货物包装的分类

1）按包装在流通中的作用分类

按其在流通中的作用，货物包装可分为运输包装和销售包装。

（1）运输包装。运输包装是用于安全运输、保护商品的较大单元的包装形式，又称外包装或大包装。例如，纸箱、木箱桶，甚至包括集装箱、集装袋等。运输包装一般体积较大，外形尺寸标准化程度高，坚固耐用，表面印有明显识别标志，方便运输、装卸和储存，最主要的功能是保护商品。

（2）销售包装。销售包装是指以商品零售单元为包装个体的包装形式，既有单个商品式的，也有若干单个商品包装组合后再包装式的。单个商品式的称为小包装；若干单个商品包装组合后再包装式的称为中包装。销售包装一般特点是包装件小、美观、新颖、卫生、安全，以及易于使用、便于携带。销售包装一般随商品出售给消费者，除具有保护商品的基本功能外，宣传、美化、促销的功能也得到了强化。

2）按包装材料分类

按包装材料，货物包装材料可分为纸质、木材、金属、塑料、玻璃和陶瓷、纤维织品、复合材料等。

3）按包装技术分类

包装技术可分为缓冲包装、防潮包装、防锈包装、收缩包装、充气包装、灭菌包装、贴体包装、组合包装和集体包装等。

3.1.2 货物包装标准化

1. 货物包装标准化

货物包装标准化是以货物包装为对象，对包装规格、类型、容量、使用材料、包装容器的结构造型、印刷标志、商品的盛放、衬垫、封装方法、名词术语、检验要求等给予统一的政策并提供对应的技术措施。

2. 包装标准的范围

（1）包装综合基础标准。其包括包装术语、包装层次、包装尺寸、包装标志、包装个件试验方法、包装技术方法、包装管理等标准。

（2）专业基础标准。针对包装某个方面制定的，如包装材料、包装容器、包装机械等标准。

（3）商品包装标准。商品包装标准是针对商品包装的科学合理而制定的，是整个包装标准化的最终目标。商品包装标准的主要内容有商品包装标准适用范围和商品包装分级。

3. 货物包装标准化的作用

（1）货物包装标准化是提高物流包装质量的技术保证。

（2）货物包装标准化是供应链管理中核心企业和节点企业之间无缝对接的基础。

（3）货物包装标准化是企业之间横向联合的纽带。随着科学技术的发展，生产社会化的程度越来越高，生产协作也越来越广泛，货物包装涉及储存、运输、装卸搬运、配送等物流环节，这就要求通过标准化将生产部门及生产环节有机联系起来，以保证货物的高效运行。

（4）货物包装标准化是合理利用资源和原料的有效手段。物流包装标准化有利于合理利用包装材料和包装制品的回收利用。

（5）货物包装标准化可以提高包装制品的生产效率。可以将零散的小批量生产集中为大批量、机械化、连续化的生产，从而提高包装制品的生产效率。

（6）货物包装标准化有利于促进国际贸易的发展，增强市场竞争力。物流包装标准化已经成为国际贸易的组成部分，只有实行与国际标准相一致的标准，才能提高商品在国际上的竞争能力。

思政拾萃

绿色包装

如今，我国的物流行业发展迅速，为国家经济的腾飞注入了强大动力。但在发展的同时，人们同样意识到，随之产生的大量包装废弃物造成了环境污染和资源浪费。据不完全统计，2019年全国快递业务量突破630亿件。我国快递业每年产生超过900万吨纸类废弃物和约180万吨塑料废弃物，并且这些数字还在快速增长。

因此，发展绿色包装迫在眉睫。绿色包装是指以环境保护为首选目标的包装。在包装设计上，要考虑对环境的影响；在包装材料上，要选用无毒害和可分解或能再生利用的材料；在包装风格上，要力求简单，避免过度包装；在包装策略上，要坚持耗材少，能够回收、复用和再循环的原则。绿色包装是绿色营销的引擎，包装文字中突出"保护生态环境""可回收使用"等说明，力求通过包装外观传播浓厚的绿色气息。

国家邮政局在2020年6月印发的《邮件快件绿色包装规范》强调，邮件快件绿色包装坚持标准化、减量化和可循环的工作目标，并给出一系列具体要求：邮件快件包装空隙率原则上不超过20%；寄递企业应当全面推广使用电子运单，尤其是一联式电子运单；可循环集装袋循环使用次数不低于50次；寄递企业积极推广应用悬空紧固包装，减少填充物的使用；本着节约、环保的原则，合理确定包装材料和包装方式，优化物品包装，避免过度包装和随意包装等。

2020年7月，国家市场监督管理总局等八部门联合印发了《关于加强快递绿色包装标准化工作的指导意见》，对未来三年我国快递绿色包装标准化工作做出全面部署，旨在以标准助力快递包装的"绿色革命"。

【思政点拨】绿色包装不仅仅是政府和企业的事，更关系到每一个社会成员。每个人都需要从自身做起，从身边的小事做起，为快递包装的"绿色革命"贡献自己的力量。

3.1.3 货物包装的技术方法

1. 收缩包装

收缩包装（图3.1）是以收缩薄膜为包装材料，包裹在商品外面，通过适当温度加热，使薄膜受热自动收缩紧包商品的一种包装方法。收缩包装能使内包装商品被紧裹，起到良好的包装效果，具有透明、紧凑、均匀、稳固、美观的特点，由于密封性好，还具有防潮、防尘、防污染、防盗窃等保护作用。收缩包装适用于食品、日用工业品和纺织品的包装。

2. 无菌包装

无菌包装（图3.2）适于液体包装食品，先将食品和容器分别杀菌并冷却，然后在无菌室中进行包装和密封。和罐头包装相比，无菌包装可以较好地保存食品原有的营养素、色、香、味和组织形态，杀菌所需热能比罐头少25%~50%，因冷却后包装可以使用不耐热、不耐压的容器，如塑料瓶、纸板盒等，既可降低成本，又便于开启。

图3.1　收缩包装

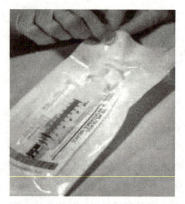

图3.2　无菌包装

3. 防锈包装

防锈包装（图3.3）是为了防止潮湿空气或雨水等侵入产生金属腐蚀的使用的一种包装技法。在金属表面采用涂覆防锈材料以破坏电化学腐蚀的条件，是防锈包装最常用的手段。例如，轴承包装就是对经表面清理后的轴承用黄油涂覆，然后用防水蜡纸包裹后放在内包装中。另外，在采用容器包装时，还可采用在容器内或周围放入适量吸潮剂（如硅胶）的做法，以吸收包装内部残存的或由外部进入的水分，使其相对湿度下降，从而达到防锈的目的。

图3.3　防锈包装

4. 防霉包装

防霉包装是为了防止因霉菌侵袭内装物而长霉，影响商品质量，而采取一定防护措施的包装方法。经常采用的是耐低温包装、防潮包装和高密封容器包装。

耐低温包装一般是用耐冷耐潮的包装材料制成。经过包装的商品能在低温下存放较长时间，以低温抑制微生物的生理活动，达到内装物不霉腐的目的。防潮包装不仅可以防止包装内水分的增加，还可达到抑制微生物生长和繁殖的作用，延长内装商品的储存期，如采用陶瓷、金属、玻璃等高密封容器进行真空和其他防腐处理（如加食粮防腐剂）是对食品防腐时常用的防霉包装技法。

5. 硅窗气调包装

硅窗气调包装是在塑料袋上烫接一块硅橡胶窗，通过硅橡胶窗上的微孔调节包装内气体成分组成的一种包装方法。这种方法适用于果蔬的包装。硅窗的透气性比聚乙烯或聚氯乙烯大几倍到几百倍，从而使果蔬生理代谢所需要的氧气和排出的二氧化碳、乙烯等能通过硅窗与包装体外的空气进行交换。由于包装创造的小气候适宜果蔬的储藏，硅窗气调包装可以增加果蔬的耐储性。

6. 防潮包装

防潮包装采用具有一定隔绝水蒸气能力的材料，制成密封容器，运用各种技法阻隔水蒸气对内装商品的影响。在防潮包装材料中金属和玻璃最佳；塑料次之；纸板、木板最差。常用的防潮技法有多层密封、给容器抽真空或充气、加干燥剂等。

微课资源
3.2　过度包装

7. 缓冲包装

缓冲包装是为了减缓商品受到冲击和震动，确保其外形和功能完好而设计的具有缓冲减震作用的一种包装技法，通常有三层结构，即内层商品、中层缓冲材料和外层包装箱。缓冲材料在外力作用时能有效吸收能量，及时分散作用力，从而保护商品。

8. 特种包装

（1）泡罩包装与贴体包装。泡罩包装将商品封合在透明塑料薄片形成的泡罩与底板之间的一种包装技法。贴体包装是另一种包装技法，其将商品放在能透气的、用纸板或塑料薄片制成的底板上，上面覆盖加热软化的塑料薄片，通过底板抽真空后，薄片可以紧密包贴商品，且将四周封合在底板上。泡罩包装和贴体包装多用于包装日用小商品，其特点是透明直观，保护性好，便于展销。

（2）真空包装与充气包装。真空包装是将商品装入气密性包装容器，抽去容器内部的空气，使密封后的容器内达到预定真空度的一种包装技法。这种技法一般用于高脂肪低水分的食品包装，其作用主要是排除氧气，而且可以抑制霉菌或其他好氧微生物的繁殖。如真空包装用于轻纺工业品包装，能缩小包装商品体积，减少流通费用，还能防止虫蛀、霉变。充气包装是在真空包装的基础上发展起来的一种包装技法，它是将商品装入气密性包装容器中，用氮、二氧化氮等惰性气体置换容器中原有空气的一种包装方法。充气包装主要用于食品包装，其作用是降低食品氧气变质的速度，亦可防止金属包装容器由于罐内外压力不等而发生的瘪罐问题。另外，充气包装还可用于日用工业品的防锈和防霉。

任务实训

探究"包装变身史"

1. 任务描述

举办探究"包装变身史"活动，让学生感受货物包装随时代的变化，体会科技的进步和人们生活水平的提高。

2. 任务目标

（1）加深学生对货物包装的理解。

（2）培养学生收集信息与整理材料的能力。

（3）提高学生的学习兴趣。

（4）陶冶学生热爱生活、感悟生活、感恩社会的情感。

3. 任务实施

（1）将全班学生分成5组，每组通过收集资料探究3种货物的包装随时间而发生的变化，时间跨度可大可小，能反映变化的本质即可，并完成任务卡（表3.1）的填写。

表3.1　任务卡

组别：　　　成员：

货物名称	货物概述	以时间轴叙述货物的包装变化

（2）每组学生根据分析内容，谈一谈对货物包装的认识和对生活的理解，汇总成不少于500字的报告并上交。

（3）教师组织各小组成员交流感受，并派代表总结发言。

4. 成绩评定

教师根据任务卡、报告和交流时的表现为各小组打分（表3.2）。其中态度和卷面各占5分，任务卡占30分，报告占30分，交流时的表现占30分。

表 3.2　成绩评定

组别	态度和卷面	任务卡	报告	交流时的表现	总分	备注
1组						
2组						
3组						
4组						
5组						
6组						

任务 3.2　货物运输包装

案例引入

良品铺子的"鸡肉肠"事件

2021年3月，有网友在社交平台爆料称，良品铺子的一袋低脂鸡胸肉肠（以下简称"鸡肉肠"）的包装袋内有蛆虫。据了解，该网友收到货时鸡肉肠的外包装完整，但在食用过程中，发现其中一袋鸡肉肠包装破损，肉质发黑，包装袋内有大量类似蛆虫的白色粒状物。商品外包装显示，鸡肉肠的生产日期为2021年1月30日，保质期为180天，故该鸡肉肠处于保质期内。涉事良品铺子客服将退款金额从43元提升至1 000元，但被该网友拒绝。她希望良品铺子公开道歉。

4月30日晚，良品铺子就此鸡肉肠事件公开道歉，并公布了调查结果。调查结果显示，事情发生后，武汉市和东西湖区市场监督管理局介入调查，抽取4个批次样品，对亚硝酸盐、胭脂红、菌落总数、大肠杆菌等12项理化指标进行了检测。3月27日，检测结果显示，4个批次商品所检项目均符合相关标准。3月28日，监管部门联系消费者，告知其调查和抽检结果。

因为没有拿到被诉商品的实物，良品铺子同步设立调查组展开了问题调查。调查组6次前往工厂，通过多次模拟生产、测试，逐一排查供应链的每一个生产环节、每一道生产工艺，并进行了商品理化指标检测、包材性能测试试验。调查结果判定，鸡肉肠下线出厂时存在质量问题的概率极低，消费者反映的问题为偶发的包装破损导致。良品铺子表示已全渠道下架该款商品，并聘请质量管理专家进入工厂优化质量管控。另外，良品铺子表示已制定出详细的整改方案，并已开始实施。

虽然这一事件是偶然发生的，但引起了人们对食品安全的热烈讨论，值得各大食品生产企业重视。

【案例思考】上述案例说明，商品包装在保证商品质量方面起着重要作用。那么，商品包装应该采用什么样的包装材料和包装技法呢？

货物运输包装与商品销售包装应是有区别的。充分保护商品、方便装卸搬运应是货物运输包装的首要功能。

3.2.1 货物运输包装的作用

1. 保护商品

运输和储存是商品在流通中受到外力破坏作用最多的两个环节。因此，包装应是一个坚固的防护体，以便在运输、装卸中有效地防止外力对商品的破坏，并能在堆码上承受上层商品的压力。

2. 实行单元化

将商品以某种单位集中起来，组成一个大的包装集体，包装单元化一方面方便了物流；另一方面也方便了商流。

3. 便于识别

用图形、文字、数字、指定记号和说明事项，以方便运输、装卸搬运、仓储、检验和交接等工作，保证商品能够安全、迅速地交到收货人手中。

思政拾萃

铁路货运，未来可期

铁路货运是经济发展的"晴雨表"。"十三五"期间，我国铁路基础设施建设稳步推进，货运结构不断优化，铁路货运量和货运周转量双双位居世界第一，为形成以国内大循环为主体，国内国际双循环相互促进的新发展格局提供了有力支撑，在全球疫情持续蔓延、经济持续低迷的情况下，中国铁路货运仍在强劲增长，这凸显的正是中国经济锐不可当的强大初心。

铁路货运的逆势增长，彰显了中国强大的"硬实力"。而货运量提升的背后是不断延长的铁路线。"十三五"期间，全国铁路新开通货运营业里程超过1.1万千米。如今，南北走向的浩吉铁路和东西走向的大秦、包唐、朔黄、瓦日等重载铁路形成了覆盖中西部、京津冀、环渤海和长江经济带的铁路货运网，货运能力得到了进一步提升。

中国铁路运输发展的现状可喜，未来可期。在经济加速实现转型升级的大背景下，铁路运输这一传统行业将在创新发展的推动下，实现进一步的突破，速度会越来越快，服务会越来越好。

【思政点拨】铁路货运的逆势增长彰显了社会主义国家可以集中力量办大事的制度优势，更是中国经济持续向好的有力见证。如今，"十四五"征程全面开启，无论时代如何变幻，只要我们咬紧牙关不放松，始终保持发展定力，坚定奋进决心，就一定能继续保持经济高质量发展。

3.2.2 货物运输包装的要求

为了保证货物运输的质量，货物运输包装必须遵守"坚固、经济、适用、可行"的原则，具体要求如下：

（1）根据货物的物理、化学性质，以及货物的结构形态，选择合适的包装材料和包装尺寸，确保包装和被包装货物没有性质上的互抵，并且大小适宜。

（2）包装要有足够的强度，能够经受震动、冲击、长途颠簸，保护被包装货物的安全无损。

（3）包装内要有适当的衬垫，以缓冲外力的冲击，而且根据货物的化学性质、物理性质，选择能够防潮、防震的衬垫物，而且要保证衬垫物和货物不会发生化学作用。

（4）包装在经济上要合理，不要盲目追求高技术、高级材料，即所谓的过强包装；也不能为了节约，使包装起不到保护商品的作用，即所谓的过弱包装，应在保护商品和方便流通的前提下，尽量在用经济的材料代替成本高的材料的同时，减少包装的重量。

（5）包装应该符合当地的流通条件，如集装箱是一种先进的包装形式，但是集装箱的使用需要依靠相应的集装箱码头和集装箱站场，如果某地区没有这种流通条件，集装箱就没有办法在当地使用。

（6）货物包装的标志应该清楚、正确、完整、不容易褪色，符合国际规定。

拓展阅读

物流有五种基本运输方式，即公路、铁路、水路、航空和管道，它们的运营特点见表 3.3。

表 3.3　五种基本运输方式的运营特点

运输方式	公路	铁路	水路	航空	管道
运输速度	一般	快	较慢	很快	慢
安全可靠性	差	良	较差	一般	优
灵活性	优	较差	一般	良	差
运输能力	差	强	很强	较差	一般
成本费用	高	一般	较低	很高	低

如果你是一家重型机械生产企业的老板，在进行货物运输时，你会选择哪种运输方式呢？请展开想象，和同学讨论一下。

3.2.3　货物运输包装的材料选择

1. 纸质材料

纸质材料是传统包装材料，分为纸张和纸板两种，而用于货物运输包装的主要是纸板。包装用纸张和包装用纸板的种类见表 3.4。

表 3.4　包装用纸和纸板的种类

类别	分类	品类
包装用纸张	1	普通纸、牛皮纸、玻璃纸、中性包装纸、纸袋纸、羊皮纸
	2	特种纸、保光泽纸、湿强纸、防油脂纸、袋泡茶纸、高级伸缩纸
	3	装潢纸、表面浮沉纸、压花纸、铜版纸、胶版纸
	4	深加工纸、真空镀铝纸、防锈纸、石蜡纸、沥青纸
包装用纸板	5	普通纸板、白纸、黄板纸、箱板纸
	6	深加工纸板、瓦楞原纸、瓦楞纸板

纸质包装材料的优点是具有适宜的强度、耐冲击和耐摩擦性；密封性好，容易做到清洁卫生；具有优良的成型性和折叠性，便于采用各种加工方法，使用于机械化、自动化的包装生产；具有良好的可印刷性，便于介绍货物特性；价格较低，重量轻，可降低包装和运输成本；用后易于处理，对环境无害。

纸质包装材料的缺点是气密性、防潮性、透明性差，不耐水，难封口等。

常见的用纸质材料制成的运输包装容器有纸箱、纸盒、纸桶和纸袋。其中用量最大的是瓦楞纸箱。目前，在运输包装中，瓦楞纸箱正在取代传统木箱，广泛用于包装日用百货、家用电器、服装鞋帽、水果蔬菜等。瓦楞纸箱正在向规格标准化、功能专业化、减轻重量、提高抗压强度等方向发展。除瓦楞纸箱外，纸浆模制包装物、牛皮纸包装袋也是货物运输包装中用量大的容器。

2. 金属材料

包装用金属材料（表 3.5）主要有钢材、铝材及其合金材料。包装用钢材有薄钢板（黑铁板）、镀锌薄铁板（白铁皮）、镀锡薄钢板（马口铁）、镀铬薄钢板等；包装用铝材有铝合金薄板和铝箔等。

包装用金属材料的优点是具有良好的机械强度、牢固结实，耐冲撞，不破碎，能有效地保护内装商品；密封性能优良，阻隔性好，不透气，防潮、耐光；具有良好的延展性，易于加工成型；表面易于涂饰装饰；易于回收再利用，不污染环境。

表 3.5　包装用金属材料

名称	规格	特点	用途	类别
薄钢板（黑铁皮）	包装用钢材	具有较强的塑料与韧性、光滑而柔软、延伸率均匀、要求无裂缝、无皱纹等	制作桶状容器	900 mm × 1 800 mm 1 000 mm × 2 000 mm
镀锌薄钢板（白铁皮）		强度高、密封性好	制作桶状容器，盛装粉状、浆状和液状的商品	900 mm × 1 800 mm 厚度为 0.44 ~ 1 mm
镀锡薄钢板（马口板）			包装食品，如罐头等	
镀铬薄钢板		接缝采用熔接法和黏合法接合	制作腐蚀性较小的啤酒罐、饮料罐及食品罐的底盖等	
铝合金薄板	包装用铝材	轻便、不生锈	制作鱼类和肉类罐头的包装	
铝箔		防潮、保香性能强、有漂亮的金属光泽等	用于食品（巧克力、口香糖）冰激凌、果酱、人造奶油、香烟、药品（等）的包装；也用于照相、X 射线等感光胶片及机械零件、工具等的包装	厚度在 0.2 mm 以下

作为包装材料，金属不足之处是化学稳定性差，易锈蚀、腐蚀等。金属运输包装容器有铁桶、铝桶、铁塑桶、铁罐、钢瓶、集装箱等。其主要用来运装各种防泄漏、遮光、防潮、防水、密封性要求高的各类液态、气态或粉末状货物。

3. 塑料材料

塑料材料的优点是物理机械性能优良，具有一定的强度和弹性，耐折叠、耐摩擦、耐冲击、抗震动、抗压、防潮、防水、气密性好；化学稳定性好，耐酸碱、耐化学药剂、耐腐蚀、耐光照等；比重小，属于轻质包装材料；加工成型工艺简单；适合采用各种包装新技术，如真空、充气、拉伸、收缩、贴体等；具有优良的透明性、表面光泽好、印刷性能好；可与纸、金属等传统包装材料制成复合材料扩展应用范围。常见塑料薄膜的特性见表 3.6。

表 3.6　常用塑料薄膜的特性

性能\种类	强度	透明度	热封性	耐热性	耐寒性	耐油性	气密性	防潮性	印刷性	保香性
低密度聚乙烯	差	良	优	差	良	差	差	良	良	差
中密度聚乙烯	良	良	优	良	良	良	差	良	良	差
高密度聚乙烯	良	差	优	优	良	良	差	优	良	差
聚氯乙烯	良	优	良	差	差	优	优	良	优	优
聚酯	优	优	差	优	优	优	良	良	优	良
未拉伸聚丙烯	良	优	优	优	差	良	良	优	良	差
拉伸聚丙烯	优	优	差	良	良	良	良	优	良	差
聚偏二氯乙烯	良	优	优	优	良	优	优	优	良	优
聚碳酸酯	优	优	差	优	优	良	良	良	良	优
未拉伸聚酰胺	优	良	优	优	优	优	优	差	良	良
拉伸聚酰胺	优	优	差	优	优	优	优	差	优	良
聚乙烯醇	良	优	差	良	良	优	优	差	优	良
拉伸聚苯乙烯	良	优	良	差	优	差	差	差	良	差

4. 玻璃

1）性能特点

（1）玻璃包装材料的性能优良，不透气，不透湿，有紫外线屏蔽性，化学稳定性高，无毒无气味，有一定强度，能有效保存内装物。

（2）玻璃的透明性好，易于造型，具有特殊的美化商品的效果。

（3）玻璃的强化、轻质化技术以及复合技术已有一定的发展，加强了对外包装的适应性，尤其在一次性的包装材料中，玻璃材料有较强的竞争力。

（4）玻璃的原料资源丰富而且便宜，价格较稳定。

（5）玻璃易于回收复用和再生，不会造成公害。

玻璃作为包装材料，存在着冲击强度低、碰撞时易破损、自身质量大，运输成本高、耗能大等缺点，这些均限制了玻璃的应用。另外，玻璃虽然一定的耐热性，但不耐温度的急剧变化。

2）玻璃材料的种类

玻璃材料有普通瓶罐玻璃，（主要是钙、镁、硅酸盐玻璃）和特种玻璃（如中性玻璃、石英玻璃、微晶玻璃、钠化玻璃等）之分。

3）玻璃材料的应用

用于运输包装的玻璃材料，主要是指盛装化工产品（如强酸类）的大型容器，也是指玻璃纤维复合袋在盛装化工原料和矿物粉料上的应用。

5. 陶瓷包装材料

1）陶瓷的性能

陶瓷的化学稳定性与热稳定性均较好，能耐各种化学药品的侵蚀，尤其是热稳定性比玻璃好，当温度达到250 ℃时也不开裂，并耐温度剧变。不同商品包装对陶瓷的性能要求也不同，如高级饮用酒的包装要求陶瓷不仅机械强度高，密封性好，而且白度好，具有光泽。包装用陶瓷材料主要从化学稳定性和机械强度方面选择。

2）包装陶瓷的种类及运用

包装陶瓷主要有粗陶瓷、精陶瓷、瓷器和祐器四大类。

（1）粗陶瓷。粗陶瓷多孔，表面较为粗糙，有颜色，不透明，并有较高的吸水率和透气性，主要用于制作缸器。

（2）精陶瓷。精陶瓷又分硬度精陶（长石精陶）和普通精陶（石灰质、镁、熟料质等）。精陶瓷较粗陶瓷精细，坯体呈白色，气孔率和吸水率均小于粗陶瓷。它们常被用于制作缸、罐和陶瓶。

（3）瓷器。瓷器比陶器结构紧密均匀，均为白色，表面光滑，吸水率低，极薄瓷器还具有半透明的特性。主要用于制作瓷瓶，也有极少数用于制作瓷罐。

（4）祐器。祐器是介于瓷器与陶器之间的一种陶瓷制品，分为粗祐器和细祐器两种，主要用于制作缸、坛、砂锅等容器。

6. 其他包装材料

（1）木材。木材具有特殊的耐压、耐冲击和耐气候能力，并具有良好的加工性能，是商品运输包装的重要材料，常被用来制成木箱或木桶（图3.4）。木箱按结构和用途不同，分为适宜于装笨重机械设备的框架型、装易碎商品的花格型和装轻质品、易碎品的胶合板箱。木桶形状有圆桶形和腰鼓形，多用于盛装一些专用商品。木材虽适于作为多种商品的包装材料，但由于环境方面的原因，不宜多用，应以塑料等新型包装材料取而代之。

图3.4　木桶

（2）纺织品。纺织品可分为天然纤维类、化学纤维类、极少量矿物纤维、金属纤维制成品，通常被制成袋装运输容器。它们的共同点是质轻透气，是有一定牢度。各种纺织袋广泛用于盛装粉末状、颗粒状的商品，如白糖、食盐、粮食、化肥等。就发展趋势来看，各种塑料纺织袋（图3.5）正在大范围取代天然纺织袋。

（3）草、竹、柳、藤（图3.6）等天然、野生包装材料。它们的共同特点是成本低廉，绿色安全，通风透气，耐用。这些材料一般被制成各种筐、篓、袋，用于运输蔬菜、水果、鲜蛋、鲜鱼及其他鲜类商品。

图3.5 塑料纺织袋

图3.6 藤制包装

※**想一想**※

将学生分成若干小组，每一组选择一种包装材料，并调查该包装材料在实际中的应用情况，分析其优缺点、回收利用情况以及对环境的影响等。

3.2.4 集合包装

集合包装，就是指将一定数量的单件包装组合成一件大的包装或装入一个大的包装容器内。集合运输包装的种类包括集装箱、集装袋、托盘等。集合包装的出现，不仅提高了物流速度和物流服务水平，也给传统储运带来了变革。

1. 集合包装的主要作用

（1）有利于装卸搬运机械化、自动化。将零散的小包装集合成大的包装单元，在装卸搬运时可以采用叉车等机械设备，提高作业效率，降低劳动强度，节省劳动力，为装卸搬运自动化创造了条件。

（2）提高物流效率和服务效率。集合包装能够从发货单位直接运到收货单位，减少物流环节，提高物流效率，实现"门到门"的服务。

（3）确保物品在物流过程中的安全。集合包装将货物包装在一个大的外包装里面，在储运、装卸搬运中不需要拆箱、拆包，可以有效地保护货物，减少货损和丢失事件的发生。

（4）节约包装材料、降低物流成本。集装箱、托盘可以反复周转使用，原有的外包装可以降低用料标准，而且集合包装有利于联运、简化运输手续，提高运输工具运输效率，降低运输费用。

（5）有利于包装规格标准化

集合包装要求单件包装的外包尺寸必须适合于集装箱或托盘等包装容器的尺寸，否则包装内会出现空位，这就促进了包装的标准化、规格化、系列化。

2. 集合包装的类别

（1）集装托盘（图3.7）又名集装板或垫板，由塑料、木材、钢材及玻璃等材料制成，常见的有平集装托盘、箱式集装托盘、立柱式集装托盘等。无论何种材料或样式的集装托盘，其底部都没有便于铲车的铲叉插入的装置。集装托盘的使用不仅大大提高商品运载效率，而且还可将其设计成货架的形式。货物分层陈列于内有隔层的箱式集装箱内，外围用套桶屏蔽包装，托盘运至超市后，去掉套桶后，就可以展示和出售商品了。托盘也可设计成折叠式或拼装式，即用即装，反复使用。

图3.7　集装托盘

（2）集装箱（图3.8）其按材料可以分为铝合金集装箱、钢制集装箱和玻璃制集装箱。按结构可分为柱式（箱体侧壁与四角设有加固、支撑之用的立柱），折叠式和薄壳式。按使用目的可分为干鲜类集装箱、保温类集装箱、框架类集装箱和散货类集装箱其中框架类不设侧壁，便于装汽车、大牲畜等不便也不需密封的商品；散货类集装箱可分为箱式和罐式以及软罐式。随着科学技术的不断进步，集装箱的功能日趋先进、复杂，能进行气调的、温调的、适于航空运输的集装箱已纷纷问世。

（3）集装袋（图3.9）主要有圆桶形和方形两种，以圆桶形居多。集装袋的四周有提吊带，有抽口实活口。这种袋子能把小型包装件和包装箱放在里面，由一定的运输工具运装，其在装量通常为1~5 t不等。最早的集装箱袋用棉、麻等天然纤维织造的帆布制成。随着新型合成材料的问世，现在集装袋多以更轻便、结实耐用的合成纤维制成。各种集装袋还以不同材料的涂层处理，使之具备防水性。所以集装袋不仅能盛装一般包装件，还可以盛装颗粒状、粉状、液态货物。集装袋既有可多次使用型的，也有一次性使用型的。

图3.8　集装箱

图3.9　集装袋

3.2.5　进出口货物运输包装的规定

货物运输包装最终离不开人工搬运，所以木箱包装一般以50 kg左右为宜，纸箱包装最好不超过30 kg。单件包装如重量过重，应使用集装托盘，或装有滑材，便于机械装卸，避免货物破损。但是，各国在这方面还有些特殊的规定和要求。如新加坡和马来西亚对货物装卸是按件收费的，故单件包装要求越重越好；沙特阿拉伯规定，袋装货物每袋重量不得超过50 kg，除非装有集装托盘或其他吊装设备，否则不提供码头仓储便利，若因此影响卸货，将按照当地海港搬运费率，按每班组时间征收延误费。各国禁止使用的包装材料如下：美国禁止使用稻草作为包装材料，以防止植物病虫害的传播；新西兰规定，进口商品包装材料严禁采用稻草、干草、谷壳、糠或旧麻袋；菲律宾禁止使用麻袋、麻织品、草席及稻草包装；塞浦路斯规定，货物外包装所用的稻草必须由输出国出具消毒证书，或来自无口蹄疫区的证明；英国的防虫包装法规定，作为衬垫使用的包装材料（如干草、稻草、麻类等），应经过杀菌剂、杀虫剂等处理。

3.2.6 货物运输包装标志

货物运输包装标志是指在运输包装外部制作的特定记号或说明。包装好的货物只有依靠标志，才能进入现代物流而成为现代运输包装。货物要经过多环节、多层次的运输和中转，要完成各种交接，这就需要依靠标志来识别了；货物通常包装在密闭的容器里，经手人很难了解里面装的是什么，更何况内装货物性质不同，形态不一，轻重有别，保护措施也就不一样。这就需要通过标志来了解内装货物，以便正确有效地进行交接、装卸、运输、储存等。

运输包装标志主要是赋予运输包装件以传达功能，目的是识别货物，实现货物的收发管理，明示物流中应采用的防护措施，识别危险货物，暗示应采用的防护措施，以保证货物安全。

1. 包装储运图示标志

包装储运图示标志是根据货物的某些特性而确定的，如怕湿、怕震、怕热、怕冻结。其目的是在货物运输、装卸和储存过程中，引起从业人员的注意，使他们按图示标志的要求进行操作。

《包装储运图示标志》（GB1991—2000）中的"由此起吊""由此开启"和"重心点"应显示在货物外包装实际位置上，见表3.7。

表 3.7　包装储运图示标志

序号	标志名称	标志图形	含义	备注/示例
1	易碎物品		运输包装件内装易碎品时，搬运时应小心轻放	使用示例：
2	禁用手钩		搬运运输包装件时禁用手钩	—
3	向上		表明运输包装件的正确摆放位置是竖直向上	使用示例：

续表

序号	标志名称	标志图形	含义	备注/示例
4	怕晒		运输包装件不能直接照晒	—
5	禁止翻滚		运输包装件不能翻滚	—
6	怕辐射		运输包装件一旦受辐射，便会完全变质或损坏	—
7	怕雨		运输包装件怕雨淋	—
8	重心		表明一个单元货物的重心	使用示例： 本标志应标在实际的重心位置上
9	此面禁用手推车		搬运货物时，此面禁止放在手推车上	—
10	禁用叉车		不能用升降叉车搬运的运输包装件	—

续表

序号	标志名称	标志图形	含义	备注/示例
11	由此夹起		表明装运货物时夹钳应放置的正确位置	—
12	此处不能用卡夹		表明装卸货物时此处不能用卡夹	—
13	堆码重量极限	kg	表明该运输包装件所能承受的重量极限	—
14	堆码层数极限	n	相同包装的最大堆码层数，n 表示层数极限	—
15	禁止堆码		该包装件不能堆码，而且其上也不能放置其他负载	—
16	由此吊起		起吊货物时挂链条的位置	使用示例： 本标志应标在实际的起吊位置上
17	温度极限		表明运输包装件应该保持的温度极限	$-℃_{max}$ （a） $℃_{max}$　$-℃_{max}$ （b）

63

2. 运输包装收发货标志颜色

运输包装收发货标志在字体、颜色、标志方式和标志位置的选用上应按标准来进行。收发货标志的颜色有如下规定：

①纸箱、纸袋、塑料袋、钙塑箱，根据货物类别，按规定颜色用单色印刷，见表 3.8。

②麻袋、布袋用绿色或黑色印刷；木箱、木桶不分类别，一律用黑色印刷；铁桶用黑、红、绿、蓝底印白字，灰底印黑字；表内未包括的其他货物按属性归类。

表 3.8　货物及其对应的收发货标志颜色

货物类别	颜色	货物类别	颜色
百货类	红色	医药类	红色
文化用品类	红色	食品类	绿色
五金类	黑色	农副产品类	绿色
交电类	黑色	农药	黑色
化工类	黑色	化肥	黑色

3. 危险货物包装标志

危险货物包装标志是对易燃、易爆、易腐、有毒、放射性等危险货物，为起警示作用在运输包装上加印的特殊标记，由文字与图形构成。《危险货物包装标志》（GB190—85）对危险货物包装标志的图形、适用范围、颜色、尺寸、使用方法均有明确规定。危险货物标志共有 19 个名称，对应 21 种图形，这些图形分别标示了 9 类危险货物的主要特性，见表 3.9。

表 3.9　危险货物标志图示

标志名称	标志图形	标志名称	标志图形
爆炸品	 （符号和文字：黑色，底色：橙色）	爆炸品	 （符号和文字：黑色，底色：橙色）
爆炸品	 （符号和文字：黑色，底色：橙色）	易燃气体	 （符号和文字：黑色或白色， 底色：红色）

续表

标志名称	标志图形	标志名称	标志图形
不燃气体	不燃气体 2 （符号和文字：黑色或白色，底色：绿色）	有毒气体	有毒气体 2 （符号和文字：黑色，底色：白色）
易燃液体	易燃液体 3 （符号和文字：黑色或白色，底色：红色）	易燃固体	易燃固体 4 （符号和文字：黑色，底色：白色红条）
自燃物品	自然物品 4 （符号和文字：黑色，底色：上白下红）	遇湿易燃物品	遇湿易燃物品 4 （符号和文字：黑色或白色，底色：蓝色）
氧化剂	氧化剂 5.1 （符号和文字：黑色，底色：黄色）	有机过氧化物	有机过氧化物 5.2 （符号和文字：黑色，底色：黄色）
剧毒品	剧毒品 6 （符号和文字：黑色，底色：白色）	有毒品	有毒品 6 （符号和文字：黑色，底色：白色）

标志名称	标志图形	标志名称	标志图形
有害品 （远离食品）	**有害品** **（远离食品）** **6** （符号和文字：黑色，底色：白色）	感染性物品	**感染性物品** **6** （符号和文字：黑色，底色：白色）
一级放射性 物品	**一级放射性物品** **Ⅰ** **7** （符号和文字：黑色，底色： 白色，附一条红竖条）	二级放射性 物品	**二级放射性物品** **Ⅱ** **7** （符号和文字：黑色，底色： 上黄下白，附两条红色竖条）
三级放射性 物品	**三级放射性物品** **Ⅲ** **7** （符号和文字：黑色，底色： 上黄下白，附三条红竖条）	腐蚀品	**腐蚀品** **8** （符号和文字：上黑下白， 底色：上白下黑）
杂类	**杂类** **8** （符号和文字：黑色，底色：白色）	—	—

3.2.7 货物原产国标志

给货物添加原产国标志是国际贸易上的一种维护国家利益、促进贸易发展的普遍做法。原产国标志在一定程度上代表货物的质量和信誉，是货物来源的重要证据之一，也就是货物的国籍，其有效地限制了某一国的货物进口和仿冒，还具有促销和识别的作用。原产国标志将制造国的名称标注在货物包装上，必要时还同时提供场地证明书。我国出口的货物一般在包装上注明"中华人民共和国制造"或"中国制造"，也有的加注企业名称，如"中国粮油进出口公司"或"中国五金进出口公司"等。

3.2.8　货物积载因数

货物积载因数是船舶配积载工作中重要的货物资料。货物积载因数是表示 1 吨货物在正常堆装中实际所占的容积（包括货件之间的正常空隙及必需的衬隔、铺垫所占的空间），单位为 m^3/t。

货物积载因数的大小说明货物的轻重程度。积载因数较大，说明货物较轻，反之则货物较重。这项数据反映一定重量的货物需要占据多少舱容（或库容），它是载定具体的船舶宜装多少不同货物的重要依据，在船舶配积载工作中得到普遍应用。

1. 不包括亏舱的货物积载因数

$$S.F. = V/Q$$

式中：S.F.——货物的积载因数（m^3/t）；

　　　　V——货物的量尺体积（m^3）；

　　　　Q——货物的重量（t）。

2. 包括亏舱的货物积载的因数

$$S.F. = W/Q$$

式中：S.F.——货物的积载因数（m^3/t）；

　　　　W——货物占用货舱的容积（m^3）；

　　　　Q——货物的重量（t）。

3. 亏舱和亏舱率

按货物的量尺体积和重量，经计算出的货物积载因数为不包括亏舱的货物积载因数，必须加上货舱容积的损失部分（即亏舱）才能得出该货物所需要的实际舱容。造成亏舱的原因有：

（1）货物与货物之间的不正常空隙。

（2）货物应留出通风道或膨胀余位的空间。

（3）货物衬隔材料所占用的空间。

（4）货物与货舱船舷侧和围壁间无法利用的空间等。

其中，前三种情况在装舱质量不好时会增大舱容损失，而后一种情况可通过积载计划的周密处理减少损失。

亏舱情况通常用亏舱率（又称亏舱系数）来表示。所谓亏舱率，是指货舱容积未被货物充分利用的空间占整个货舱容积的百分比。其计算公式为：

$$\beta = (W - V)/W \times 100\%$$

式中：β——亏舱率（百分比）；

　　　　W——货物占用货舱的容积（m^3）；

　　　　V——货物的量尺体积（m^3）；

亏舱率的大小一般取决于货物种类、包装形式，货舱部位以及货物的装舱质量、S.F. 配积载水平等因素。我国常见货物包装形式的亏舱率见表 3.10。

因此，包括亏舱的货物积载因数与不包括亏舱的货物积载因数之间可按以下公式换算：

$$S. F. ' = S. F. /(1 - \beta)。$$

表 3.10　常见货物包装形式的亏舱率

货物的包装形式	亏舱率
各种杂货混装	10% ~20%
规格统一的箱装货物	4% ~20%
规格统一的袋装货物	0 ~20%
规格统一的袋装货物	0 ~12%
规格统一的捆装货物	5% ~20%
规格统一的桶装货物	15% ~30%
规格统一的铁桶装货物	8% ~25%
散装货：煤炭	0 ~10%
谷类	2% ~10%
盐	0 ~10%
矿砂	0 ~20%
大木桶	17% ~30%
木材	5% ~50%

【例题 1】　某船装运 100 t 袋装大米，实际占用舱容 163.25 m^3。袋装大米的理论积载因数为 1.55 m^3/t，请问该批袋装大米的亏舱率是多少？（保留 2 位小数）

解：因为，$S. F. = V/Q$

　　　　$V = S. F. \times Q$

所以，理论占用舱容 $V = S. F. \times Q = 1.55 \times 100 = 155$（m^3）

亏舱率 $\beta = (W - V)/W \times 100\% = (163.25 - 155)/163.25 \times 100\% = 5.05\%$

该批袋装大米的亏舱率为 5.05%。

【例题 2】　某轮装运出口箱装压力机，每箱尺寸为 115 cm × 100 cm × 280 cm，重量为 3 t，装舱时亏舱率为 15%，请计算装舱后该货物的积载因数。（保留 2 位小数）

解：因为，理论占用舱容 $V = 1.15 \times 1.0 \times 2.8 = 3.22$ m^3，

$$重量 Q = 3 \text{ t}$$

所以，$S. F. /(1 - \beta) = V/Q(1 - \beta) = 3.22/3/(1 - 15\%) = 1.26$（m^3/t）

亏舱（或亏载）实际上是对船舶货运能力的一种浪费和损失。为减少这些损失，水运管理人员在编排货物积载计划和指导货物装舱时，应做到合理、科学。例如根据货件包装特点合理选舱，软包装货物配装首尾舱，硬包装货物配装中舱，依据货物种类选用合适的堆装方法，提高装舱质量，缩小货物之间的空隙；从货物中挑选出适合填补亏舱的货物或用作垫料的货物等，使亏舱减少到最低限度。

　　货物积载因数的实测方法如下：将 1 吨货物堆积成基本上的正方体，丈量其货堆最大外形尺度，由此计得体积（其中包括着货件间的空隙及必要的衬垫）。如货件较重，仅几件成堆则无法反映出件与件之间的装载空隙，应采用 9 个货件打底，堆高 3 层（共 27 件）的方法成堆，然后丈量货堆最大外形尺度及 27 个货件的总重量，通过计算即可得到 1 吨货物正常堆装的实际体积。散装货物的积载因数可用测量单位容量的办法求得。

任务实训

深圳物流货运公司内部文件：各类货物运输注意事项

　　物流运输行业跟其他很多行业不同，年头年尾是最繁忙的时节，每年国庆节刚过，各大物流运输公司逐渐繁忙起来。公路运作作为最基础的和使用得最广泛的运输方式，在这个繁忙的物流时节，更要尤为重视运输方面的各项事项。

　　在日常运输中，除了普通货物之外，还有一些特殊货物需要运输，如化学品、生鲜、贵重物品、金属、易碎品等。针对这些货物，基于它们危险性、贵重性、时效性，只有采取不同的运输方式，才能达到最佳的运输效果。

　　化学品是所有货运最危险的，也是需要花大气力关注的货物。通常，我们所接触到的化学品附带有毒、放射、腐蚀、易燃、爆炸等危险属性。在运输、装卸、储存的过程中，极易造成财产损失乃至人员伤亡。但如果提前做好包装、装卸、运输方面的准备工作，将极大限度提升运输的安全性。

一、包装要求

　　（1）包装容器材质应当不与所装危险品发生化学反应，应可以适应危险品的盛放。

　　（2）包装容器材质具有一定的强度与韧性，可以承受运输过程中正常范围内的震动、挤压、摩擦，以及冲撞。

　　（3）包装容器拥有良好的气密性，封口处无空气泄漏。

　　（4）包装容器四周应当有衬垫，能够起到良好的缓冲作用。

二、装卸要求

　　（1）装卸时，需要轻拿轻放，防止摔落、碰撞、拖拉、倒置等。

　　（2）装车时，需要点清货物数量。

　　（3）堆放时，需要搭建稳固紧凑，堆齐。

　　（4）对于压缩气体/液体，应徒手搬运，不应滚动。

　　（5）对于易燃气体，操作人员应该检查其封口情况，不可与氧化剂或有强酸强碱、易爆炸、自燃货物存放在一起。

　　（6）对于有毒货物，应当做好严密的防护措施。除了戴上口罩、手套、防毒面具等护具外，还应当避免非搬运时间与货物接触。

　　（7）针对放射性货物，则只能单独存放。

三、运输要求

　　（1）保持货箱的清洁，拉运新批次货物时，应当将其打扫干净。

　　（2）在运输货物之前，司机应当保证睡眠充足，以预防由于困乏而引起的交通事故。

（3）每行驶一段距离后，都应当检查车辆状态，遇到问题应开至服务区处理。

（4）应在车辆上准备灭火器和防毒面具。

四、贵重物品运输

由于贵重物品的价值偏高，因此运输的注意事项集中在包装属性上。

（1）贵重物品的包装必须完整牢固，适合运输，不能出现破损。

（2）包装材料应符合国家标准。

（3）存取时，应当佩戴相应的取物手套。

（4）做好相应的保险工作。

五、生鲜运输

生鲜在运输的过程中主要面临两个问题。一是生鲜对时效性的要求很高，需要对温度进行监控。二是运输货运的堆码方式，由于形状不规则以及耐压性不同，货物的堆放问题也是生鲜运输重要的一环。

（1）冷库储藏需要对储藏的货物分类，对温度要求不一致的瓜果蔬菜不能堆放在一起。

（2）对于瓜果蔬菜，可以保持适宜的二氧化碳浓度以保持新鲜，但不同果蔬有着不同的二氧化碳浓度适宜值。

（3）由于果蔬的呼吸作用会促使冷库温度上升，因此调节温度是防止果蔬过热以及被冻伤的关键。

（4）每次运输前需要将冷库清理干净，并且可注入部分惰性气体来抑制果蔬的生长，以维持其鲜嫩的状态。

六、易碎品运输

（1）应当优先选择平整路面，尽量避免颠簸。

（2）包装材料选取柔性材料，并将其固定。

（3）注意堆码层数不可超过货物承受上限。

（4）车速不宜过快，尽量避免紧急制动。

七、金属物品运输

金属材料有密度极高的特点，其造成的结果就是——重量大，体积小。因此，金属材料在运输过程中需要特别小心。

（1）金属材料易被腐蚀，如果要开始长途运输，则需要做好相应的保护措施，如盖上油布等。

（2）金属材料在货车刹车时，易滑动撞击驾驶室或者由于撞坏护栏板而掉落，因此可以考虑在货物下方铺上草垫，以避免和车厢直接接触，而且还能增加摩擦力。

（3）在装载金属货物时，应当尽量放缓车速，还需要尽可能避免急刹车；否则，驾驶室存在被金属材料击穿的危险。

【案例问题】

（1）对于化学品、生鲜、贵重物品、金属、易碎品等特殊货物的运输，基于危险性、贵重性、时效性，需要采取哪些不同的运输方式，才能达到最佳的运输效果？

（2）运输有毒物品时，应做好哪些防护措施？

任务3.3　集装箱货物

集装箱起源

集装箱起源于英国。1801年，英国的詹姆斯·安德森提出"将货物装入集装箱运输"的构想。1830年，英国铁路上首先出现一种装煤的容器，并使用大容器装运百货。1845年，英国铁路曾使用载货车厢互相交换的方式，视车厢为集装箱，初步做到了的集装箱运输货物。19世纪中后期，在英国的兰开夏已经出现一种运输棉纱、棉布的带活动框架的载货工具，人们将其称为"兰开夏托盘"，这是集装箱运输车的雏形。

人们正式使用集装箱来运输货物是在20世纪初期。1900年，英国铁路试行了集装箱运输；1917年，美国铁路试行了集装箱运输。在随后短短的十余年间，德国、法国、意大利、日本也相继出现了集装箱运输。

3.3.1　集装箱及其基本概念

集装箱运输是建立在大规模生产方式的基础上，用多式联运的形式发展起来的，而集装箱运输的发展也促进了多式联运的发展。

1. 集装箱的定义

集装箱是一种运输设备。国际标准化组织制定了集装箱规格，力求使集装箱标准化得到统一。该组织不仅对集装箱尺寸、术语、试验方法等进行规定，而且就集装箱的构造、性能等技术特征做了某些规定。集装箱的标准化促进了其在国际间的流通，对国际物流的合理化起到了重大作用。

集装箱运输是指以集装箱这种大型容器为载体，将货物集合组装成集装单元，以便在现代流通领域内运用大型装卸机械和大型载运车辆进行装卸、搬运作业和完成运输任务，从而更好地实现货物"门到门"运输的一种新型、高效率和高效益的运输方式。集装箱运输虽然是一种现代化的运输方式，但其发展却经历了漫长的过程。

根据国际标准化组织104技术委员会（ISO/TC104）的规定，集装箱应满足以下条件：

（1）具有耐久性，坚固强度足以供反复使用。

（2）便于货物运送而专门设计的，在一种或多种运输方式中运输，无须中途换装。

（3）设有便于装卸和搬运，特别是便于从一种运输方式转移到另一种运输方式的装置。

（4）设计时应注意要便于货物的装满和卸空。

（5）内容积为1 m³或以上。

微课资源
3.3　集装箱

中国于1978年8月颁布了第一个集装箱国家标准——《集装箱规格尺寸国家标准》（GB1413—1978）。为了加强集装箱专业领域内的标准化工作，中国又于1980年3月成立了全国集装箱标准化技术委员会。该委员会成立后，共组织制定了21项集装箱国家标准和11项集装箱行业标准。

目前使用的国际集装箱以 20 英尺①规格尺寸的集装箱作为换算标准箱（Twenty – foot Equivalent Units，TEU），并以此作为集装箱船载箱量、港口集装箱吞吐量、集装箱保有量等的计量单位。其相互关系为：20 英尺集装箱 = 1 TEU，10 英尺集装箱 = 0.5 TEU，40 英尺集装箱 = 2 TEU，30 英尺集装箱 = 1.5 TEU。

2. 集装箱的分类

运输货物用的集装箱种类繁多，通常按尺寸、材料、结构和用途的不同进行以下分类。

1）按尺寸分类

国际标准集装箱的宽度均为 2 438 mm，宽度有四种（12 192 mm、9 125 mm、6 058 mm、2 991 mm），高度也有四种（2 896 mm、2 591 mm、2 438 mm、2 385 mm）。

2）按使用材料分类

现有的国际标准集装箱按使用材料不同，可分为钢集装箱、铝集装箱、玻璃钢集装箱和不锈钢集装箱四种。

（1）钢集装箱。钢集装箱的外板和结构均使用钢板、钢材。它具有强度大、结构牢、焊接性和水密性好等优点。钢集装箱价格低廉，与同样尺寸的铝集装箱比较，其价格为铝集装箱的 60% ~ 70%。但是钢集装箱自重大，20 英尺集装箱自重在 2 200 kg 左右。钢集装箱容易腐蚀、生锈，一般每年要进行两次除锈涂漆，使用年限较短。

（2）铝集装箱。铝集装箱主要部件使用的是各种轻铝合金，如铝镁合金，故又称铝合金集装箱。铝集装箱自重轻，如 20 英尺集装箱自重为 1 700 kg 左右。铝集装箱不生锈，箱外涂有特殊涂料时，能防止海水腐蚀，维修费用比一般钢集装箱低，使用年限比钢集装箱长。铝集装箱的缺点是造价高，焊接性能差。

（3）玻璃钢集装箱。玻璃钢集装箱是在钢制的集装箱框架上装上玻璃钢复合板制作而成的。玻璃钢复合板主要用作侧壁、端壁、箱顶板和箱底板。玻璃钢复合板是在胶合板的两个表面涂敷玻璃钢后制成，即由胶合板、树脂和玻璃纤维组成的板。玻璃钢集装箱具有强度大、刚性好、维修费用低等优点。另外，玻璃钢的隔热性、防腐性、耐化学性能都比较好，能防止集装箱内产生结露现象。整块制造的玻璃钢板防水性好，容易清洗。现有的各种用途的玻璃钢集装箱有杂货集装箱、冷藏集装箱、罐式集装箱、通风集装箱、散货集装箱、动物集装箱和航空集装箱等。但是，玻璃钢集装箱自重较大，与一般钢集装箱相差无几，而且还存在塑料老化和拧螺栓处强度降低等问题。另外，其价格也比同尺寸的钢集装箱高 44% ~ 50%。

（4）不锈钢集装箱。不锈钢集装箱使用不锈钢作为制造集装箱的材料。它具有强度大、不生锈、耐腐蚀性能好，在使用期内无须进行维修保养，使用效率高等优点。但是，不锈钢集装箱价格昂贵，初始投资金额高，而且由于不锈钢材料少，大量制造存在一定困难。目前，不锈钢集装箱一般用来制作罐式集装箱。

3）按结构分类

按结构，集装箱可分为以下三种。

（1）内柱式集装箱和外柱式集装箱。这里所谓的"柱"是指集装箱的端柱和侧柱。

---

① 1 英尺≈0.3 米。

内柱式集装箱的侧柱和端柱位于侧壁和端壁之内。其外表平滑、美观，受斜向外力时不易损坏，印刷标记方便。内柱式集装箱的外板和内板之间留有一定的空隙，故防热效果较好，在修理和更换外板时，不需要取下内衬板。

外柱式集装箱的侧柱和端柱位于侧壁和端壁之外。其侧柱和端柱能起到保护外板的作用，使外板不易受损。由于集装箱内部的壁面平整，有时也不需要用内衬板。

因为一般玻璃钢集装箱和钢集装箱都没有侧柱和端柱，所以内柱式集装箱和外柱式集装箱均为铝集装箱。

（2）折叠式集装箱和固定式集装箱。折叠式集装箱是一种侧壁、端壁和箱门等主要部件能方便地折叠起来，再次使用时又可以撑开的集装箱。它主要用在货源不平衡的航线上，以便能减少箱子回空时的舱容损失。20 英尺国际标准折叠式集装箱折叠起来后，体积缩小 3/4，故 4 个折叠式集装箱可以通过连接器连接在一起，其外部尺寸相当于一个标准的 20 英尺集装箱。

固定式集装箱是一种侧壁、端壁和箱顶等部件永久固定在一起，呈密闭状的集装箱，又称非折叠式集装箱。目前，使用中的集装箱通常是固定式集装箱。

（3）预制件式集装箱和薄壳式集装箱。预制件式集装箱因集装箱是由骨架和外板等许多预制件组合制成而得名。铝质和钢质的预制件式集装箱的外板采用铆接或焊接方法与骨架连接在一起，玻璃钢的预制件式集装箱用螺栓将外板和骨架连接在一起。

薄壳式集装箱的所有部件结合成一个刚体，它的自重较轻，受扭力作用时不会引起永久变形。

4）按用途分类

集装箱运输由于有着极大的优越性，所以它在 20 多年的时间内发展迅速。同时，适合装载于集装箱内运输的货物越来越多，为了适应装载各种不同种类、不同性质的货物，所以出现了许多不同用途的集装箱。集装箱按用途可分为以下几种：

（1）杂（干）货集装箱。除冷冻货、活的动、植物外，在尺寸、重量等方面适合集装箱运输的货物，几乎均可使用杂货集装箱。

（2）散装集装箱。散装集装箱主要用于运输啤酒、豆类、谷物、硼砂和树脂等货物。散装集装箱的使用有严格要求，如每次掏箱后要清扫，使箱底和两侧保持光洁；为防止汗湿，集装箱内金属部分应尽可能少地外露；有时需要熏蒸，集装箱应具有气密性；在积载时，除了由箱底主要负重外，还应考虑到将货物重量向两侧分散；集装箱的结构易于洗涤；主要适用于装运重量较大的货物，因此，应减轻集装箱自重。

（3）冷藏集装箱。冷藏集装箱是指"装载冷藏货并附设有冷冻机的集装箱"。在运输过程中，启动冷冻机使货物保持在所要求的指定温度。箱内顶部装有挂肉类、水果的钩子和轨道，适合装载冷藏食品、新鲜水果或特种化工产品等。

在冷冻货或低温货物装箱前，一般应进行预冷，使货物的温度降低到给定温度以下，然后装箱。在运输某些低温货物（如新鲜水果、蔬菜等）时，因为必须保持箱内二氧化碳含量处于较低的浓度标准，所以在箱门上安装了通风口，用来供应适量的新鲜空气。

（4）敞顶集装箱。敞顶集装箱在实践中又称开顶集装箱，是集装箱种类中需求增长较少的一种，主要原因是货物装箱量上不去，在没有月台、叉车等设备的仓库无法进行装箱，在装载较重的货物时还需使用起重机。这种箱子的特点是吊机可从集装箱上方装卸货物，然后用防水布覆盖。敞顶集装箱适于装载重大件货物，特别适合于装运平板玻璃等易碎品。敞顶集装箱原则上装于船舱内。

（5）台架式集装箱。台架式集装箱又可分为多种类型，其中最常见的是板架集装箱，它带有完整的固定端壁，但端壁不是壁板，而是栅栏或可拆卸的插板，也有的一端是栅栏，另一端是插板。由于没有箱顶和侧壁，货物可用吊车从箱顶装入，也可用叉车从箱侧装入箱内，因此特别适合于装载重大件货物，如重型机械、钢材、钢管、钢锭和木材等货物。两个或更多的板架集装箱可拼成装货平台，用来装载特大件货物。还有的板架集装箱其端壁可以折叠起来，以减少空箱回空时的舱容损失。

（6）通风集装箱。通风集装箱是一种带有箱门的密闭式集装箱，一般在侧壁或端壁和箱门上设有五个左右的通风口。侧壁上的通风口面积较大，并设有在箱外可以控制的活门。端壁或箱门上的通风口面积较小，可以常开，但必须有盖，以防止雨水侵入。另外，所有通风口均应设铅丝网罩。

通风集装箱适于装载球根类食品以及其他需要通风、防止汗湿的货物，并能有效地防止货物在运输途中发生腐烂变质等货损事故。如果将通风口关闭，其同样可用作杂货集装箱。

（7）动物集装箱。这是一种专门为装运动物而制造的特殊集装箱，其材料选用了金属网，通风性能良好，而且便于喂食，还可以装载小汽车。

动物集装箱适于装载牛、马、猪、羊、鸡、鸭、鹅等。因为船舶甲板上空气流通，所以动物集装箱一般应装在甲板上，这样也便于清扫。

（8）罐式集装箱。这类集装箱专门装运各种液体货物，如食品、酒品、药品和化工品等。货物由液罐顶部的装货孔进入，卸货时，货物由排出孔靠重力作用自行流出，或者由顶部装货孔吸出。

罐式集装箱在设计制造和运输中应注意根据货物的特性（如腐蚀性、毒性、可燃性等）来选用罐的内壁材料，必要时可罐内注入惰性气体以保证运输安全。另外，还应按照货物的相对密度、黏度、膨胀率和蒸气压力等决定罐的结构强度和安全性能的装置。要考虑装、卸货地的装卸设施和货物装卸设备来决定罐内清扫方法。罐的设计强度是以满足满载为条件的，但在运输过程中，如罐内货物呈半罐状态，则会对罐壁产生很大的冲击力。满载危险货物的罐式集装箱的结构和制造材料应符合有关国家或国际上对危险货物在运输、装卸和储存中的法律规定，并应准备专门的消防和安全设施。

（9）汽车集装箱。这是专门供运输汽车而制造的集装箱。其结构简单，通常只设框架与箱底，根据汽车的高度，可装载一层或两层。汽车集装箱的箱底应使用防滑钢板，以防止汽车在集装箱内滑动。底板上应配备绑扎用设备，装载后必须把汽车系紧。

3.3.2 集装箱货物

1. 集装箱货物分类

目前，利用集装箱装运的货物已有清洁货物、污染性货物、贵重货物、易腐性冷藏货物、重件货物、有生命的动植物、危险货物、干散货物和散装液体货物等。但是，集装箱并不是一种可以用来载运所有种类货物的运输设备。适合用集装箱运输的是货物价值较高，货主具有承担较高运费能力，或者是应该、适宜以及可以装集装箱运输的货物。不适合用集装箱运输的是货价很低，或者是根据货物特性不应该或不能装集装箱运输的货物。因此，根据其特点，可将集装箱货物分为四种类型。

（1）最适合装入集装箱的货物，也叫最适合集装箱化的货物。这类货物的货价高，货物的外形尺寸、体积和重量以及特性使其最适合装入集装箱运输。这类货物中有很多是极易破损或被盗的，如手表、照相机、电视机、光学仪器、小型电器、医药品和针织品等。

（2）适合装入集装箱的货物，也叫适合集装箱化的货物。这类货物的货价不太高，运费也不太高，但从其运费承受能力和其性质特点来看，适合装入集装箱运输。这类货物有瓦楞板、电线、电缆、袋装面粉、袋装咖啡、生皮、碳精和金属制品等。

（3）边缘集装箱货物，也叫边缘集装箱化的货物。这类货物的货价和运费都较低，使用集装箱时，在物理性质及形态上是可行的，但在经济上不甚合理，所以可以使用集装箱运输，也可以不使用集装箱运输。这类货物有生铁、钢材、原木等。

（4）不适合于装集装箱的货物，也叫不适合集装箱化的货物。这类货物由于物理形态和经济上的原因而不应该或不能使用集装箱运输。属于这类货物的有货价较低的大宗散货、长度超过 40 英尺的金属构件、大型车辆和大型机电设备，还有具有强烈异臭和污染性、会造成集装箱底及衬板严重污染的货物（一旦污染该箱则不能使用）等。这类货物中的一部分在大量运输时可使用专用船，其运输效率反而高于集装箱运输。在这类货物中，除由于物理状态而不能装集装箱的外，其他由于经济原因而不应该用集装箱运输的货物（如废钢铁等），在运输实践中并非绝对不可用集装箱运输，当这些货物在运输过程中存在需要经过多次转运的情况时，也可能将它们装入集装箱运输。

2. 各类货物适箱情况分析

《国际贸易商品分类》将所有商品分为 21 类。国际贸易商品作为国际贸易货物进行运输时，已有许多被装载于集装箱内作为集装箱货物运输。各类货物的适箱情况如下。

（1）动植物及其产品。例如活动物可装于动物集装箱内，乳品、蛋品及肉类可装入冷藏集装箱内运输，动植物油脂可根据其包装形式和运输要求装在冷藏集装箱、罐式集装箱和杂货集装箱内运输。

（2）食品、饮料、酒、醋及烟草，可装在冷藏集装箱、罐式集装箱、杂货集装箱和散货集装箱内运输。

（3）矿产品、化工产品等有许多属于危险货物，应根据其物理、化学性质，选用杂货集装箱、冷藏集装箱、罐式集装箱和散货集装箱进行运输。

（4）塑料或橡胶及其制品、旅行用品、手提包、编织品和纸等可装入杂货集装箱内运输，而生皮、皮革、毛皮及其制品则应根据情况，装于通风集装箱或杂货集装箱内运输。

（5）纺织原料及纺织制品通常装于杂货集装箱，有些成衣为了使其在运输中不产生皱褶，则可装于服装集装箱内运输，鞋、帽、伞、杖、鞭、羽毛制品、人造花等都可装入杂货集装箱内运输。

（6）陶瓷产品、玻璃及其制品等可装入杂货集装箱和敞顶集装箱内运输。

（7）贵重的宝石、硬币及贵金属等可装入杂货集装箱内运输。从这类货物运费的承受能力及物理、化学性质来看，应属于最适合装集装箱的货物，但是，由于这类货物价格昂贵，且运量相对较小，所以通常在运输时装于杂货船的贵重货舱或交船长、大副保管。

（8）贱金属及其制品由于物理性质特殊，通常不能采用集装箱方式运输，如果一定要采用集装箱方式运输，则可选用杂货集装箱、台架式集装箱和敞顶集装箱等。

（9）机器，机械器具，电气设备及其零件，录音机及放声机，电视图像、声音的录制和重放设备及其零件和附件，可根据其不同的物理性质及外部形状和尺寸选用杂货集装箱、敞顶集装箱及台架式集装箱。

（10）小轿车既可选用汽车集装箱，也可选用杂货集装箱等。

（11）光学、照相、电影、计量、检验、医疗或外科用仪器及设备、精密仪器及设备、钟表和乐器等的零件、附件常选用杂货集装箱。

（12）武器、弹药及其零件、附件也可使用集装箱运输。

（13）玩具、游戏品、运动用品和家具等杂项制品可选用杂货集装箱等适合用于货物的集装箱。

（14）艺术品、收藏品及古物可装于杂货集装箱内运输。

目前，《国际贸易商品分类》中的一些商品在运输过程中还无法或不需要采用集装箱运输方式，如航空器、大型车辆、船舶等，由于其外部形状和尺寸以及运输要求较为特殊，不能使用集装箱运输。

3.3.3　集装箱货物的装箱方法

1. 集装箱的选择和检查

1）集装箱的选择

货物装箱前，应根据所运输的货物种类、性质、形状、包装、重量、体积以及有关的运输要求等，选择适货的集装箱。通常，杂货集装箱、通风集装箱适合于普通杂货的运输；敞顶集装箱、台架式集装箱、平台集装箱适合于重大件货物的运输；冷藏集装箱、通风集装箱适合于冷冻、冷藏货物的运输；罐式集装箱适合于散装液体货物的运输；动物集装箱、通风集装箱适合于动、植物货物的运输。另外，杂货集装箱还可用来装运贵重货物和危险货物。此外，在选择集装箱时应考虑以下条件：①符合 ISO 集装箱标准；②四柱、六面、八角完好无损；③集装箱各焊接部位牢固；④集装箱内部清洁、干燥、无味、无尘；⑤不漏水、不漏光；⑥具有合格检验证书。

2）集装箱的检查

集装箱在装载货物之前，都必须经过严格检查。通常应对集装箱进行以下检查。

（1）外部检查。对集装箱进行六面察看，外部是否有损伤、变形、破口等异样情况，如有即做出修理部位的标志。

（2）内部检查。对集装箱内侧进行六面察看，是否漏水、漏光，有无污点、水迹等。

（3）箱门检查。查看门的四周是否水密，门锁是否完整，箱门能否270°开启。

（4）清洁检查。查看集装箱内有无残留物、污染、锈蚀、异味及水湿，如不符合要求，应予以清扫，甚至更换。

（5）附属件的检查。对货物的加固环节，如板架式集装箱的支柱，平板集装箱、敞顶集装箱上部延伸用加强结构等的状态进行检查。

2. 集装箱货物的装箱

随着集装箱货物国际多式联运的发展，种类繁多，性质、形状、包装各异的货物进入了集装箱运输领域。与此同时，从事集装箱运输的管理人员以及操作人员不断增多，为确保货运质量的安全，做好箱内货物的积载工作是很重要的，许多货损事故的发生都系装箱不当所致。货物在集装箱内的堆装、系固等工作看起来似乎比较简单，但由于集装箱货物在整个运输过程中涉及多种运输方式，特别在海上运输区段风险更大，难免发生货损事故。货物在箱内由于积载、装箱不当不仅会造成货损，还会给运输及装卸机械等设备造成损坏，甚至人身伤亡。因此，必须熟悉不同种类货物的装箱方法。

1）各种杂货的装箱

杂货装箱一般注意事项。各种杂货在装箱时应注意以下基本事项：

（1）堆装必须整齐紧密，以充分利用箱容和防止货物移动，这样还可以减少货损并节省加固材料。

（2）在无法紧密堆装而出现空隙时，要使用适当的衬垫材料加以填塞，以稳定货物，防止因货物移动而造成货损或出现其他危险。

（3）如果打开箱门时货堆可能会向外倒塌，则箱门部位的货物应专门加以稳固。通常，可利用箱门内侧上的环扣进行绑扎，也可以使用垫板、网格布等来约束可能向外倾出的货物。

（4）货件重量在箱底板上的分布必须均匀，除重心不能过度偏离箱体中心外，当重量过于集中在某些部位时，应有足够的铺垫面积来分散对箱底板的压力。

（5）箱内货物的堆装须考虑到货件的包装强度，必要时应在堆层之间加设铺垫。

（6）装箱作业及货件在箱内的堆积，应符合货件有关指示标志的要求，如遵守"禁用手钩""勿倒置"等规定。

（7）当用同一个集装箱装载多种货物时，应注意以下几点：①重货在下，轻货在上；②不同包装形式的货物分堆积载；③污染性货物与清洁货物同装时（原则上应避免），应设有完整的防水布或其他防水织物遮盖分隔；④某些货物有尖锐的棱角或突出物，应注意它们对其他货物的影响（应防止由此引起货损）；⑤配装危险货物时，应按《国际海运危险货物规则》的隔离要求处理。

2）纸箱货件装箱方法

纸箱货件外形整齐，可以紧密堆装而不需要另行加固。由于纸箱外形尺寸规格众多，应按集装箱内部尺寸事先做出堆装计划，使箱内的纵向、横向以及垂直方向所出现的空隙为最小。在实际工作中，各个方向上出现空隙是难免的，这些空隙部位应使用气垫、泡沫塑料、预制的框架或通常所使用的衬垫木料加以填塞。当集装箱内的纵向有较多的空隙时，为防止货物移动，可利用网格布或绳索将货堆稳定在一定的位置上。

3）捆装货件装箱方法

由于货种不同，捆包的外形尺寸有很大的差异。装箱的捆包单位体积一般不宜超过 $0.566\ m^3$，否则装箱及从箱内取出都存在一定困难。捆包的堆积不受方向限制，在箱内可纵向或横向堆积，也可竖向堆积。堆积方式的选定也可以最终出现的空隙最小为原则。一般而言，捆包在箱内堆装可以保持稳固，但腹部较大的捆包在箱门处可能倒塌，因此对于这种捆包，在箱门内 0.3 m 处要利用环扣和绳索加以绑扎。

捆包货件装箱，应注意集装箱内可能有棱角、突出物（螺丝钉等）会损坏货件包皮，所以这些部位应加以适当的衬垫。此外，由于大多数捆包货件利用金属钢带捆扎，应注意这些钢带相互摩擦生热和产生火花，尤其是当捆包货件为易燃性纤维材料时，或集装箱内混装有其他易燃性货件时，就会构成着火燃烧等危险。所以，对于捆装货件而言，在装箱前仔细检查箱内清洁情况（是否残留易燃性、自燃性物质），以及选择合适的同箱货种都是十分重要的。

4）袋装货件装箱方法

袋装货件的货种繁多，如食品原料、化学药品、化工原料、化肥、水泥、树脂以及塑胶原料等。除某些袋装货物须使用通风集装箱等外，一般都使用杂货集装箱。在使用杂货集装箱时，尤其应注意根据货物性质选择混装对象，以防止发生货物质量上的事故。

袋装货件有利用麻袋、布袋、塑料袋或纸袋包装的，它们都比较容易滑动，所以通常都采用压缝方式堆积。现在袋装货物装箱采用货板成组方式，作业十分简便，但货板占据一定的载货空间，使货物装箱数量有所减少。根据经验，将袋装货件装箱时，使用两层货板组件为宜。因为较多的层次使货板占据更多箱容，从而减少载货的数量。另外，由于集装箱箱容有限，货板的尺度除应适合袋装货件的外形尺寸外，还应与集装箱的箱内尺度相协调，这样既能充分利用箱容，又能直接运用小型叉车进行装拆箱作业。

5）桶装货件装箱方法

桶装货件，除一些桶口在腰部的传统鼓形木桶外，在集装箱内均以竖立方式（桶口向上）堆装。由于桶体呈圆柱形，在长方形箱体内堆装和加固均有一定困难，在集装箱内堆装桶装货件时，应在层与层之间加设平整的铺垫木板，此外，堆装后的桶装货件最上层会存在一些无法用来装载桶装货件的空间，在此空间内可以配装一些适宜的小件包装货，以充分利用箱容。

运输中的桶包装有多种形式，运用最广泛的是铁桶、塑料桶和胶合板桶，它们的容量也有多种规格。进行在桶装货件装箱操作时，应充分注意桶的外形尺寸，并根据具体尺寸决定堆装方法，以使之与箱形尺寸相协调。

6）平板玻璃装箱方法

易碎物品利用集装箱装运可以大幅度地降低货损率，所以如平板玻璃通常采用集装箱运输。平板玻璃以竖立方式堆装，其虽然底面积很小，但高度较高，重量较重，因此极不稳定。所以，积载时应设法堆装稳固，保证装卸搬运时货件不动摇翻倒。平板玻璃货件之间应加设立柱或其他衬垫材料，装箱时货件由箱侧向中央堆装，最后在中部必然形成一些空位，这些空位处应使用衬垫材料填塞，当空位较大时，应使用硬性的横撑，使空位两侧的货件不能松动，从而达到加固的目的。

由于平板玻璃极易破碎，以及这种货件在箱内操作很不方便，所以作业应十分谨慎，尤其要严防货件翻倒和货件受到起吊等作业的工具、属具的敲击。

3. 特殊货物的装箱

特殊货物在装箱时除应注意杂货装箱的基本事项外，还应根据各自的特点对运输和装卸的影响来考虑特殊货物的选箱和装箱工作。

1）超尺度和超重货装箱

所谓超尺度和超重货，是指货物的尺度超过了国际标准集装箱的尺寸而装载不下的货物，以及单件货物重量超过了国际标准集装箱的最大载货总量而不能装载的货物。

集装箱是可国际通用的，具有统一的标准，而集装箱船的箱格结构和装卸集装箱的机械设备也都是根据这一标准来设计的。因此，如果货物的尺寸、重量超过了这一标准规格，则对于集装箱船的装载和集装箱的装卸作业，都会造成一定的困难。但由于集装箱运输的不断发展，货主方面不断提出要将这些非标准的货物装载集装箱运输，这就迫使有关方研究如何运输这些超尺度和超重货的方法，以满足货主的要求。因此，装载超尺度和超重货应选用敞顶集装箱、台架式集装箱和平台集装箱。

2）液体货物装箱

液体货物也是散装货物的一种。利用罐式集装箱运输液体货物可大量减少包装费和装卸费。运输液体货物的集装箱主要有两种，一是用罐式集装箱运输，二是液体货物装入其他容器后再装载集装箱。

3）冷藏货物装箱

冷藏货物集装箱装载可分冷却货物和冷冻货物。前者是指一般选定不冻结的温度，或是货物表面有轻微结冻以上的温度，其温度范围是 1 ℃~11 ℃，冷却货物的目的是为了维持货物的呼吸并防止箱内"出汗"。冷冻货物是指将货物冻起来运输，其温度范围通常是 −20 ℃~ −11 ℃。

4）动、植物装箱

一般来说，动、植物的检疫应根据出口国的规定，但也有部分国家规定动、植物的进口一定要经过检疫人员的检查，并得到许可后才能进口，如果得不到许可，则进行处理（杀死、烧毁等）。动、植物检疫的对象通常指牛、马、羊、猪和经屠宰后的皮、毛、肉，经加工后的香肠等。运输该类货物的集装箱有两种，一种是密闭性的，另一种是非密闭性的。

5）散装货装箱

用散装集装箱装载运输散装货可节省包装费、装卸费。散装集装箱主要用于装载运输麦芽、谷物、树脂和铝渣等。

3.3.4 集装箱货物汗湿及其防止措施

1. 集装箱货物汗湿原因

集装箱内的货物在运输过程中也存在着受汗湿而损坏的问题。货物使用封闭式集装箱，有时甚至比装载在杂货船的货舱内更容易发生货物受汗湿而损坏的情况，这是因为货舱有自然通风和机械通风的条件，封闭式集装箱则无法控制和调节箱内的温湿度，结果使箱壁或货物表面产生"出汗"现象，造成较为严重的货物汗湿现象。

除冷藏集装箱和敞开式集装箱外，其他封闭式集装箱的箱内温度都直接取决于外界温度。在港口集装箱堆场上，最上层集装箱普遍受到水泥场地辐射热的影响。在船上，积载在舱内的集装箱因受甲板上部集装箱的遮盖，几乎不受日光直射的影响，它们主要受到海水温度变化的影响和船舷侧水上部分气温日变化的影响，总的情况是由于舱内温度变化较小，所以集装箱内几乎不存在汗湿现象。因为船舶甲板上的集装箱受外界温度变化的影响较为严重，所以堆积在甲板上最上层和两侧最外部的集装箱最易发生汗湿货损，其中积载在船首部两侧的集装箱还会由于受到海水冲击而造成箱壁急剧冷却，结果使箱内温度较高的空气因急剧冷却而出现严重的结露现象。此外，如果甲板上的集装箱受风雨影响也会造成箱内气温快速下降而发生结露"出汗"。

集装箱货物汗湿的另一个重大因素是箱内本身含有水分，这类水分的来源包括：集装箱底板未曾干透而含有水分（箱内冲水清洗后，底板表面似乎干燥，而实际上内部尚未干透）；货物含有水分或货物包装材料含有一些水分；底板（托盘）及垫木等曾受潮而含有一定数量的水分等，这些水分在气温较高的环境下都会散发出来，从而增大了箱内空气的绝对湿度。

2. 集装箱货物汗湿防止措施

为了提高集装箱运输的质量，必须控制货物的汗湿现象，一般可以采取以下措施：

1）降低箱内空气的绝对湿度

封闭式集装箱几乎是气密的，并基本上可断绝与外界空气的流通，所以降低箱内空气的绝对湿度可以防止结露。货物装箱应在干燥晴朗的天气条件下进行，尽量避免在阴雨和湿度大的条件下装箱；货物包装材料应保持干燥，即如果货物或其包装材料较潮湿，在不得已而装箱的情况下，应紧密堆装，使货件之间的空气不易顺畅对流，同时加固及衬垫材料应干燥，可在箱内放置高效吸湿剂（如硅胶等）。

2）防止箱内壁面的温度急剧变化

集装箱顶板由单层铝合金或钢板构成，由于其热传导率较高，对外界温度变化的反应极为敏感，内壁极易出汗。所以，应尽可能使用内壁有隔热材料的集装箱，如在集装箱内壁贴附一层隔热胶合板，就可以改善内壁的出汗情况。

3）其他措施

当集装箱本身无法抑制外界温湿度变化的影响时，可采取下列措施来尽量减少货物湿损：

（1）在顶板及侧板上用铺盖隔热材料的方式防止汗水直接淋湿货物，或使用吸水性涂料（油漆）覆盖顶板。

（2）货物本身应使用塑料薄膜密封，在其内部放置硅胶，或使用真空包装。

（3）易生锈的货物表面应预先处理，以防汗湿锈蚀。

（4）成组货物应尽量保持货件紧密，以减少货件与空气的接触面积。

任务实训

集装箱箱体的检查

一、任务

在进出码头时，对集装箱进行检查，并做好记录。要求：在集装箱码头堆场，企业兼职教师随机抽取一个集装箱，学生在规定的时间内完成对集装箱箱体的检查，并根据检查情况填写检查记录表，然后企业兼职教师根据学生填写的检查记录表对任务进行评价。

二、步骤

（1）集装箱箱体外部检查（四柱、六面、八角）。

（2）集装箱箱体的内部检查。

（3）集装箱箱内清洁性检查。

（4）集装箱箱体的密封性检查。

三、时间要求

（1）普通集装箱的检查在 20 min 内完成。

（2）冷藏集装箱的检查在 30 min 内完成。

（3）危险品集装箱的检查在 40 min 内完成。

四、评价要求

按集装箱码头对集装箱箱体检查标准进行评价，以是否完成某一评价项目为标准。

五、注意事项

由于训练在集装箱码头堆场进行，学生进入集装箱码头堆场前应佩戴安全帽，并遵守集装箱码头安全管理规定，还要注意避让装卸作业车辆。

六、成绩评定

结合检验实训，将对集装箱箱体检查的认识，汇总成不少于 800 字的书面报告并上交。

教师根据报告的语言逻辑、基本材料、个人观点、个人态度和卷面情况打分，具体见表 3.11。

表 3.11　成绩评定

评价项目及分值	评分标准	得分
语言逻辑（40 分）	语言流畅、精练；条理清晰，逻辑性强	
基本材料（20 分）	数据真实、准确；材料具体、可靠	
个人观点（30 分）	观点鲜明，有理有据	
个人态度（5 分）	态度端正，认真积极	
卷面情况（5 分）	字迹美观，卷面整洁	
总分	—	

模块考核

一、名词解释

无菌包装　集装箱的检查　包装　商品运输包装标志

二、填空题

1. 货物包装具有＿＿＿＿＿＿、＿＿＿＿＿＿＿、＿＿＿＿＿＿、＿＿＿＿＿＿＿的作用。

2. 作为包装材料，金属材料的不足之处是＿＿＿＿＿＿，＿＿＿＿＿＿、＿＿＿＿＿＿等。

3. 集合运输包装的种类包括＿＿＿＿＿＿、＿＿＿＿＿＿、＿＿＿＿＿＿等。

4. 货物运输包装具有＿＿＿＿＿＿、＿＿＿＿＿＿、＿＿＿＿＿＿、＿＿＿＿＿＿的作用。

5. 以材料作为分类标志，货物包装一般可分为＿＿＿＿＿＿、＿＿＿＿＿＿、＿＿＿＿＿＿、＿＿＿＿＿＿、玻璃和陶瓷、纤维织品、复合材料等包装方式。

三、匹配题

用线条将左侧的货物与右侧的性能/包装方式对应匹配。

货物	性能/包装方式
木材	易加工成型，密封性好，易老化，不耐热
纸质	良好的机械强度，延展性好，表面有特殊光泽
金属	价格低，有最佳可印刷性，可回收复用

陶瓷	优良的强度/质量比，加工方便，绿色环保
塑料	化学性能和热稳定性佳，遮光性好，易碎
贵重物品	铁桶
日用百货	袋包装
印刷品	纸箱包装
酱菜	坛，罐
流质	木箱包装

四、单项选择题

1. 集装箱超长货物的超长量最大不得超过（　　　）。

    A. 150 mm   B. 280 mm   C. 306 mm   D. 350 mm

2. 下列不适合集装箱运输的货物是（　　　）。

    A. 小型电器   B. 医药品   C. 纺织品   D. 废铁

3. （　　　）表示集装箱整箱货。

    A. FCL   B. CFS   C. CY   D. LCL

4. 用集装箱装载危险货物时，不正确的做法是（　　　）。

    A. 每一票危险货物必须具备危险货物申报单

    B. 作业人员操作时应穿防护工作服并佩戴防护面具和手套

    C. 危险货物与其他货物混载时，应尽量把危险货物装在集装箱里面

    D. 装有危险货物的集装箱上必须贴上危险品标志

5. 按照货物是否适箱划分的货物类别中不含（　　　）。

    A. 最适箱货   B. 适箱货   C. 清洁货   D. 边缘货

五、多项选择题

1. 商品的包装具有保护、便利和促销三大功能，其中便利功能主要体现在（　　　）。

    A. 便于储存作业   B. 便于消费者投诉   C. 便于装卸搬运作业   D. 便于运输作业

2. 下列属于运输标志内容的有（　　　）。

    A. 收发货人的名称代号   B. 目的港

    C. 易碎标志   D. 有毒标志

3. 影响货物的亏舱率的因素有（　　　）。

    A. 包装规格   B. 品质   C. 运输时的堆装   D. 舱中的隔垫

4. 集合包装种类包括（　　　）。

    A. 集装箱   B. 集装袋   C. 托盘   D. 集装车

    E. 集装篓

5. 按其在流通领域的作用不同，包装可以分为物流包装和商流包装，下列属于物流包装的是（　　　）。

    A. 销售包装   B. 运输包装   C. 托盘包装   D. 集合包装

    E. 专业包装

6. 下列属于绿色包装的是（　　　）。

    A. 一次性包装   B. 纸包装   C. 梯级包装   D. 多功能多用途包装

六、判断题

1. 集装箱货物是指只能装在集装箱内运输的货物。 （   ）

2. 集装箱货物对运输费用的负担能力较强。 （   ）

3. 如果箱内装载的货物总重已达到集装箱标记载重量，但还有剩余空间，可以继续装载货物至满载。 （   ）

4. 货物密度较大时，选用的集装箱规格不宜过大。 （   ）

5. 装载危险品的集装箱卸空后，再不能用来装载其他类别的货物。 （   ）

6. 经过检疫检验的动、植物也可以和普通货物混装在同一集装箱内。 （   ）

7. 超重货物是指总重量超过国际标准集装箱最大载货量的货物。 （   ）

8. 集装箱船舶装载超宽货箱时，如超宽量在 150 mm 以内，则可以与普通集装箱一样装在舱内或甲板上。 （   ）

9. 集装箱上如果出现凸损，而凸损未超过角配件外端面时，不影响其使用。 （   ）

10. 装有危险货物的集装箱上，应将规格不少于 250 mm × 250 mm 的危险品类别标志牌贴在箱体外部 4 个侧面的明显位置。 （   ）

七、简答题

1. 简述区分重货和轻货的方法。

2. 简述货物标志主要所包含的内容。

八、计算题

（1）某轮船计划装配一批杂货，其货物积载因数 S. F = 1.4 m^3/t，计划在某舱内装载 1 000 t，其占用的舱容应为多少？（单位为 m^3，亏舱率为 15%）

（2）某轮船计划配装出口桶装蜂蜜和袋装蘑菇，已知蜂蜜的货物积载因数 S. F. = 1.14 m^3/t，蘑菇的货物积载因数 S. F. = 4.06 m^3/t，装货清单载明两货分别为 150 t 和 18 t，若亏舱率分别为 30% 和 10%，问这两批货物共需占多少舱容？（单位为 m^3，保留 2 位小数）。

模块 4

日用工业品

内容导读

日用工业品是指满足人们日常使用的工业产品，俗称日用百货，是人们日常生活中不可缺少的一大类商品，种类繁多。由于日用工业品的组成、结构、性质等都不同，所以在质量要求、经营特点、保管条件及使用要求等方面也有很大区别。

学习目标

[知识目标]

◎了解日用工业品在人们生活中的重要性。

◎了解广泛使用的日用工业品的种类、性质和物流运输中的特点。

◎了解主要日用工业品诸如塑料、玻璃、洗涤用品、化妆品、服装等的成分和性质等知识。

[能力目标]

◎能够运用商品的特征辨识生活中的主要日用工业品。

◎能够掌握塑料、玻璃、洗涤用品、化妆品、服装等主要日用工业品的分类、成分和各种特性。

[思政目标]

◎培养脚踏实地、认真求实的学习态度。

◎了解我国在日用工业品生产制造方面取得的伟大成就。

◎深刻领会改革开放给我国带来的巨大变化，怀抱实业兴国之志。

任务 4.1 塑料制品

案例引入

我国塑料制品出口现状

21 世纪，塑料制品已经成为社会不可或缺的主要材料之一，是我国轻工业主要产品之一。

在国际贸易中，我国的塑料制品贸易量也位居国内各大类产品前列。据统计，我国塑料制品总产量约占全世界总产量的 20%，位居全球首位。

1. 我国塑料制品产业分布具明显地域性

我国塑料制品产业发展初期，许多企业会选择经济相对发达的东部地区，现如今我国多数的大中型塑料制品企业主要集中于东部沿海地区，分布在广东、浙江、山东、江苏等省市地区，与西部地区的发展差距较大，地区发展不平衡，使我国塑料制品产业形成了明的地域性特点。

我国塑料制品企业从生产工艺技术较为成熟的东部沿海经济发达地区逐步向中西部转移，推动了中西部地区塑料制品产业的增长和地方经济的发展。2018 年，排名前五的广东、浙江、福建、江苏、辽宁省的塑料制品总产量占全国塑料制品总产量的 55.8%。中西部地区的塑料制品产量在全国总产量中的占比有所提高，但该产业的地域性还是较为明显。

2. 我国塑料制品出口量在进出口中的占比大

通过对我国塑料制品进出口数据的分析发现，出口量每年呈上涨趋势，进口量近年来虽然有所上涨，但与出口量比较，进口量在进出口中的占比呈明显下降趋势，出口量的增长速度要快于进口量的增长速度。

相较于我国塑料制品出口而言，进口量比较少，进口依赖度较低，出口量保持增长趋势，形势持续良好，出口总量约占国内生产总产量的三分之一，但我国塑料制品的出口优势主要是低廉的价格，无实质性竞争优势，产品性价值还有待提高。

3. 我国塑料制品行业规模发展速度趋缓

目前，从我国塑料制品行业的规模发展趋势来看，企业增长数量的速度已由高速趋于稳定，行业规模逐渐扩大。根据市场规模数据统计，2012 年我国共有橡胶和塑料制品规模以上企业 16 356 家，至 2018 年增加到 18 621 家。根据对我国塑料制品规模以上企业在出口方面进行的统计显示，在 2013—2014 年的出口交货值增速较高，同比增长 2.8%，至 2015 年有所回落，然后趋于匀速增长。近年来塑料制品企业的出口交货值总体呈上升趋势。我国塑料制品业发展的规模和增速近年来有所放缓，因此企业应该为顺应市场的快速发展，及时不断地做出调整，更新管理运营方式并优化产品结构。

4. 国内外塑料制品市场发展空间较大

国内外塑料制品的市场空间较大，在家用产品、汽车零件、包装行业、医疗器械及电子电气行业中对聚丙烯的大量需求是刺激塑料制品业发展的一个关键方面，这为塑料行业渗透到其他商业领域创造了更多的途径。在包装行业中，聚丙烯制品的渗透性不断增加，而包装中使用的塑料制品经历了不同的演变阶段，以满足市场质量标准和最终用户的需求。在汽车制造业中，"以塑代钢"的主流趋势为塑料制品业的发展开拓了更大的市场空间，获得了更多的发展机遇。我国塑料制品出口市场主要集中于经济发达国家。未来，随着生产技术和消费水平的不断提高，我国塑料制品业还将继续发展。

4.1.1　塑料的组成和分类

1. 塑料的组成

塑料是以高分子合成树脂为主要成分，在一定的温度和压力下塑制成型，当外力解除后，能在常温下保持形状不变的一种材料。塑料的主要成分有合成树脂和塑料助剂。

1）合成树脂

合成树脂是塑料的主要成分。塑料中合成树脂的含量一般占总量的40%～100%。合成树脂是以煤、石油、天然气以及一些农产品为主要原料，由具有一定条件的低分子化合物，通过化学或物理方法加工而成的高分子化合物。合成树脂中的大分子结构使其能在一定的温度下具有较好的黏结能力，能把塑料所有的组成成分黏结在一起，是塑料的黏结剂，也是决定塑料工艺性质和性能特点的内在因素。

2）塑料助剂

在塑料中加入一些塑料助剂的目的主要是改善加工性能、提高使用性能和降低成本等。常见的塑料助剂有增塑剂、稳定剂、润滑剂、阻燃剂、发泡剂、着色剂、交联剂及填料等。不同的塑料助剂有着不同的作用。

（1）增塑剂。增塑剂能提升塑料的柔软性、可塑性、韧性，降低塑料的流动温度，从而提高塑料的流动性，并改善塑料的加工性能。

（2）稳定剂。塑料在加工、储存和使用过程中，受到光、热、氧气等的作用易发生老化，在塑料中加入稳定剂可以防止老化的发生，提高塑料制品的稳定性。根据作用不同，稳定剂可以分为抗老化剂、光稳定剂和热稳定剂三种。

（3）润滑剂。润滑剂是一类能改善塑料加热成型时的脱模和提高塑料制品表面的光洁度的物质。

（4）阻燃剂。阻燃剂是一类能提高塑料的着火温度，延缓塑料的燃烧速度或阻止燃烧的物质。

（5）发泡剂。发泡剂是一类能使塑料产生微孔的物质。这类物质多为随温度变化可汽化或产生气体的化合物。

（6）着色剂。着色剂能改变塑料固有的颜色，美化塑料制品。

（7）交联剂。交联剂能使塑料中的大分子之间进行交联，使之形成网状结构，从而提高塑料的强度，增强其耐热、耐油、耐压缩等性能。

（8）填料。在塑料中加入填料的目的是降低成本，以及改善和提高塑料的性能。常用的无机填料有高岭土、滑石粉、玻璃纤维等，常用的有机填料有木粉、纸张、纤维素等。

2. 塑料的分类

（1）塑料根据受热加工时的性能可分为热固性塑料和热塑性塑料。

①热固性塑料（图4.1）。这种塑料在一定条件下受热加工成型时会发生不可逆的化学变化，其制品不能再行软化和重新加工，即使在更高的温度下也不会熔化，只会炭化，它们的大分子为体型网状结构。常见的热固性塑料有酚醛塑料、脲醛塑料（图4.2）、密胺塑料等。

②热塑性塑料。这种塑料在一定条件下受热加工成型时不会发生根本性的化学变化，其制品可以再进行软化和重新加工，它们的大分子为长链型或支链型结构。常见的热塑性塑料有聚乙烯、聚丙烯、聚氯乙烯、聚丙乙烯、有机玻璃、硝酸纤维素等。

（2）根据塑料性能和应用范围可分为通用塑料、工程塑料和特种塑料。

①通用塑料一般是指产量大、用途广、价格便宜的民用塑料，主要有聚乙烯、聚丙烯、聚氯乙烯、聚丙乙烯、酚醛塑料、脲醛塑料、密胺塑料等，占塑料总量的80%。

图 4.1　热固性塑料

图 4.2　脲醛塑料

②工程塑料一般是指能代替金属材料制造机器零件和化工设备的工业用塑料。其机械性能、耐热性能等均优于普通塑料，主要有聚碳酸酯、聚甲醛、聚酰胺、聚四氟乙烯、ABS 等。

③特种塑料一般指具有特种功能（如耐热、自润滑等），应用于特殊要求的塑料，如氟塑料、有机硅等。

（3）根据塑料的可燃程度可分为易燃性塑料、可燃性塑料和难燃性塑料。

（4）根据塑料的毒性可分为有毒塑料和无毒塑料。

（5）根据塑料中所含树脂成分的多少可分为单一组分塑料和多组分塑料。

单一组分塑料主要是指以合成树脂为主体的由一种单一的合成树脂组成的塑料，如聚乙烯、聚丙烯、有机玻璃等。

多组分塑料的主体成分除合成树脂外，还加入了增塑剂、稳定剂、润滑剂、阻燃剂、发泡剂、着色剂、交联剂及填料等。

4.1.2　塑料的主要品种及其使用性能

1. 聚乙烯塑料

聚乙烯塑料（PE）具有质轻、无毒、无味、无臭、不易脆化、绝缘性好、化学稳定性强、有一定的透气性等特点。聚乙烯根据密度可分为高密度、中密度和低密度聚乙烯三种。

（1）低密度聚乙烯。其外观呈乳白色半透明状，相对密度为 0.91 ~ 0.92，使用温度为 80 ~ 100 ℃，具有较好的柔软性、耐冲击性和伸长率，适合制造较柔软的塑料制品，如奶瓶、杯子、薄膜等。

（2）高密度聚乙烯。其外观呈乳白色不透明状，相对密度为 0.9 ~ 0.96，使用温度可达 100 ℃，质地刚硬，耐热性、耐寒性都较好，抗拉强度高，适合制造较刚硬的塑料制品，如管道、中空容器、电绝缘制品等。

（3）中密度聚乙烯。其性能介于低密度聚乙烯和高密度聚乙烯之间，适合制造水桶、面盆、热水瓶壳等。

2. 聚氯乙烯塑料

聚氯乙烯塑料（PVC）色泽鲜艳、不易破裂、结构较紧密，相对密度高达 1.3 左右，耐腐蚀、耐老化、电绝缘性和气密性较好，机械强度高，硬度和刚性都比聚乙烯大，有较强的阻燃性，分为硬质和软质两种。但聚氯乙烯耐热性差，遇冷易变硬发脆，使用温度最好在 40 ℃ 以下。

另外，聚氯乙烯塑料的耐光性较差。

（1）硬质聚氯乙烯塑料（图4.3）。其质地坚硬、机械强度高、耐水性好，能制成各种颜色、透明、半透明及带有珠光的制品，适合制造皂盒、梳子、文具盒及各种农用桶、勺等。

图4.3　硬质聚氯乙烯塑料

（2）软质聚氯乙烯塑料。其质地柔韧、有弹性、强度高、透光性及气密性好、不透水，是较好的农用薄膜，适合制造雨衣、台布、窗帘、手提袋等，还适合制造发泡或不发泡的塑料鞋及人造革等制品。

3. 聚丙烯塑料

聚丙烯塑料（PP）是目前塑料中最轻的一种，外观呈乳白色半透明状，相对密度为0.9～0.91，无毒、无味，有较好的强度、硬度、弹性、耐冲击、耐磨、耐腐蚀、耐热，绝缘性和气密性好，有较好的耐弯曲性能。其使用温度可达110 ℃，并可以长期使用而不变形，但其耐老化和耐寒性较差，适合制造各种日用容器、家电外壳，尤其是各种绳索。

4. 聚苯乙烯塑料

聚苯乙烯塑料（PS）属于硬塑料，硬度高，质轻，表面光滑，富有光泽，耐水、无毒、无味，具有较好的化学稳定性和电绝缘性，透光率仅次于有机玻璃。但其脆性大、耐热性差，使用温度最高不能超过95 ℃，否则就会由于产生形变而损坏，适合制造各种纽扣、酒杯、玩具、梳子、牙刷柄、学生用尺、电器外壳等。

5. 有机玻璃

有机玻璃（PMMA）是一种性能良好而且较为贵重的热塑性塑料。其特点是强度好、脆性小、耐气候性好、透明度高，透光率可达92%，加入荧光剂可以制成荧光塑料，加入珠光剂可以制成珠光塑料。但其表面硬度低，耐磨性、耐热性差，使用温度超过100 ℃时即发生软化变形，适合制造眼镜架、发夹、伞柄、纽扣、文具等。

6. 硝酸纤维素塑料

硝酸纤维素塑料又称赛璐珞（CN），是日用塑料中唯一不以合成树脂为主要原料，而用天然纤维素为原料进行生产的塑料。其特点是质量小、弹性特别好，是制造乒乓球理想的原料。赛璐珞着色性好，可以制成各色透明或半透明的、夹色及带珍珠花纹的成品。它有樟脑味但无毒性，适合用于制造儿童玩具、发夹、灯罩、眼镜架等。赛璐珞的化学稳定性较差，长期储存或常在日光下暴晒，容易使制品发生变色、老化、燃烧，当温度升高到130 ℃时开始冒烟，到170 ℃左右时，硝酸纤维素就会在全部分解的同时起火。因此，在使用和保管时要特别注意安全。

7. 酚醛塑料

酚醛塑料（PF）俗称电木，有较好的耐热、耐寒性，不易燃烧，表面硬度高，电绝缘性、耐腐蚀性好，不易老化，对各种溶剂和油类的作用有较强的抵抗力。但其色泽较暗、脆性大、吸水性大，受潮后易发生霉变或产生裂纹而破碎。它适合用于制造纽扣、锅壶把手、电话机、台灯等。其原料中的酚和醛都有毒性，不宜用于制造盛放食品的容器和饮食用具。

8. 脲醛塑料

脲醛塑料（UF）俗称电玉，其色泽鲜艳，表面硬度大，光滑，耐热、耐寒、耐磨，电绝缘性好，耐油、耐弱碱和有机溶剂，但不耐酸，适合制造各种纽扣、瓶盖、装饰品及日用电器外壳等。

9. 密胺塑料

密胺塑料（MF）色泽多样，外观和手感如瓷器，表面硬度和耐冲击强度都比较高，无毒、无味、耐水、耐热、耐酸碱，能长期在 110 ℃左右的温度下使用。但密胺塑料不宜在日光下长期暴晒，也不宜硬碰重摔，以免影响外观色泽。其适合用于制造各种饮食用具、电器的绝缘零件等。

10. 聚酰胺塑料

聚酰胺塑料（PA）俗称尼龙，呈白色半透明状，无毒、无味，强度高，耐磨性较好，还可以自行润滑，耐油性也较好，但其耐酸性和耐光性较差。除用在纺织、机械等方面外，其还大量应用于各类球网、拉链及刷子等。

4.1.3　塑料制品的质量要求和鉴别

1. 塑料制品的质量要求

塑料制品的种类繁多，结构和性质较复杂。日用塑料制品的质量要求主要是指对制品的外观和物理机械性质方面提出的，对于其中部分制品，还要考虑化学性能或卫生性能。

（1）塑料制品的外观质量要求。这是对制品的外形结构、表面缺陷等方面的要求。一般要求制品外形不应有翘曲缺角，尺寸要符合一定的偏差规定。装配制品的部件尺寸要相互配合得当，中空制品要厚薄均匀。制品的色泽要求鲜明，不应有变色、色调不匀、平光、银纹等现象。

塑料制品的表面缺陷和可能产生的外观疵点主要有裂印、水泡、杂质点、拉毛、起雾、肿胀、小孔、麻点等。

塑料制品的品种和加工方法等不同，各种塑料制品产生的表面缺陷和外观疵点也不同，具体可以按照各种塑料制品产品标准的规定进行要求。

微课资源
4.1　塑料加工工艺

（2）塑料制品的内在质量要求。这是对制品物理机械性能的要求，由此来测定制品的适用性和耐用性。塑料制品的种类多、用途广，涉及日用塑料制品的性能指标主要有相对密度、拉伸强度、冲击强度、撕裂强度、硬度、耐热性、耐寒性、收缩性、透明性、透湿性、透气性、耐磨性及耐老化性等。对于某一具体塑料制品，应根据其类型和用途特点等来确定其内在质量要求。

（3）塑料制品的卫生安全性要求。这是对某些用途的塑料制品，如食品袋、玩具等的特定要求。这些塑料制品必须无毒、无味等。

另外，对塑料制品还有防老化、环保等方面的要求。

2. 塑料制品的鉴别

1）外观鉴别法

外观鉴别法主要是通过塑料的外观特征，如色泽、透明度、光滑度、手感、表面硬度及放入水中的现象等来判断和区分塑料的种类。

（1）聚乙烯。呈乳白色半透明状，手摸时有石蜡滑腻感，质地柔软、可弯曲，放在水中能浮于水面，放入沸水中显著软化。

（2）聚丙烯。呈乳白色半透明状，手摸时有润滑感但无滑腻感，质地硬挺、有韧性，能浮于水面，在沸水中软化不显著。

（3）聚氯乙烯。硬制品坚硬平滑，敲击时声音发闷，色泽较鲜艳；质地柔软、弹性好，薄膜透明度较高，放在水中下沉，遇冷变硬，有特殊气味。

（4）聚苯乙烯。表面较硬，有光泽，透明度较高，敲击时声音清脆如同敲击金属声，色彩鲜艳，折扭时容易碎裂。

（5）有机玻璃。外观似水晶、透明度高，折扭时有韧性，敲击时声音发闷，用柔软物摩擦制品时会产生水果香味。

（6）硝酸纤维素塑料。富有弹性和韧性，用柔软物摩擦制品时能产生樟脑味。

（7）电木。表面较硬，质脆易碎，断面结构松散，均为黑色或棕色的不透明体，敲击时的声音如同敲击木板声。

（8）酚醛塑料。表面较硬，质脆易碎，断面结构较紧密，多为浅色半透明体。

（9）密胺塑料。表面坚韧结实，外观手感似瓷器，表面坚韧结实，断面结构紧密，在沸水中不软化。

2）燃烧鉴别法

不同的塑料燃烧时，会发生不同的化学反应，从而表现出不同的反应状态。其中燃烧气味是较简单的鉴别塑料方法。聚乙烯的燃烧气味与烧蜡烛的气味相似，聚氯乙烯燃烧时有刺激性酸味，聚丙烯燃烧时有石油味，聚苯乙烯燃烧时有特殊臭味，而有机玻璃燃烧时有水果香味，聚酰胺塑料燃烧时有特殊的烧焦羊毛味，酚醛塑料燃烧时有苯酚臭味，脲醛塑料燃烧时有甲醛的刺激性气味，密胺塑料燃烧时有甲醛的刺激性气味。

拓展阅读

鉴别塑料袋的毒性

目前，塑料袋应用的范围十分广泛，对于包装食品使用的塑料袋，尤其要注意它们的质量。塑料袋一般由两种塑料薄膜制成：一种是由聚乙烯、聚丙烯和密胺塑料等制成；另一种则由聚氯乙烯制成。前者无毒，后者有毒，不能包装食品。塑料袋有无毒性可用下列简便方法鉴别。

（1）水中检测法。首先把塑料袋放入水中，无毒塑料袋放入水中后可浮出水面，而有毒塑料袋则不向上浮。

（2）手触检测法。用手触摸塑料袋，有润滑感者无毒，否则有毒。

（3）抖动检测法。用手抓住塑料袋一端，用力抖一下，发出清脆声者无毒，反之则有毒。

（4）火烧检测法。可以把塑料袋剪去一条边，用火烧，有毒的不易燃烧，无毒的遇火容易燃烧。

请结合实物进行塑料袋的鉴别。

任务实训

分析不同种类塑料制品

1. 任务描述

学生按照要求寻找不同类塑料制品，运用所学知识对其进行感官检验，并根据检验结果完成分析报告。

2. 任务目标

（1）检查学生对塑料制品知识的掌握情况。

（2）培养学生的观察、分析和表达能力。

（3）提高学生的学习兴趣。

（4）培养学生理论联系实际的能力。

3. 任务实施

（1）学生按照要求寻找各种塑料制品，运用所学知识对其种类、颜色、形态、强度、破坏性进行检验。

（2）完整记录检验过程和理论依据，描述检验结果，完成塑料制品检验表（表 4.1）的填写。

表 4.1　塑料制品检验表

塑料制品名称	原材料种类	色泽	透明度	光滑度	手感	表面硬度	放入水中后的现象
保鲜膜							
自来水管							
电视机外壳							
尖嘴钳手把外皮							
透明灯罩							
雨鞋							
雨披							
马夹袋							
墙面电插面板							

（3）结合检验实训，根据对塑料制品的检验与认识撰写不少于 800 字的书面报告。

4. 成绩评定

教师根据报告的语言逻辑、基本材料、个人观点、个人态度和卷面情况打分，满分为 100 分，具体见表 4.2。

表 4.2　成绩评定

评价项目及分值	评分标准	得分
语言逻辑（40分）	语言流畅、精练：条理清晰，逻辑性强	
基本材料（20分）	数据真实、准确：材料具体、可靠	
个人观点（30分）	观点鲜明，有理有据	
个人态度（5分）	态度端正，认真积极	
卷面情况（5分）	字迹美观，卷面整洁	
总分	—	

任务 4.2　玻璃制品

案例引入

中国玻璃制造佼佼者，永刚玻璃共生共赢促进行业发展

中国玻璃制造有着悠久的历史，在 14 世纪末，郑和出使东罗马帝国后，便携当地工匠回国，用手工吹泡摊平法生产平板玻璃。而在改革开放之后的几十年中，中国玻璃行业的生产规模、品种、质量等都取得了突飞猛进的发展，从几乎一片空白，发展到了产量居世界前列。如今，中国 80% 以上的企业实现了设备国产化，能够自给自足。

而国内玻璃行业的发展，继"玻璃大王"曹德旺创建的福耀玻璃盛极一时，形成了一家独大的局势之后，又有后起之秀刘永刚创建的永刚玻璃另辟蹊径，在市场中占据了一席之地。从此，"南有曹德旺，北有刘永刚"这一说法便流传开来。中国玻璃市场呈现出复杂化、周期波动大、需求逐年提升等特点，在复杂的局势中，刘永刚之所以能够带领企业"突围"，正是因为他洞悉了玻璃行业的发展态势，不断学习深造，通过思考和钻研，开辟了独特的发展道路，因此也拥有了"新生代玻璃大王"的美名。

刘永刚在制造高品质传统玻璃的同时，更是创造性地发展了多样式玻璃，如游艇玻璃、电动车玻璃、烤鸭炉玻璃等。刘永刚坚持以质量赢得消费者的信赖，从而与多个客户建立长期稳定的合作关系，开创了一片属于自己的市场天地。在发展壮大的过程中，永刚玻璃推陈出新，打造全域产业链，改进生产工艺，使用可视化生产工艺流程和数字化管理技术，大力推行新型工艺生产技术，改进产品质量，大幅提升产品的安全性能、舒适度、用户体验度，将传统认知中简单的低附加值制造产品玻璃，升华成高科技、安全、性能优异的高附加值新一代产品。

一直以来，永刚玻璃都坚持"以创新促发展"的原则，积极求新求变，绝不步他人后尘，走出了属于自己的道路。而刘永刚更是创造了专属于永刚玻璃的一套文化体系，以"共生"为主线，以"自觉""自治""自发"为脉络，建立起了一种独一无二的文化品格。与传统企业管理者不同，刘永刚高瞻远瞩，看到了企业文化的力量，将企业文化放在至关重要的位置上，而这也是永刚玻璃能够发展壮大的根源。

中国玻璃行业随着国家发展而更加壮大，市场竞争也更加激烈，不确定因素也会越来越多。要想在这百舸争流瞬息万变的市场中力挫群雄脱颖而出，笑到最后，傲立潮头，成为玻璃行业真正的"玻璃大王"，不仅要在产品质量、技术创新等方面不断研发，还要注重使品牌理念切合消费者需求。永刚玻璃的"共生""自觉""自发""自信"的理念完全符合这一点，而且超前发展，显露出一个企业应有的文化底蕴，为后来的创业者树立了很好的榜样。

玻璃是一种具有许多优良性能的材料，被广泛应用于日常生活、建筑、科研、工业、农业、交通和国防等方面。玻璃是制造石英砂（硅砂）、石灰石、纯碱、长石、碳酸钾、硼砂、芒硝和铅丹的主要原料，是制造助熔剂、着色剂、脱色剂的辅助材料。玻璃按适当比例混合后放在熔炉里经高温作用就会熔化，取出后用压延或气吹方法可以制成各种样式的玻璃制品。

微课资源：
4.2 砂子是怎样变成漂亮的玻璃制品的？

4.2.1　玻璃及其制品的种类

1. 玻璃的种类

玻璃的种类很多，由于所用原料不同，制造出来的玻璃的成分、性质、用途也不同，大体上可分为以下几种：

（1）钠玻璃（即普通玻璃）。在建筑和日常生活中使用得最为广泛。钠玻璃化学稳定性较低，易受化学药品的侵蚀，而且机械强度和热稳定性较差，骤冷骤热时，易发生破碎。钠玻璃多用于窗玻璃、包装用瓶及一般日常器皿的制造。

（2）钾玻璃（硬玻璃）。其质地较硬，有较好的光泽，热稳定性和化学稳定性均较钠玻璃高，主要用于制造质量较好的日用器皿和化学仪器。

（3）铅玻璃（光学玻璃、火石玻璃）。具有较强的光泽和折光性，抗酸性弱，硬度较小，易于进行装饰加工，适合制造光学仪器、艺术品和优质日用器皿。

（4）硼硅玻璃。具有很高的热稳定性和化学稳定性，并有较好的机械强度、光泽和绝缘性，适合制造优质的化学仪器和耐热钢化器皿。

（5）石英玻璃。具有极高的耐酸性和良好的热稳定性，透紫外线强，电工、电子、光学领域的尖端技术都会用到它，但其成本高，耐碱性差。

（6）铝硅玻璃。具有极强的热稳定性和化学稳定性及很好的机械强度，多用于制造可用火焰直接加热的烹饪器皿。

（7）微晶玻璃。经加入金、银、铜的盐类作晶核形成剂，用短波射线及热处理等方法制得，由微细的晶体组成，具有优良的机械性能和极高的热稳定性、耐腐蚀，可用作航空玻璃、实验器皿、电磁灶等。

2. 玻璃制品的种类

1）日用玻璃制品

日用玻璃制品有玻璃杯、盘、瓶、缸、花瓶等多种。玻璃杯是日常玻璃制品中数量最多的一类；玻璃盘分为茶盘、果盘、菜盘、瓜子盘等；玻璃瓶分为冷水瓶、酒瓶、酱油瓶等；玻璃缸分为糖缸、烟缸、皂缸、金鱼缸等；玻璃花瓶式样更多。

2）建筑用玻璃制品

（1）平板玻璃。其可用于制作门窗、玻璃板和黑板等，规格按厚度和尺寸长短可分为多种。

（2）其他特殊性能的板玻璃，例如磨砂、压花、夹丝、夹层、钢化玻璃等。磨砂玻璃经过磨砂过程而制成，适用在不需要透视物体的地方，如厕所、浴室等；压花玻璃是在玻璃表面上压制花纹而成的，一般质地比较厚，比较坚固，呈半透明状，多用在建筑物上做装饰品；夹丝玻璃是在制玻璃时加入一层铁丝网，它的特点是坚固耐用，破碎后玻璃片不易落下，适用于制造厂房和大型仓库的门窗等；夹层玻璃是在两层或两层以上的玻璃间夹上透明塑料作为中间层，经热处理而制成的，它的特点是质地坚韧而有弹性，破碎后呈放射状裂纹，附在塑料上不掉落碎片，它不但能抵抗打击，而且不易被小口径枪弹所射透，适用作飞机、装甲车、汽车和船舰的窗玻璃；钢化玻璃是成形后再加热到接近软化温度，然后吹风急冷而成，它的特点是坚韧而又能耐温急变，机械强度和耐温急变性比普通玻璃高几倍，且破碎后碎片边角圆钝，不至于给人造成严重的伤害。

3）技术用玻璃制品

（1）电器玻璃制品，例如电灯泡、灯罩、日光灯管、霓虹灯管等。

（2）医药玻璃制品，例如注射器、安瓿瓶、测温计等。

（3）光学与化学实验仪器，例如凹凸透镜、反光镜、试管、烧瓶、量杯等。

（4）玻璃纤维制品。玻璃纤维是由熔融玻璃液拉成或吹成的，可以任意弯曲的一种纤维，可制成绝缘、隔热，通信、防火等用品以及橡胶、玻璃钢的增强材料。

思政拾萃

从制造到"智造"：一块中国玻璃的逆袭

总资产已达307亿元的福耀集团（以下简称"福耀"），目前已占据中国市场近70%的份额和全球市场25%的份额。仅2017年，福耀的营收达166亿元，利润为31亿元。

据悉，世界上每4辆汽车中，就有1辆装有福耀生产的汽车玻璃。这一切，都归根于"玻璃大王"——福耀董事长曹德旺当年的一个念头。20世纪80年代，曹德旺在一次旅途中得知，一辆小汽车售价才几万元，而玻璃却全靠进口，碎了就需要支付近万元维修费。这个意外发现狠狠地刺激了他的神经，"为中国人做好一片玻璃"的想法，从此坚定不移。

经过几十年的发展，他打造的"玻璃王国"越做越大，福耀从一个本土玻璃制造厂，逐渐发展成集研发、生产配套于一身的世界级汽车玻璃制造企业，打破国际垄断，结束了中国汽车玻璃依赖进口的历史，将自身产品安装到奥迪、奔驰、宝马等一系列高档汽车上，让"中国制造"真正走出去，走上去。

只有一片玻璃还不够，在传统制造产业转型升级的影响下，福耀开始研发设计制造汽车玻璃制造设备，从"产品供应商"向"为客户提供汽车玻璃解决方案"转型。

近年来，福耀的玻璃创新技术硕果累累，不仅自主研发生产机械加工设备，解决了批量、成本、光学等矛盾，还通过镀膜前挡玻璃技术一举打破国际巨头的垄断。

据福耀销售质量经理李瑞鹏介绍，在未来，轻量化和光伏玻璃技术将成为新的发力点，福耀将开发更前沿的新技术来代替传统玻璃，以便更好地为汽车厂商服务。

　　能够通过智能制造发展成为国内第一零部件综合供应商，显然，福耀已拥有了清晰而辽阔的全球化视野。目前，福耀在全球建立了 17 个汽车玻璃生产基地、6 个浮法玻璃生产基地、4 个玻璃设计中心，向 69 个国家出口产品，形成了一整套贯穿东南西北的产销网络体系，在美国、日本、韩国、澳大利亚、俄罗斯、德国等国家设立了子公司和商务机构。

　　"我们正在为汽车玻璃专业供应商树立典范。"福耀人的凌云之志和远大抱负表露无遗。

　　【思政点评】　福耀发展至今，在追求自我完善的同时，还带着一种与生俱来的使命感：从最早的"为中国人做一片汽车玻璃"，再到"树立汽车玻璃供应商的典范"和"福耀全球"，还有董事长回报社会的行动，福耀一直在追求通过自我发展服务客户并为社会做出贡献。

4.2.2　玻璃的化学成分

　　玻璃的化学成分极其复杂。组成玻璃的基本成分是各种硅酸盐化合物，这些化合物由二氧化硅与各种金属氧化物组成。

　　（1）普通玻璃的主要成分是硅酸盐，纯净的石英玻璃（光导纤维）的成分只有二氧化硅。

　　（2）除光导纤维外，玻璃纤维还有很多种，如电子纤维、高模量纤维、抗化学纤维等。

　　（3）钢化玻璃（与普通玻璃的成分相同）。

　　（4）钾玻璃。

　　（5）硼酸盐玻璃。

　　（6）有色玻璃（在普通玻璃的制造过程中加入了一些金属氧化物）。

　　※课堂讨论※

　　我们日常生活中常见的有色玻璃有哪些？分析其色彩与成分的关系。

　　（7）变色玻璃（用稀土元素的氧化物作为着色剂的一种高级有色玻璃）。

　　（8）光学玻璃（在普通的硼硅酸盐玻璃原料中加入少量对光敏感的物质，使玻璃对光线变得更加敏感）。

　　（9）彩虹玻璃（在普通玻璃原料中加入大量氟化物、少量的敏化剂和溴化物制成）。

　　（10）防护玻璃（在普通玻璃制造过程加入适当辅助料，使其具有防止强光、强热或辐射线透过而保护人身安全的功能，如灰色——重铬酸盐、氧化铁吸收紫外线和部分可见光；蓝绿色——氧化镍、氧化亚铁吸收红外线和部分可见光；铅玻璃——氧化铅吸收 X 射线和 γ 射线；暗蓝色——重铬酸盐、氧化亚铁、氧化铁吸收紫外线、红外线和大部分可见光；加入氧化镉和氧化硼吸收中子流）。

　　（11）玻璃纤维（由熔融玻璃拉成或吹成的直径为几微米至几千微米的纤维，成分与玻璃相同）。

　　（12）玻璃钢（由环氧树脂与玻璃纤维复合而得到的强度类似钢材的增强塑料）。

　　（13）玻璃纸（用粘胶溶液制成的透明的纤维素薄膜）。

　　（14）水玻璃的水溶液，因与普通玻璃中部分成分相同而得名。

　　（15）金属玻璃（玻璃态金属，一般由熔融的金属迅速冷却而制成）。

　　（16）萤石（用作光学仪器中的棱镜和透光镜）。

　　（17）有机玻璃（聚甲基丙烯酸甲酯）。

4.2.3　常用玻璃的性质

玻璃的品种很多，性质也存在差异。下面主要分析钠玻璃、钾玻璃等常用玻璃的性质。

1. 脆性

玻璃的脆性（也称易碎性）就是抗冲击强度，当玻璃受到的冲击力超过其强度极限时就立即破裂。玻璃具有较大的脆性，不耐碰击，是玻璃及其制品易于破损的主要原因。玻璃内若存在不均匀的应力，或有波纹、砂粒、气泡等，均会降低其脆性，属于易碎品。

2. 热稳定性差

玻璃经受急剧的温度变化而不致破裂的性能，称为玻璃的热稳定性或耐温急变性。玻璃是热的不良导体，当温度急变时，玻璃内外层总存在温度差，从而引起胀缩不一致现象，使玻璃内部产生不同程度的应变，在伴生的应力作用下引起玻璃的破裂。所以，玻璃的热稳定性差，不耐急热，更不耐急冷。由于玻璃的成分及厚度的不一致，以及砂粒、气泡等缺陷的存在，玻璃会因膨胀系数不同、应力不均匀等原因而更易破碎。

3. 耐碱性差

玻璃是一种化学性质比较稳定的物质，对水和酸具有较强的抵抗力，除氢氟酸能使其溶解外，一般的酸不能侵蚀玻璃，玻璃的抗酸性要比抗碱性强4～19倍。玻璃如果长时间与碱溶液接触则会被逐渐侵蚀，如氢氧化物溶液、碳酸盐、磷酸盐等。当受水湿或潮湿空气影响，玻璃中的硅酸盐会发生缓慢水解，除生成硅氧胶状薄膜外，还生成苛性碱。另外，玻璃与空气中的二氧化碳作用生成的碳酸钠会聚集在玻璃表面。在潮湿的环境中，碳酸钠又会吸收水分而潮解，在玻璃表面形成碱或碳酸盐的小滴，浓碱液小滴和玻璃长时间接触，玻璃表面会发生严重的局部侵蚀，产生白色斑点，降低或失去透明度，这就是人们通常所说的风化，又名碱化、跑碱、发霉。

4. 风化性

玻璃若长时间处于潮湿空气中，会由于空气中的水分和二氧化碳的作用导致表面产生白色薄膜或斑点，从而降低它的透明程度，这种现象称为风化。

风化的原因是玻璃表面的附着水可使其中的可溶性成分（硅酸钠）水解，而水解产生的硅胶体与氢氧化钠又可与空气中的二氧化碳作用，其结果使玻璃表面产生白色的碳酸钠结晶。成箱的平板玻璃一旦发生风化，除出现白色薄膜外，还可能使几片玻璃互相黏合（这种黏合使它们完全成为废品）。玻璃在潮湿环境中最容易风化，因此，在运输和保管过程中，应避免其长久地处于潮湿环境中。

※**课堂讨论**※

列举出我们日常生活中玻璃风化的例子。

4.2.4　玻璃及其制品的运输包装

合理包装可以防止玻璃及其制品的损坏，而对不同种类的玻璃及其制品应采用不同的运输包装方法。

1. 平板玻璃的运输包装

平板玻璃运输包装通常使用干燥、结实的木条箱，将一定数量的平板玻璃竖立在木条箱中，每箱玻璃包装数量有统一规定。在物流运输过程中，这类运输包装在运输装卸时稍有不慎就易使平板玻璃破碎。因此，目前已经逐步发展用玻璃专用铁箱和集装箱装运。

2. 玻璃器皿的运输包装

玻璃器皿的运输包装一般都使用木箱或瓦楞纸箱。具体方法是将一定数量的玻璃器皿装入纸板盒内，器皿间应用纸片或其他有弹性的材料隔开。高级的玻璃器皿应先用软纸逐个包好再装入纸盒，而在外包装箱内必须用稻草、纸屑或木屑等作为填充物，使制品在其中固定不摇动，以免破碎。

3. 保温瓶的运输包装

保温瓶的运输包装一般为木箱或纸板箱。金属壳的保温瓶应先用防潮纸包好，再逐个装入瓦楞纸箱内，然后放入木箱或纸板箱内。塑料壳保温瓶一般均直接装到箱内。注意，装箱时保温瓶均应立放。

在运输包装的箱子上需要印上包装储运指示标志，如"小心轻放""向上""防湿"等。

4.2.5 玻璃及其制品的运输和保管

玻璃及其制品的运输和保管应注意以下事项：

（1）承运玻璃及其制品时，应仔细检查运输包装是否符合要求。对于箱装不固、脱底裂开、碎屑外漏及箱内无衬垫的，应进行妥善处理。若发现玻璃有裂纹、受潮，包装内有破碎声及木箱断板等情况，应进行记录。

（2）船舱和堆放场所要求清洁、干燥，并具备良好的通风条件，而且还要防止舱内温度骤冷骤热，以免使玻璃及其制品炸裂。另外，还应防潮、防水湿，避免玻璃与舱内金属部位接触。

（3）配舱时应远离振动大的货舱，最宜配在舱口附近，避免拖拉造成破碎。装舱时玻璃应直立放，不能平躺放，箱的两端应按船舶首尾方向放置，箱与箱要紧紧靠拢，外侧用板条连贯钉固，再用绳子加绑，空隙处用草片或合适货物塞满，以免航行时由于摆动而倒塌。另外，装舱时不得装在会下沉的货物上面，勿受重压，箭头朝上。

（4）玻璃及其制品不得与容易散湿返潮的货物（肥皂、果菜、食糖等）配装在一起，也不得与酸、碱、盐类（纯碱、水泥、化肥等）及油类货物配装在一起；玻璃纤维制品不得与食品类货物混装，以免影响使用。

（5）装卸时应轻搬放正，避免碰撞，机械作业要稳铲、稳吊、稳放，避免机械金属部位、钢丝绳等直接接触玻璃，不能使用滑槽、皮带机进行作业。

（6）按品种、规格做好分隔工作。库存堆码时不能过高，玻璃制品的堆码高度通常不高于2.5 m，而且堆垛必须稳固，骑缝交叉，防止倒垛。

任务实训

中国建造世界最长玻璃桥

为了进一步吸引更多游客来到湖南张家界大峡谷风景区，中国建成了世界上最长的玻璃桥，其中多项技术领先世界，为游客呈现出的绝佳的大峡谷风景，也让外国感到难以置信。

这个超级工程由世界著名设计师进行设计，由中建六局建造完成，桥体总长为430 m，完全由玻璃铺设，因此站在桥面上的游客向下可以直接看到距离自己300多米的谷底，有一种踏空而行的感觉。这座玻璃桥能够对初次来到这里的游客形成极强的视觉冲击，能够同时容纳最多800名游客在上面，由于其独特的设计和扎实的施工工艺，这座桥在2017年获得了国家颁发的第一批优质工程奖，而这也是张家界范围内旅游工程获得的最高荣誉。

这座玻璃桥每天都要接受大量游客的踩踏和观赏，而且长度和高度都居世界首位，所以在技术上提出了非常高的要求，使用的材料也必须是最为顶尖的。除此之外，在300 m高空施工，对工程人员带来的挑战不亚于在空中走钢丝。因此，从各种角度来看，张家界大峡谷玻璃桥的工程难度都堪称世界顶级。

这座大桥是全球首座斜拉式高山峡谷玻璃桥。为了建设这座大桥，中国工程专家积极研发新技术。因此，在桥梁建成之后，相关的专利也随之诞生了，足有11项。可以说，这座玻璃桥在各个方面都已经达到了国际先进水平。

而在建成之后，依旧有游客（尤其是外国游客）对这座中国建造的桥梁的安全性提出了质疑。为了打消疑虑，大峡谷景区方面专门邀请了30名游客对其进行极限测试，让他们每人提着一把锤子奋力砸向玻璃桥面。与此同时，还让一辆小轿车在桥面玻璃上反复碾压。

在这样严苛的挑战下，桥面玻璃依旧保持住了形状，没有彻底破碎，这证明中国制造的桥面玻璃具备极其强大的性能，而大桥本身也具备有效的支撑效果。因此，从安全性方面来看，大峡谷玻璃桥也同样称得上世界第一，其也为张家界旅游景区带来了大量游客，推动了当地的社会和经济发展。

【案例问题】

1. 结合教材内容，简述玻璃的性质和类型。
2. 案例中的玻璃桥面为什么可以承受极限测试？

任务4.3　洗涤用品

案例引入

洗涤用品行业："洗"出生活新品质

"您瞧，这款除菌型洗衣液打五折，还送一桶柔顺剂，很划算的。"在北京某家超市里，洗涤用品区的导购人员正在一处促销铺位前向几位消费者推销。

看似再简单不过的这一幕，却反映出我国洗涤用品行业的巨大变化：从肥皂和洗衣粉的"老两件"，到多种洗涤用品百花齐放；洗涤要求也从单一的"干净"发展为"清洁、抗菌和舒适"。

经过不断发展，我国已成为当之无愧的洗涤用品生产大国，产品形态及产品种类日益丰富，专业化、功能化和个性化的产品如雨后春笋般不断涌现，逐渐形成个人清洁护理用品、家庭清洁护理用品、工业和公共设施清洁用品三大品类体系。专家预测，随着我国经济的稳步发展以及城市化进程的不断加快，洗涤用品的用量必然会继续稳定增长。

在产量增加的同时，洗涤用品的结构也在不断细化。以家庭清洁用品为例，根据适用对象的不同，洗衣机、空调、微波炉、加湿器、取暖器、厨房、卫生间、地板、家具、餐具、管道等使用的多种清洁剂；根据功效的不同，分为杀菌消毒、衣物护理、水沟清洁、皮革护理、驱蚊虫等产品。专业化和多样化的洗涤用品满足了不同消费者的需求。

另外，洗涤用品行业的产品结构也在细化的同时趋于优化，肥皂总产量稳定增长，但其所占比例逐渐下降；合成洗涤剂的产量及比例逐年增加，其中液体洗涤剂的产量增长得较快。2010年，该类产品占合成洗涤剂总产量的 46% 以上，而且工业和公共设施清洗剂制造业发展势头强劲。

很多消费者都注意到了这些年香皂发生了很有意思的变化。

"过去，我洗脸、洗手、洗澡都用同一块香皂，到后来，洗面奶、洗手液、沐浴液出现了，我也不怎么用香皂了。谁知再后来，香皂又成了身体护理用品，还有各种可爱的造型，价格也扶摇直上，有的'高级香皂'甚至卖到几百元一块呢。"赵女士以自身体会生动地描述了近年来香皂这一主流洗涤用品发生的巨大变化。

近年来，香皂的发展主要依赖不断实现功效上的创新，如调理皮肤状态的精油香皂和延缓皮肤衰老的美容香皂等，这些不断被开发出的新功能给"老香皂"注入了新的生机和发展活力。

洗涤产品在给人们带来生活享受的同时，也逐渐帮助人们养成了保护环境的习惯，越来越多的人开始主动选购环保型洗涤用品。

在产品更新与消费者观念进步齐头并进的大环境下，洗涤用品市场上出现了一些档次更高、质量更佳、更能满足消费者需求的新产品，逐渐替代现有产品。例如：针对性更强的细分产品替代通用产品；天然环保的产品替代化工产品；功能强大的产品替代现有产品等。同时，洗涤用品生产企业也应密切关注市场出现的新需求和新变化，不断推陈出新，满足消费者越来越高的要求。

截至 2020 年，我国浓缩洗衣粉仅占洗衣粉总量的 20% 左右，大部分仍是普通洗衣粉，含有较多的非有效化学成分，既浪费了资源又增加了消耗量，还影响了产品性能。

未来，洗涤产品行业将以国家发展战略和产业政策为指导，立足科技引领、创新驱动，环境友好、绿色驱动，市场主导、消费驱动，以节能、节水、易漂洗、高效、多效、环保与安全为行业发展的主线，以科技进步和创新为主导，加快产品结构调整速度，加快产业技术升级，不断提升人们的生活品质，促进行业的可持续发展。

4.3.1　肥皂

1. 肥皂的分类

肥皂是指用油脂与碱经过皂化作用制成的高级脂肪酸盐，并辅以各种原料而成的产品。

（1）根据定义，肥皂可分为碱金属皂，如钠皂、钾皂；有机碱皂，如丝光皂。碱金属皂一般不溶于水，不能用于洗涤，主要用于工业领域。

（2）根据肥皂的硬度，可分为硬皂（主要是钠皂）、软皂（主要是钾皂）。

（3）根据肥皂的使用领域，可分为家庭用皂和工业用皂。

2. 肥皂的品种及特性

（1）洗衣皂。洗衣皂主要用来洗涤衣物。肥皂的主要原料是天然油脂、脂肪酸与碱生成的盐。肥皂在软水中去污能力强，但在硬水中与水中的镁离子、钙离子生成不溶于水的镁皂、钙皂，去污能力会明显降低，还容易沉积在基质上，难以去除。另外，洗衣皂在冷水中的溶解性差。

（2）香皂。香皂是指具有芳香气味的肥皂。香皂质地细腻，主要用于洗手、洗脸、洗澡等。制造香皂时要加入香精，香精性质温和，对人体无刺激，使用时香气扑鼻，并能去除机体异味。

（3）透明皂。透明皂既可以当香皂用，又可以当肥皂用。其脂肪酸含量介于肥皂和香皂之间，采用纯正浅色的原料（如牛油、椰子油和松香油等），再添加甘油、糖类和醇类等透明剂制作而成。

（4）药皂。药皂也称为抗菌皂或去臭皂。由于在制作过程中加入了一定量的杀菌剂，药皂有消毒、杀菌、防止体臭等作用。

（5）液体皂。液体皂是近年来受到消费者欢迎的一个新品种。用于护肤的液体皂的 pH 值与人体皮肤的 pH 值较接近，对皮肤和眼睛无刺激性，泡沫丰富，也具有一定的去污能力。

3. 肥皂的质量要求

1）肥皂的感官要求

以洗衣皂和香皂为例，肥皂的感官要求主要如下：在外观方面，洗衣皂应硬度适中、不发黏、不分离、不开裂，香皂应细腻均匀；无裂纹、气泡、斑点、剥离、冒汗等现象；在色泽方面，洗衣皂应均匀洁净，香皂应均匀稳定；在形状方面，洗衣皂应端正、收缩均匀，不得有歪斜、变形、缺边、缺角等现象，香皂可以压成各种形状，也不得有歪斜、变形、缺边、缺角及字迹模糊等现象；在气味方面，洗衣皂应没有不良气味，香皂应具有各种香味。

2）肥皂的理化指标

以香皂为例，其理化指标如下：

（1）干皂含量：是指香皂中有效活性物的含量，与去污力有直接关系，通常要求其高于83%。

（2）游离苛性碱含量：用来检测原料在香皂制作过程中的氢氧化钠剩余量，要求其不高于0.1%。

（3）总游离碱含量：用来衡量香皂的酸碱度，若数值过高，则会对皮肤造成损害，要求其不高于0.3%。

（4）乙醇不溶物含量：用来检测香皂在制作过程中所用的乙醇不溶物含量，若其过高，则会影响使用效果，要求其低于2%。

（5）氯化物含量：若氯化物含量过高，则会影响香皂的洗涤效果，要求其低于0.7%。

（6）水分及挥发物含量：是衡量肥皂质量的一项基本指标，若其过高，香皂的皂体会发软，导致耐用性差，要求其不高于15%。

思政拾萃

用高品质产品满足消费者需求

人民网北京 2019 年 3 月 15 日电（记者孙博洋）：今日，由中国消费者协会主办、人民网协办的"2019 年'3·15'主题活动"在人民日报社人民网举行，活动主题为"信用让消费更放心”。在活动上，中国洗涤用品工业协会副理事长兼秘书长张华涛表示，下一步将继续加强行业自律，推进行业诚信建设，促进行业健康发展，保障消费者权益。

张华涛表示，中国洗涤用品工业协会多年来从行业自律的角度出发，对市场上的洗涤用品产品开展质量自律跟踪调查，对国内外的洗涤用品开展对标和比对，这一系列举措也有效地提升了行业的诚信，保证了产品的质量，保障了消费者的权益。

张华涛还表示，协会将与行业内的企业一道，用良好的信用让消费者放心消费，用高品质的产品满足消费者对洁净、健康、时尚生活的追求。

【思政点评】党的十九大提出，把"不断满足人民日益增长的美好生活需要"作为党的使命不懈追求，这有着深远的意义。

4.3.2　合成洗涤剂

1. 合成洗涤剂的分类

合成洗涤剂的用途广、品种多，其具体分类方法如下：

（1）按使用领域分类，合成洗涤剂可分为家庭用洗涤剂和工业用洗涤剂两大类。

①家庭用洗涤剂。用量大，占合成洗涤剂总量的80%以上。

②工业用洗涤剂。主要用于纺织印染行业中原料、织物等清洗，以及金属表面油物、涂料的清洗等。

（2）按使用目的分类，合成洗涤剂可分为衣用洗涤剂、发用洗涤剂、皮肤用洗涤剂、厨房用洗涤剂等。

①衣用洗涤剂。主要包括一般洗涤剂、干洗剂、织物柔顺剂和各种面料洗涤剂等。

②发用洗涤剂。属于化妆品类，主要用于洗涤和调理头发。

③皮肤用洗涤剂。主要包括沐浴液、洗面奶、洗手液及口腔清洗剂等。皮肤用洗涤剂有一部分属于化妆品类。

④厨房用洗涤剂。主要包括餐具、蔬菜、瓜果清洗剂，冰箱、冰柜清洗剂，炉具、灶具清洗剂等。

（3）按物理形状分类，合成洗涤剂可分为块状洗涤剂、液体洗涤剂、粉状洗涤剂和膏状洗涤剂等。

（4）按污垢洗涤难易分类，合成洗涤剂可分为重垢型洗涤剂和轻垢型洗涤剂。重垢型洗涤剂是指产品中含有大量的多种助剂，其作用是去除难以脱落的污垢。

轻垢型洗涤剂是指产品中所含助剂很少或不含助剂，去除容易脱落的污垢。

（5）按使用原料分类，合成洗涤剂可分为使用天然原料的洗涤剂和使用人造原料的洗涤剂。

2. 合成洗涤剂的组成和作用、去污机理

1）合成洗涤剂的组成和作用

合成洗涤剂主要是由表面活性剂和各种辅助剂按照一定比例配置而成的。

（1）表面活性剂是一种能在低浓度下，降低溶剂表面张力的物质。表面活性剂是洗涤剂的主要成分，它的分子结构中含有亲水基团和亲油基团，很少量的表面活性剂能显著降低溶剂的表面张力，改变体系界面状态，从而产生润湿或反润湿、乳化或破乳化、起泡或消泡、增溶等一系列作用。

（2）辅助剂是指在去污过程中能增强洗涤剂去污能力的辅助原料。它可以使洗涤性能得到明显改善并减少表面活性剂的使用量，是洗涤剂的重要组成部分。

2）洗涤剂的去污机理

以衣物的洗涤为例来说明。衣物上的污渍常是液体和固体的混合物，以物理－化学作用，或机械作用吸附在衣物纤维的表面上或进入纤维组织之间，既有损衣物的外观，也有损衣物的组织而缩短其使用寿命。去污过程的机理则比较复杂，大致包括下列物理－化学作用：

（1）润湿作用。由于洗涤液中的表面活性剂能降低水的表面张力，增加了水对织物的润湿能力，使洗涤液充分渗入纤维间，表面活性剂分子能和被洗织物上的污垢产生亲和作用，使污垢从洗织物上脱离。

（2）吸附作用。水与被洗织物之间以及水与污垢之间都存在界面。洗涤液中的有效成分被织物和污垢吸附后，改变了界面与织物对污垢的静电引力，使污垢在水里呈悬浮状态。

（3）增溶作用。污垢被夹在洗涤液的胶束层之间，产生了增溶现象。

（4）机械作用。当污垢和织物吸附表面活性剂时，在人工搓洗或机械作用下，污垢从织物上分离出来而分散在溶液中，经反复漂洗后，污垢即可除去。

3. 合成洗涤剂的主要品种

（1）洗衣粉。洗衣粉主要用于清除衣物上的污垢，由表面活性剂、离子交换剂、抗再沉积剂、荧光增白剂、碱性助剂、填充剂等组成，有些洗衣粉还加入了漂白剂、酶和香精、色素等，根据比重的不同，洗衣粉分为普通型和浓缩型。普通型洗衣粉适合手洗和机洗，而浓缩型洗衣粉碱性稍高，适合洗衣机使用。近年来，洗衣粉中的三聚磷酸钠随洗涤废水和生活污水一起排入河流湖泊，导致部分湖泊中水的富营养化速度加快，因此洗衣粉又分成有磷和无磷两类，其中无磷洗衣粉适合在禁磷地区使用。除上述区别外，衡量洗衣粉能力的指标有去污力、表面活性剂和助洗剂含量、洗衣粉在水中的 pH 值、多次洗涤后衣服中的水分含量等。

（2）液体洗涤剂。液体洗涤剂由各种表面活性剂组成，有些产品还加入了助剂和溶剂等。

①餐具洗涤剂。它是厨房中常用的一种典型的轻垢型液体洗涤剂，是开发最早、数量最大的一种液体洗涤剂，按照功能可分为单纯洗涤和消毒洗涤两种。它由两种以上表面活性剂组成，检验时有重金属和甲醇含量等要求。餐具洗涤剂根据表面活性剂含量可分为高、中、低三档。国内相关产品的表面活性剂含量居中，为15%～20%。

②织物柔软剂。有些衣物在洗涤后会失去原有的柔软性，发硬、发直，手感和外观都变得很差。它的主要作用是降低纤维间的静摩擦系数，赋予纤维柔软的手感。棉织物柔软剂大都含阳离子表面活性剂，它们与天然织物有较好的结合力，使织物柔软丰满；合成纤维柔软剂含烷基酰胺基的疏水化合物。

③衣料用液体洗涤剂。它主要用来除去油脂和类似油脂的污垢。不含助剂的液体洗涤剂的表面活性剂含量高，含助剂的液体洗涤剂的表面活性剂含量低。

（3）洗衣片剂。洗衣片剂是近年来发展较快的一种新型产品，它是由粉状洗涤剂与成片助剂混合后压制而成的，具有超浓缩、用量少、去污强、使用和携带方便等特点。

4. 合成洗涤剂的质量要求

（1）感官质量指标。感官质量指标主要有色泽和气味、稳定性，以及流动性和吸潮结块性等。

①色泽和气味。要求粉状洗涤剂白净，不得混有深黄色或黑色；添加色料的，其色泽应均匀一致；液体洗涤剂要求清澈透明、不浑浊；浆状洗涤剂浆料应均匀，无结晶和分层现象。各种洗涤剂应无异味。

②稳定性。稳定性指洗衣粉在外界条件影响下，有无泛红变臭等变质现象。

③流动性和吸潮结块性。粉状洗涤剂要求具有较好的流动性和较小的吸潮结块性。

（2）理化质量指标。表面活性剂的含量用百分比表示，其含量高低关系洗涤剂类型和去污力的大小，皂化物含量越小越好。要求丝毛用洗涤剂 pH 值呈中性；棉麻用洗涤剂呈碱性、去污力和生物降解率越高越好；合成洗涤剂中的成分应对人体无害，对皮肤刺激性小，对环境无公害；等等。

另外，国家标准对于餐具洗涤剂中的甲醇、重金属、荧光增白剂含量、pH 值等指标均有要求。

4.3.3　牙膏

1. 牙膏的作用

（1）具有摩擦和洁齿的作用，在刷牙时加上牙膏，牙面的污物则容易刷去，因为牙膏中含有摩擦剂，可增强摩擦力，洁净剂有较好的洁净效果，能增强刷牙的机械去污作用，从而能清洁牙齿。

（2）具有消除口臭的作用，牙膏既有助于去污，又含有芳香剂，有助于消除部分口臭，可以使口腔清爽。

（3）具有预防蛀牙、保持牙齿健康的作用。

（4）具有抑菌灭菌的作用，牙膏中所含的洁净剂有一定灭菌作用，而药物牙膏中添加的某些药物通常也具有灭菌抑菌的作用。

（5）具有美观的作用。牙膏的清洁和抛光的作用，可以保持牙面干净、美观。

2. 牙膏的成分

牙膏的成分包括摩擦剂、洁净剂、润湿剂、黏合剂、防腐剂、芳香剂、水和其他组分。另外，为了加强预防龋齿及牙周病，还可在普通牙膏的基础上加入一定比例的氟化物或其他某些药品，制成氟化物牙膏及其他的药物牙膏。

（1）摩擦剂。在牙膏中的含量最多，一般为 25%～60%，决定牙膏去垢能力的主要是摩擦剂，它依靠机械摩擦力把牙垢刷除。摩擦剂要有一定的摩擦作用，但又不能损伤牙面及牙周组织，在药物牙膏中，还要求不能与牙膏中的药物发生作用。

（2）洁净剂。具有降低表面张力的作用，能疏松牙面沉积物和乳化牙垢，有助于增强刷牙的机械去污能力，它在牙膏中的含量为 2%。此外，表面活性剂在刷牙时产生泡沫便于清洁牙面。

（3）润湿剂。又称保湿剂，其在牙膏中的含量为 20%～40%，可保持牙膏体的水分，防止牙膏干燥变硬。

（4）黏合剂。它是稳定膏体和避免水分挥发的胶体物质，通过扩散、膨胀和吸水而形成黏性液体，使牙膏的固体和液体保持均匀性。

（5）芳香剂。芳香剂即各种香精，含量大约为 2%。芳香剂除了能使牙膏产生芳香气味外，还具有杀菌功能。将其加入牙膏中可使刷牙者感到爽口舒适，并有助于减少口臭。

（6）水。水也是牙膏的组成成分之一，含量为15%～50%。

（7）其他组分。为了防止牙膏变质，保持膏体性能稳定，需在牙膏中加入适量的防腐剂和稳定剂。此外，还要加入适量的甜味剂，这样可使刷牙者口感舒适。另外，为了增强牙膏对龋齿及各种牙周病的预防能力，还可在牙膏中加入适量的氟化物或其他药物等。

3. 牙膏的分类

目前，市场上销售的牙膏主要有两大类：普通牙膏（洁齿牙膏）和药物牙膏。

（1）普通牙膏。其主要成分包括摩擦剂、洁净剂、润湿剂、防腐剂、芳香剂，如果牙齿健康情况较好，选择普通牙膏即可。

（2）药物牙膏。其近年来的发展很快，品种较多，按其功能主要有以下几种：

①防龋齿药物牙膏。其特效成分可降低口腔内的乳酸对牙釉质的侵蚀，使牙釉质具有耐酸、坚硬、抗磨等性能，对蛀牙有防治作用。

②消炎止血药物牙膏。主要防治牙周炎、牙龈出血等口腔疾病。牙周炎、牙龈炎的症状一般是牙龈出血，牙周沟加深，牙周组织发炎、萎缩，致使牙根松动，咀嚼无力。使用消炎止血药物牙膏，主要是抑制牙结石和牙菌斑的形成，或能改变有机物在牙齿的附着能力。这类牙膏中加入的药物主要有草珊瑚、两面针、田七等。

③脱敏药物牙膏。主要防治牙齿对冷、热、酸、甜等出现过敏性的疼痛。这类牙膏的有效成分能够被牙釉质、牙本质吸收，能降低牙体硬组织的渗透性，提高牙组织的缓冲作用，增加牙周组织的防病能力，达到脱敏效果。防酸牙膏、脱敏牙膏均属此类。

此外，还有适合不同消费者需求的消除牙结石药物牙膏、加酶药物牙膏等各类牙膏。

4. 牙膏的质量要求

根据国际标准的规定，牙膏的质量要求主要有感官要求、理化指标和卫生指标。

（1）感官要求。感官要求主要指色泽一致；膏体湿润、均匀、细腻；应"香、甜、清、爽"，口感好。其中，香表示香味纯正；甜指果味香精口味；清是清凉，指添加了薄荷香精的清凉感；爽指香精没有杂味、爽口。

（2）理化指标。理化指标主要有稠度、挤膏压力、泡沫量、pH值、稳定性等。

①稠度。它反映了膏体的性状，一般要求要适度。如果太稀，说明牙膏胶体破坏了，牙膏横卧放置后，膏体会自动流出管外，既不卫生又造成了浪费；但稠度过大，牙膏不易分散，在口腔中刷不开来而脱落，也影响使用效果。

②挤膏压力。它实际上是指一个使用指标，反映了膏体的黏稠情况，也反映了所使用的牙膏软体的软硬程度，挤膏压力过大不易将膏体挤出，压力过小同样存在膏体太稀的问题。

③泡沫量。它是了解发泡去污效果的一个重要指标，通常泡沫量高比较好，易于去除口腔污垢，但也不宜太高，否则漱口时不易漱净，会残留一些表面活性剂，对口腔有一定刺激。

④pH值。它是指膏体酸碱度，过高或过低都会对口腔产生刺激。我国大多数牙膏产品的pH值为偏碱性。

⑤稳定性。其试验是将牙膏放在温度为-8 ℃的冰箱内8小时后取出，再放入温度为50 ℃恒温培养箱内8小时后取出，在室温下放置4小时，开盖观察膏体是否正常，从中可以反映出膏体配方的合理性，以及原料的品质和加工工艺的情况。

（3）卫生指标。最关键的卫生指标是安全性，因为牙膏直接进入口中，如果卫生指标不符合要求，将直接影响人们的身体健康。卫生指标包括细菌总数（大肠菌群、绿脓杆菌、金黄色葡萄球菌）和重金属铅的含量及砷的含量。

5. 牙膏的选择方法

（1）稠度要适当，从软管中挤出成条时，既能覆盖牙齿，又不至于飞溅。

（2）摩擦力适中，要有好的洁齿效果，但不伤牙釉质。

（3）膏体稳定，在存放期不分膏出水、不发硬、不变稀，酸碱度稳定。

（4）药物牙膏在有效期内应保持疗效稳定。

（5）膏体应光洁美观，而且没有气泡。

（6）刷牙过程中应有适当泡沫，以便食物碎屑悬浮，从而便于清除。

（7）香型、口味要合适。

（8）查看牙膏软管上是否标有产品名称、生产厂名、生产日期。牙膏盒上应标明产品的名称、商标、生产厂名、厂址、净重、香型等。

任务实训

手工香皂的制作方法

手工香皂越来越受到关注，很多人都很热衷于买来自用或者送人，下面以红酒香皂为例介绍它的制作过程。

1. 工具/原料

（1）玻璃杯：用于搅拌原料。在制作过程中会发热，最好选择耐热的玻璃器皿。

（2）汤勺：用于溶解烧碱，也可以用搅拌器代替。

（3）搅拌器：用于搅拌原料，可用大的汤勺代替。

（4）模具：牛奶盒、薯片的包装以及各种塑料盒均可。

（5）水 50 mL。

（6）红葡萄酒 50 mL（任何品牌均可）。

（7）食用油 250 mL（橄榄油等植物油均可，最好使用新的油，这样对皮肤有好处）。

（8）烧碱 30 g（属于有毒物品，注意不要用手直接接触）。

2. 方法/步骤

（1）将水和烧碱放在容器中，一直搅拌至水变得透明为止。应该注意的是，在搅拌过程中会出现泡沫和发热现象。

（2）一边放油，一边搅拌，待烧碱完全溶解以后，一边搅拌，一边将油逐渐地放进去，用搅拌器搅拌 10 min 左右。

（3）倒入红葡萄酒。

（4）继续仔细搅拌 10 min 左右，直至红葡萄酒彻底均匀地分布开来。这时，液体开始逐渐变稠。

（5）停止搅拌，两三分钟后将其注入模具中。

（6）在温暖的地方放置 1~2 天。这时，液体在模具中会产生化学反应，不要用手触摸。

（7）从模具中将香皂取出，可以将刀子或剪子插入模具中，以便将其顺利取出。

（8）切成适当大小的方块并放在通风处，避开日光直晒，待 1 个月以后，便制作完成。

3. 注意事项

制作时的安全措施：烧碱与水发生化学反应时会产生泡沫，因此制作香皂时应在室外，而且要戴上手套、口罩和护目镜。避免使用铝、铜、铁及聚乙烯制品，应使用耐热玻璃、塑料和不锈钢制品，以防止烧碱变质。

任务 4.4　化妆品

案例引入

我国化妆品的创新趋势

第一，消费者科技观增强，美妆产业应势进阶。近年来，我国消费者的美妆科技观正在形成，更加关注产品本身，购买趋于理性。消费者的这一变化对品牌方的科技创新提出更高要求，美妆产业应势进阶。以自然堂、珀莱雅等为代表的本土知名品牌，大力将科技融入品牌塑造，用科技为产品赋能。

第二，内容营销持续高热，有望成为行业新红利。内容营销是信息大爆炸时代下品牌与消费者沟通的有效方式。无论是借助 KOL（关键意见领袖）推荐、与知名 IP 联名，还是通过话题造势，都为品牌营销开辟了新途径。

第三，抗衰老和敏感肌修护成业界"宠儿"，护肤功效受热捧。近几年，抗衰老和敏感肌修复功效市场热度持续提升，如薇诺娜、百植萃等本土品牌，2020 年销量逆势增长；同类的国际品牌，如适乐肤，在我国的销售量也快速增长。

第四，消费者需求改变，追求健康、安全的意愿强烈。人们现在对健康、安全非常重视，对化妆品的要求也体现了这一特点，天然、安全的成分更受欢迎。

第五，线上市场繁荣。据国家统计局发布的数据，2020 年 1—9 月，全国网上零售额达 80 065 亿元，同比增长 9.7%。电子商务是我国零售市场的一大优势，其创新模式也成为我国市场发展的重要推动力。得益于电子商务的发展，化妆品线上市场繁荣，品牌方加大力度布局线上渠道。

需要注意的是，化妆品行业创新并非一蹴而就，有时需要 5 年以上才能将一款新产品推向市场。另外，近年来，国内初创化妆品企业如雨后春笋般涌现，虽然创新活动活跃，但受资金限制，其创新的系统性和连续性往往不足。因此，行业期待相关部门和协会建立创新基金或提供相关扶持措施，助力企业创新发展，推动化妆品产业升级。

追求美是人类的一种本能意识，伴随着人类对美的追求，化妆品应运而生。化妆品在我国有着悠久的历史。早在晋代，张华在《博物志》中就记载了"纣烧铅锡作粉"的故事——商纣时人们用铅粉涂面化妆，可见我国历史上很早就有化妆品，但品种不多，只有妆粉、眉黛和胭脂等几种。在近代，1905 年上海、广州等地开始生产化妆品，品种也不多。中华人民共和国成立后，特别是改革开放以来，我国化妆品工业才有突飞猛进的发展，在生产技术、产品品种、数量和质量等方面都有了显著的提高，随着社会的进步和发展，人们更加认识到化妆品对于美化容颜和保护皮肤的重要作用，化妆品已成为人们日常生活中不可缺少的用品。

《化妆品卫生规范》（2020 年版）中对化妆品的定义是：化妆品是指以涂抹、喷洒或其他类似的方法，施于人体表面任何部位（皮肤、毛发、指甲、口唇、口腔黏膜等），以达到清洁、消除不良气味、护肤、美容和修饰目的的日用化学工业产品。

4.4.1 化妆品的作用及分类

1. 化妆品的作用

（1）清洁作用。化妆品能洗去皮肤、毛发、口腔、牙齿上面以及人体其他部位在分解和代谢过程中所产生的不洁物，如牙膏、洗发水、洁面乳等。

（2）保护作用。化妆品能使皮肤和毛发光滑、柔软、富有弹性，如乳液、护发素等。

（3）营养作用。化妆品能补充皮肤和毛发所需的营养，减少皮肤皱纹和防止脱发，如珍珠霜、营养面膜、生发水等。

（4）美化作用。化妆品能美化容颜、散发香气、增加人的魅力，如唇膏、发胶、口红、香水等。

（5）防治作用。化妆品能预防和治疗皮肤和毛发疾病，如雀斑霜等。

2. 化妆品的分类

（1）按使用目的，化妆品可分为清洁用化妆品、基础化妆品、美容化妆品等。

①清洁用化妆品主要包括：皮肤用的香皂和洁面乳等；头发用的洗发和护发素等；指甲用的脱膜剂、角质层去除剂等。

②基础化妆品主要包括：皮肤用的化妆水、乳液、精华液和面霜等；头发用的生发水、发油和护发素等；指甲用的指甲磨光剂、指甲膏和底涂剂等。

③美容化妆品主要包括：皮肤用的粉饼、腮红、眼影膏和眼线等；头发用的香发蜡和染发剂等；指甲用的指甲油和指甲上光油等。

（2）按使用部位不同，可将化妆品分为皮肤用化妆品、头发用化妆品、指甲用化妆品等。

（3）按用途不同，可将化妆品分为清洁用化妆品、一般用化妆品、特殊用途化妆品、药用化妆品等。

（4）按产品形态不同，可将化妆品分为液态化妆品、固态化妆品等。

（5）按原料来源不同，可将化妆品分为天然化妆品、合成化妆品等。

天然化妆品是指以自然界中的植物、水果等提取物为原料制成的化妆品，其又分为纯粹天然化妆品和相对天然化妆品。在人工化妆品没有问世前，人们就已经直接用一些水果、蔬菜或其他食品来保养皮肤了。因此，这些化妆品被称为天然化妆品。与含有多种工业化学成分的人工化妆品而言，天然化妆品主要采用的是天然原料，但在制造过程中需要加入香料和防腐剂等。如今已经进入"绿色"时代，天然化妆品越来越受到人们的青睐。

合成化妆品是指由各种不同作用的原料经过配置加工而成的产品。因为价格低廉，在保证使用安全可靠的合成原料的前提下，合成化妆品仍在化妆品市场中占据主要地位。

4.4.2　化妆品的主要原料及成分

化妆品是由各种原料经过配方加工而成的复杂混合物，主要原料有基质原料和辅助原料两种。

1. 基质原料

化妆品的基质原料主要有油脂与蜡、粉体、胶质和溶剂。

1）油脂与蜡

①植物油脂。用在化妆品中的有椰子油、蓖麻油、橄榄油和山茶油等。

②动物油脂。用在化妆品中的有羊毛脂和蜂蜡、绵羊油等。

③矿物油和蜡。用在化妆品中的有液体石蜡和凡士林等。

另外，化妆品还会用到人工合成的油脂和蜡类。

2）粉体

粉体的吸附性强、遮盖力大，它是香粉、爽身粉、胭脂、眼影粉的主要原料。化妆品中所用的粉体主要有滑石粉、高岭土、钛白粉和氧化粉等。

3）胶质

胶质类原料主要是水溶性的高分子化合物。它们遇水会膨胀形成凝胶，在化妆品中用作胶合剂、增稠剂、悬浮剂和助乳化剂。胶质分为有机胶质和无机胶质两种。

（1）有机胶质。有机胶质主要有淀粉、树胶、果胶和菜胶等。

（2）无机胶质。无机胶质主要有膨润土和氧化硅等。

4）溶剂

溶剂是雪花膏、花露水、香水、洗发水和指甲油等膏状、液状和浆状化妆品的重要成分。

2. 辅助原料

化妆品的辅助原料主要有载体和香料。

1）载体

载体是一些有机化合物，主要作用是加强化妆品对人体皮肤的渗透性，能够延长化妆品中有效物质的活性时间。

2）香料

香料是能散发出令人愉快香气的物质，可分为天然香料、单离香料与合成香料。各种香料经过调配混合而成香精，化妆品的香气就是生产时加入一定量的香精所产生的。

（1）天然香料是指从花、果、叶、枝、根、皮、树胶和树脂等植物的组织和分泌物中提取的香料，又称精油。

（2）单离香料是指用物理和化学方法从天然香料中分离出的单体化合物。

（3）合成香料是指用化学方法将多种化学原料人工合成结构明确的单体香料。目前，合成香料有 4 000 多种，其中常用的有 700 多种。

4.4.3　化妆品的主要品种

1. 膏霜类化妆品

膏霜类化妆品是一种常见的护肤品，主要作用是保护皮肤健康，提升容貌美观程度等。按其乳化性质可分为油包水型和水包油型两种。按其形状也可分为两种：一种是呈半固体状态不能流动的固态膏霜，如雪花膏、润肤霜、冷霜等；另一种是呈液体状态能流动的液态膏霜。膏霜类化妆品的主要品种如下：

①雪花膏。它是一种水包油型乳剂，色洁白似雪花，故而得名。它没有油腻性，滋润而不黏滞，肤感舒适、滑爽。其中所含的水分蒸发后在皮肤表面留下一层薄膜，这可以阻断表皮与外界的接触，防止有害物质的侵袭。涂雪花膏后，皮肤白皙，耐寒留香，能保持一定的湿润度而不致粗糙开裂。另外，在雪花膏中还可添加一些营养物质和有治疗作用的药物，如银耳、珍珠粉水解液、蜂王浆、人参、花粉、牛奶等。这些添加物中的一些低分子量活性物质易随乳剂一起被皮肤吸收，可以使皮肤滑润，促进微血管扩张，增强细胞活力，延缓衰老。

②润肤霜。它和雪花膏相比，水分含量低些而油分含量高些，用后相当于在皮肤上涂了一层薄膜，因此能够提高皮肤对风寒的抵抗力，保护和修饰皮肤，使之细嫩。在睡前涂抹后，辅以面部按摩可加速血液循环而使面部红润。润肤霜中的低分子量和低黏度原料渗入皮肤后，使细胞获得营养而增强活力。年长者皮肤内胆固醇和氨基酸含量降低，用之更有益。还可添加某种药物成为疗效润肤霜，如治疗褐斑的黄芪霜、玉容霜。

③冷霜。它是油包水乳剂，护肤脂、香脂等都属此类，其油性比雪花膏、润肤霜都大，能护肤、润皮，防干防裂。其含较多油脂，搽用后水分渐挥发，遗留油脂薄膜，使皮面不能直接接触外界冷空气，因此可保持皮肤水分，防干裂，滋润皮肤。冷霜分离出来的水分蒸发时散发出的热量可以使皮肤有清凉感。

④乳液（蜜类）。主要有清洁蜜、润肤蜜、杏仁蜜、柠檬蜜等。此类制品质地细腻，且四季可用。

2. 防晒化妆品

防晒化妆品就是在产品中加入能够吸收或散射紫外线的物质，以达到保护皮肤的目的。防晒化妆品的主要品种有防晒营养霜、防晒膏和防晒液等，其中防晒营养霜是一种既能保护皮肤和防御日晒，又能营养皮肤的保护膏霜。

3. 香水类化妆品

香水类化妆品具有芬芳浓郁的香气，其基本成分是酒精和香精，是香精的酒精溶液。香水类化妆品可以因酒精和香料的浓度不同而分成几个等级。一般来说，香水可分为香精、淡香水、古龙水、清淡香水五个等级。不同等级香水的持久性不同。目前，市场上销售的香水以淡香水和古龙水为主。

4. 洗发水

洗发水以表面活性剂为主体复配而成，除清洁人的头皮和头发外，还具有另一些功效，如洗后使头发通顺，易于梳理（干梳和湿梳），促进头发的新陈代谢，清除头屑，抑制皮脂的过度分泌等。

洗发水根据物态可分为膏状、液状、粉状和冻胶状等；根据外观可分为透明型和乳浊型；根据功效可分为普通洗发水、药用洗发水（如去头屑洗发水）、调理洗发水、专用洗发水（如婴儿洗发水）等；根据洗发水的标准可分为优级品、一级品和合格品。

人的头发有油性、干性和中性之分。一般供油性头发使用的洗发水，其表面活性剂含量较高，脱脂能力较强。供干性头发使用的洗发水，其表面活性剂含量相对较低，或通过增减调理剂来加以调节，以达到合适的洗涤效果。中性头发对于洗发水没有太多要求，故不用特意挑选。

透明液体洗发水是最大众化的一个洗发水品种。它去污力适中，泡沫丰富，使用方便，透明澄清。

婴儿的皮肤比较娇嫩、敏感，因此婴儿洗发水使用的原料刺激性要低，这样即使洗发时流入眼睛，刺激性也很小。

4.4.4 化妆品的质量要求

化妆品最基本的质量要求就是不能妨碍人体皮肤的分泌、排泄及呼吸等生理作用，保持皮肤原有的 pH 值，并尽可能避免由于过度干燥或油腻而对皮肤造成伤害。化妆品的质量要求主要有以下几个方面：

1. 包装和标签要求

化妆品的包装材料应无毒、清洁，包装应整洁美观、封口严密不渗漏。直接印在化妆品容器上或用标签粘贴在容器上的产品说明以及文字、图表和绘图等形式的其他相关说明都必须符合规定。化妆品标签除标有产品名称外，还应注明厂名、厂址、生产企业卫生许可证编号，在小包装或说明书上应该注明生产日期和有效期限。特殊用途的化妆品，还应注明批准文号。另外，对含药物的化妆品或可能引起不良反应的化妆品还应注明使用方法和注意事项等。

2. 感官质量要求

化妆品感官质量要求主要表现为色泽、气味、形状等方面的要求。由于化妆品种类繁多，因此感官质量要求也有区别。一般来讲，色泽上要求无色固状、粉状、膏状及乳状化妆品应洁白有光泽，液状应清澈透明，有色化妆品应色泽均匀一致、无杂色；气味上要求化妆品必须具有香气，而且必须持久、无强烈刺激性；形状上要求固状化妆品应软硬适宜，粉状化妆品应粉质细腻，膏状化妆品应稠度适当、质地细腻，液状化妆品应清澈均匀、无颗粒等。

3. 卫生安全性要求

化妆品应没有异味，对皮肤和黏膜没有刺激和损伤，无感染性，使用安全。

另外，特殊用途的化妆品质量要求既要符合化妆品的要求，又要符合药品的规定。进口化妆品必须经国家商检部门检验后方可进口。

4.4.5 化妆品的选用及保管

1. 化妆品的选用

（1）应根据年龄、皮肤和发质选用相应的化妆品。少年儿童的皮肤娇嫩，应选用无刺激性、少油的营养性雪花膏与蜜类护肤品或儿童专用化妆品；青年女性的皮肤细嫩，可选用蜜类和霜类化妆品；中老年人皮肤干燥，可选用脂类化妆品，使皮肤滋润，并有抗寒、防裂作用。皮肤的性质可分为干性、油性、中性。干性皮肤的人适合用雪花膏、乳液、珍珠霜等，不可使用粉状化妆品；油性皮肤的人可使用粉状化妆品或水状化妆品，不可用冷霜等油状化妆品，否则会使皮肤的新陈代谢受阻，引起粉刺等；中性皮肤的人由于皮肤状态较好，可任意使用各种类型的化妆品。另外，头发用化妆品还应根据发质来确定。

（2）应根据不同季节、时间选用相应的化妆品。春季和夏季温度高，皮脂腺分泌较旺盛，毛孔张开，容易吸收，为了防止吸收过量，选用的产品不宜太过油腻，油脂及油溶性成分较少，以防止太油腻而生出粉刺等，可选用水包油型化妆品。冬季温度低，毛孔紧闭，皮脂分泌较少，应选用油脂较多的产品，以帮助营养的吸收，选用油包水型化妆品。春季和秋季风沙较大，可选用乳液类的油性护肤品。

（3）选购化妆品时应看其标志，产品的外包装上应注明产品名称、厂名、厂址、生产日期、保质期、产品执行标准号、生产许可证号及卫生许可证号。进口化妆品和特殊用途化妆品应慎用。另外，还应仔细阅读产品的使用说明和注意事项。

（4）新品牌化妆品在使用前应先试用。可用少许化妆品涂在耳根等部位48小时，或者是在手腕内侧皮肤上连续试用3天，如皮肤感到不适，则不宜使用该品牌化妆品。

（5）在使用化妆品时应注意卫生，防止在使用过程中发生二次污染。

2. 化妆品的保管

（1）防晒。强烈的紫外线有一定穿透力，容易使油脂和香料产生氧化现象，因此，化妆品应避光保管。

（2）防潮。潮湿的环境易于微生物的繁殖，使化妆品发生变质，因此化妆品应放在通风干燥处保管，相对湿度不超过80%为宜。

（3）防冻。化妆品适宜的储存温度是5～30℃，如果温度过低，化妆品中的水分结冰，使乳化体遭到破坏，从而失去功能，还会对皮肤产生刺激。

（4）合理摆放。化妆品应放在干净的地方，搬运时轻拿轻放，不宜堆码过高，也不能挤压。

（5）化妆品的储存期限一般不宜超过2年。

案例分析

膏霜类化妆品的质量问题

膏霜类化妆品可用来保护和滋润皮肤，减少皮肤中水分的流失，并可为皮肤补充水分和各种营养成分，长期使用可使皮肤柔软、细腻、光滑、有弹性。随着人们生活水平的提高，化妆品越来越受到广大消费者的青睐，市场上的产品琳琅满目。我国生产膏霜类化妆品的企业众多，主要集中在广东省、浙江省、江苏省和上海市等地。

为了保护消费者的权益，扶优治劣，净化市场，引导消费，2014年，国家质量监督检验检疫总局对膏霜类化妆品产品质量进行了抽查，共抽查了北京、上海、广东、浙江、江苏5个省、直辖市共48家企业生产的48种产品，其中46种合格，产品抽样合格率为95.8%。

本次抽查结果表明：国家的连续监督抽查促进了企业质量意识的提高，加强了企业对质量的管理，尤其是大中型企业产品的质量稳步提高，但是也发现了一些质量问题，具体如下：

一是个别产品的细菌总数指标严重超标。强制性国家标准对细菌总数等卫生指标有严格限制。膏霜类化妆品是涂抹于人的皮肤并保持其美观作用的日常生活用品，直接关系到消费者的健康，对于细菌总数超标的化妆品，消费者使用后容易引起皮肤感染。

二是个别产品的包装标签不符合国家标准的要求。例如包装上只有生产企业名称，未标注生产企业地址。国家标准明确规定化妆品销售包装必须标注的内容包括产品名称、制造者的名称和地址、内装物量、日期标注、生产企业的生产许可证号、卫生许可证号和产品标准号，特殊用途化妆品还必须标注特殊用途化妆品卫生批准文号等。

【案例问题】

1. 结合教材内容，简述化妆品的分类、性质以及保存方法。
2. 化妆品会存在什么质量问题？针对以上质量问题，应如何选用化妆品？

任务4.5　服装

案例引入

中国对美国的服装出口大国地位将被赶超

【中国棉花网专讯】2017年，中国对美国的服装出口单价下跌，出口份额保持不变，孟加拉国和柬埔寨对美国的服装出口单价均有所下降，越南对美国的服装出口势头正猛，即将赶超中国。

据统计，2016年中国对美国的服装出口总额进一步下降，平均出口单价同比下跌了4.9%，孟加拉国同比下跌了4.1%。中国服装出口单价下调的主要原因是受生产效率提高，而美国对低档产品的需求增加所致，而孟加拉国服装出口单价下调的主要原因是其货币对美元贬值。2016年，柬埔寨对美国的服装出口单价同比下跌了2.7%，其中女士纯棉针织衫的出口单价则同比大幅下跌12.3%。

在男士男童棉长裤一项中，中国单价下跌7.7%，印度尼西亚单价下跌7.3%，孟加拉国下降6.6%。

整体来看，中国服装的出口单价比平均水平低20%左右，而印度尼西亚服装的出口单价则比平均水平高出了26%，斯里兰卡高出了43%，墨西哥高出了44%。

虽然中国服装在美国市场所占份额依然巨大，但越南主要服装类别占美国的服装市场份额也在急速上升，特别是化纤类服装。据统计，2017年越南化纤服装在美国占有的市场份额上升至16.6%，中国为38.4%。在男士化纤衬衫一项中，越南在美国占有的市场份额达到14.1%，超过了中国的13.3%。

4.5.1　服装的功能及分类

1. 服装的功能

服装是指包裹人体各部位的物体的总称，既包括各种装饰品，又包括人体的着装状态。人们的生活离不开服装，服装的最基本功能为实用功能。随着文明的不断进步，服装概念内涵的不断丰富，服装的社会、文化生活的功能也得到丰富和强化。服装不仅可以帮助人们表现身份、地位、工作性质以及文化修养、审美观念和兴趣爱好等，还具有实用功能、美化功能、标志功能等。

1）实用功能

服装的实用功能主要体现在防暑隔热、防寒保暖、适应气候变化、适应人体活动和耐用方面等方面。服装能帮助人体保持正常生理状态，起到保护人体的安全、不受或少受外界伤害的作用。同时，服装在穿着时要能满足人们活动的要求，也要能经受外来物理、化学和微生物等的作用，满足耐用方面的功能。

2）美化功能

服装可帮助人们表达民族传统、文化修养、审美观念，还可以帮助人们展现个人爱好、性格等。服装之美要通过材料、款式及色彩等材质展现，但完整的服装之美应是服装材质美和着装者状态美的一种完美结合。

3）标志功能

服装的标志功能是指通过服装的外观形态来区分着装者的身份、地位、工作性质等。近年来，职业装的发展很快，融合标志性、功能性、时尚性、实用性于一体，具有行业特点和职业特性，能体现团队精神和服饰文化，充分体现了服装的标志功能。

2. 服装的分类

服装的种类很多，由于服装的基本形态、品种、用途、制作方法、原材料的不同，各类服装亦表现出不同的风格与特色，变化万千，十分丰富。由于分类方法不同，人们平时对服装的称谓也不同。目前，大致有以下几种分类方法：

1）按照服装的基本形态分类

按照服装的基本形态进行分类，可分为体形型、样式型和混合型三种。

（1）体形型。体形型服装是符合人体形状及结构的服装，起源于寒带地区，这类服装的一般穿着形式分为上装与下装两部分。注重服装的轮廓造型和主体效果，如西服类多为体形型。

（2）样式型。样式型服装是以宽松、舒展的形式将衣料覆盖在人体上，是起源于热带地区的一种服装样式，这种服装不拘泥于人体的形态，较为自由随意，裁剪与缝制工艺以简单的平面效果为主。

（3）混合型。混合型服装是寒带体形型和热带样式型混合的形式，兼有二者的特点，剪裁采用简单的平面结构，以人体为中心，基本的形态为长方形。

2）根据服装的穿着组合分类

（1）整件装。上、下两部分相连的服装，如连衣裙等，由于上装与下装相连，服装的整体形态感较强。

（2）套装。上衣与下装分开的衣着形式，分为两件套、三件套、四件套。

（3）外套。穿在衣服最外层，分为大衣、风衣、雨衣、披风等。

（4）背心。穿至上半身的无袖服装，通常短至腰、臀之间，为略贴身的造型。

（5）裙。遮盖下半身用的服装，有一步裙、A字裙、圆台裙等，种类较多。

（6）裤。从腰部向下至臀部后分为裤腿的衣着形式，穿着时行动方便，分为长裤、短裤、中裤等。

3）按照服装的穿着位置和用途分类

按照穿着位置，服装分为内衣和外衣两大类。内衣紧贴人体，起护体、保暖、整形的作用；外衣则由于穿着场所不同，用途各异，品种类别很多。

按照用途，服装又可分为社交服、职业服、运动服、生活服等。

①社交服。社交服就是人们在舞会、宴会等场合所穿服装的总称，又可称"派对服"。社交服分下午装、傍晚鸡尾酒派对和晚餐正装或晚礼服。社交服随着时间、场合的变化而变化。

②职业服。职业是各行各业工作者为适应工作需要而穿着的服装，一般分为职业时装、职业制服、职业工装、职业防护服四大类。

③运动服。运动服包括职业运动服和休闲运动服。职业运动服是指运动员在训练和比赛时穿着的服装。休闲运动服是指大众化、多样化的运动服装，适合大众运动时穿着。

④生活服。生活服一般分为外出服和家居服。外出服是指在闲暇户外活动时穿着的各式服装，在穿着时能自由搭配，可以体现穿着者的个人修养及品位。家居服是指在家庭环境中穿着的服装。其特点是舒适、方便、随意和温馨。

4）按照服装的面料与工艺制作分类

根据服装的面料与工艺制作分类，服装一般可分为中式服装、西式服装、刺绣服装、呢绒服装、丝绸服装、棉布服装、毛皮服装、针织服装、羽绒服装等。

5）其他分类方式

除上述分类方式外，还有些服装是按性别、年龄、季节、特殊功能等分类的。

按性别分类，有男装、女装；按年龄分类，有婴儿服、儿童服、成人服；按季节分类，有春秋装、夏装和冬装等；按特殊功能分类，有耐热的消防服、高温作业服，不透水的潜水服，高空穿着的飞行服、宇航服，高山穿着的登山服等。另外，按服装的厚薄和衬垫材料不同来分类，有单衣类、夹衣类、棉衣类、羽绒服、丝棉服等。

拓展阅读

中国主要针织服装生产基地见表4.3。

表4.3　中国主要针织服装生产基地

序号	位置	简介
1	石狮	以生产运动服装、童装、西裤而闻名
2	无锡	有梭织服装企业 1 051 家，针织服装企业 629 家
3	惠州	中国男装生产基地，截至 2003 年年底，该市共有 3 000 余家服装企业，其中较大规模的服装企业有 1 000 多家
4	常州	有服装企业 800 多家
5	广州、温州、莆田	中国鞋业集群
6	海宁	中国皮衣集群
7	高邮、常熟	中国羽绒服集群
8	增城新塘、中山大涌、顺德均安、开平、常州、淄博	中国牛仔服集群
9	北京、福建石狮、上海、广州；环市、织里、凤里、石狮	中国童装集群
10	潮汕、盐步、常州	中国内衣集群
11	泉州、石狮	中国休闲装集群
12	泉州、广州、郑州、石狮	中国裤业集群

4.5.2　服装材料

服装材料是服装的三大要素之一,可分为服装面料和服装辅料两大类,服装面料是体现服装立体特征的材料,服装辅料则是指服装面料以外的一切辅助性材料。服装材料的种类繁多,主要有纤维制品、皮革制品和杂制品等。

1. 服装面料

1)服装面料的分类

(1)按加工方法分类,服装面料可分为机织物、针织物、皮革及毛皮材料。

机织物也称为梭织物,是采用经纱、纬纱相交织而成的织物。按组织不同,机织物可以分为平纹组织物、斜纹组织物和缎纹组织物等。针织物是由纱线成圈相互串编结而成的织物,按生产方法不同分为经编和纬编两大类。皮革及毛皮材料是指取自动物毛皮(如小牛皮、羊皮、貂皮等)的服装面料。

(2)按原料品种分类,服装面料可分为天然纤维织物和化学纤维织物。

天然纤维织物主要有以植物种子为原料的棉织物、以植物韧皮纤维为原料的麻织物、以动物毛发为原料的毛织物、以动物腺分泌液为原料的丝织物。

化学纤维织物主要有人造纤维织物,如黏胶、富纤等;合成纤维织物,如涤纶、锦纶等。

2)服装面料的主要种类及特点

(1)棉织物。

棉织物是指各类棉纺织品的总称,优点是轻松保暖、柔和贴身,吸湿性、透气性、卫生性较好;缺点则是易缩、易皱,外观上不挺括美观,在穿着时必须提前熨烫。棉布的主要种类有原色棉布、色织棉布、花布、色布四大类。

①原色棉布主要包括普通布面、细布、粗布、帆布、斜纹坯布、原色布等。

②色织棉布是指把纱或线先经过染色,后在机器上织成的布,如条格布、被单布、绒布、线呢、装饰布等。

③花布是指印染上各种各样颜色和图案的布,如平纹印花布、印花斜纹布、印花哔叽、印花直贡等。

色布主要有硫化蓝布、硫化墨布、士林蓝布、士林灰布、各色府绸、各色咔叽、各色华呢等。

(2)麻织物。

麻织物是以大麻、亚麻、苎麻、黄麻、剑麻、蕉麻等各种麻类植物纤维制成的一种布料。它的优点是强度极高、吸湿、导热、透气性甚佳。它的缺点则是穿着不甚舒适,外观较为粗糙,生硬。麻织物主要种类有苎麻布、亚麻布、毛麻花呢、涤麻花呢等。

(3)丝织物。

丝织物又称为丝绸,是以蚕丝为原料纺织而成的各种丝织物的统称,被用来制成各种服装,尤其适合制作女士服装。它的优点是轻薄、合身、柔软、滑爽、透气、色彩绚丽,富有光泽,高贵典雅,穿着舒适。它的缺点则是易生褶皱,容易吸在身上,不够结实、褪色较快。绚丽多姿的中国丝绸,历史悠久,享誉世界。丝织物由于组织结构的变化、提花和素织的交替,故其品种异常繁多,主要分为以下几类:

①按原料不同，丝织物可分为全真丝织物、人丝织物、作蚕丝织物、合纤长丝织物及其交织物等。

②按组织规格不同，丝织物可分为绫、罗、绸、缎、绡、纱等。

（4）毛织物。

毛织物又称为呢绒或毛料，它是对用各类羊毛、羊绒织成的织物的泛称。它通常适用于制作礼服、西装、大衣等正规、高档的服装。毛织物外观光泽自然，颜色莹润，手感舒适，品种风格多。用毛织物制作的衣服挺括，防皱耐磨，手感柔软，高雅挺括，富有弹性，保暖性及吸湿性强。其缺点主要是洗涤较为困难，不适用于制作夏装。毛织物可分为精纺呢绒、粗纺呢绒和长毛绒三类。

（5）皮革。

它是经过鞣制而成的动物毛皮面料，多用来制作冬装。皮革可以分为革皮和裘皮两类。革皮是经过去毛处理的皮革，裘皮是处理过的连皮带毛的皮革。

皮革的优点是轻盈保暖，雍容华贵，其缺点则是价格高昂，在储藏、护理方面的要求较高，用作皮革服装的皮革主要有绵羊皮、山羊皮、牛皮、猪皮等。

（6）化学纤维织物。

化学纤维是利用天然的高分子物质或合成的高分子物质，经化学工艺加工而取得的纺织纤维的总称，按原料和生产的方法分为人工纤维与合成纤维两大类。其优点是色彩鲜艳、质地柔软、悬垂挺括、滑爽舒适，缺点则是耐磨性、耐热性、吸湿性、透气性较差，遇热容易变形，容易产生静电。

①人造纤维是利用含有纤维素或蛋白质的天然高分子物质（如木材、芦苇、大豆、乳酪等）为原料，经化学和机械加工而成的，如人造棉、人造丝、人造毛等都属于人造纤维。

②合成纤维也是化学纤维中的一大类，它采用石油化工工业和炼焦工业中的副产品制作，如涤纶、锦纶、腈纶、维纶、丙纶、氯纶等都属于合成纤维。

（7）混纺织物。

混纺织物是将天然纤维与化学纤维按照一定的比例混合纺织而成的织物，可用来制作各种服装。它的优点是既吸收了棉、麻、丝、毛和化纤各自的优点，又尽可能地避免了它们各自的缺点，而且在价值上相对较为低廉，所以大受欢迎，如涤棉布、涤毛华达呢等。

2. 服装辅料

服装辅料主要包括填料、里料、衬料、纽扣、拉链、线、花边，以及商标、标签等。服装辅料对服装起着辅助和衬托的作用，与面料一起构成服装，并共同实现服装的功能。

4.5.3　服装的质量标志

1. 商标

服装的商标就是服装的品牌。它是服装生产企业的标记。其形式有文字商标、图形商标，以及文字和图形相结合的组合商标。

2. 吊牌

吊牌是对服装进一步说明的标志。服装吊牌的国家标准规定如下：

（1）吊牌上必须有制造者的名称、地址，进口产品必须标明原产地，以及代理商、进口商的中国注册名称和地址。

（2）吊牌上必须有产品名称，名称真实，符合国家标准。

（3）产品的型号和规格，以及标志必须符合国家标准。

（4）产品所采用的原材料的成分和含量。

（5）产品的洗涤方法，有符号和简单明了的文字说明。

（6）产品的使用期限，以及使用和储藏的注意事项。

（7）产品所执行的国家标准编号。

（8）产品的质量等级和产品质量检查合格证。

3. 使用说明标志

使用说明标志一般应包括品名、厂名、厂址、号型、面、里、衬、填充料成分及含量百分比、洗涤方法（保管说明）、产品采用的标准编号、质量等级、合格证等内容。其中型号标志、成分及含量标志、洗涤方法标志应缝合在产品上，使用说明标志能指导消费者根据服装原料采用正确的方法洗涤、熨烫、干燥和保管。

4. 质量认证标志

质量认证标志是推荐性质量标志。服装的主要质量认证标志有纯羊毛标志、麻纺标志和高档丝绸认证标志等。

※拓展阅读※
4.4　服装的主要
质量认证标志

4.5.4　服装质量检验

服装质量检验主要包括外观质量检验、规格尺寸检验、色差检验、疵点检验、缝制质量检验和理化性能检验几个方面，此处不展开介绍。

案例分析

中国服装主要对哪些国家出口

按照中欧和中美达成的纺织品协议，从 2006 年起，欧美对我国部分纺织服装产品实施严格的配额限制，而一度高企的配额价格直接增加了国内企业的出口成本，我国纺织服装产品长期依赖的价格优势被明显削弱。受其影响，一些欧美国家的订单开始逐渐向孟加拉国、越南、印度、柬埔寨、泰国和巴基斯坦等我国周边既无配额限制又同样具有劳动力优势的发展中国家（以下简称"周边 6 国"）转移。但由于上述国家在纺织面料领域的生产水平和能力相对有限，接到欧美国家订单的加工企业纷纷将我国作为生产原料的集中采购地，由此拉动了我国纺织面料对这些国家出口增长。

以上海口岸为例，2006 年上半年向周边 6 国出口纺织面料主要呈现以下特点：

一、一般贸易占据绝对主导地位

2006 年上半年，上海口岸以一般贸易方式对周边 6 国出口纺织面料 7.3 亿米，价值 9.1 亿美元，分别增长 24% 和 23.2%，分别占同期口岸对 6 国纺织面料出口总量值的 97% 和 96%。

二、除印度外，对其余 5 国出口增幅均显著提升

在周边 6 国中，除印度外，其余 5 国的纺织工业均刚刚起步，对原料自给自足的能力相对较

差。因此，2006 年上半年，上海口岸对这 5 国纺织面料的出口增幅均显著提升。其中，对孟加拉国出口 3.3 亿 m，增长 26.6%，增幅提高 14.7%；对越南出口 1.7 亿 m，增长 46.4%，增幅提高 11.9%。

【案例问题】

1. 结合教材内容，简述服装类货物的类别、标志和质量检验方式。

2. 查询相关资料，了解中国服装的出口情况。

模块考核

一、名词解释

服装辅料　皮革　化妆品　热固性塑料　天然化妆品

二、填空题

1. 香水具有芬芳浓郁的香气，其基本成分是 ＿＿＿＿＿ 和 ＿＿＿＿＿。

2. 服装的实用功能主要体现在 ＿＿＿＿、＿＿＿＿、适应气候变化、适应人体活动和耐用方面等基本功能。

3. 常见的热塑性塑料有聚乙烯、＿＿＿＿、聚氯乙烯、＿＿＿＿、有机玻璃、硝酸纤维素等。

4. 玻璃的种类很多，由于所用原料不同，制造出来的玻璃成分、性质、用途也不同，大体上可分为 ＿＿＿＿、钾玻璃（硬玻璃）、＿＿＿＿、硼硅玻璃、＿＿＿＿、铝硅玻璃、＿＿＿＿。

5. 化妆品的保管应当注意 ＿＿＿＿、＿＿＿＿、防冻、储存期限一般不宜超过 ＿＿＿＿，要先进先出。

三、单项选择题

1. 玻璃容器的忌装货物是（　　）。

　　A. 纯碱　　　　　　　B. 纸浆　　　　　　　C. 食盐　　　　　　　D. 水泥

2. 以下不属于牙膏理化指标的是（　　）。

　　A. 稠度　　　　　　　　　　　　　　B. 香味应"香、甜、清、爽"

　　C. 挤膏压　　　　　　　　　　　　　D. 泡沫量

3. 以下属于医药玻璃制品的是（　　）。

　　A. 有电灯泡　　　B. 安瓿瓶　　　　　C. 反光镜　　　　　　D. 霓虹灯管

4. 下列不属于塑料袋有无毒性简便鉴别方法的是（　　）。

　　A. 水中检测法　　　B. 鼻闻检测法　　　C. 抖动检测法　　　D. 火烧检测法

5. 以下不是依据服装基本形态与造型结构进行分类的是（　　）。

　　A. 体形型　　　　　B. 样式型　　　　　　C. 整件型　　　　　　D. 混合型

四、多项选择题

1. 化妆品的作用主要有（　　）。

　　A. 清洁　　　　　B. 保护　　　　　　C. 营养　　　　　　D. 美化

　　E. 防治

2. 少年儿童的皮肤娇嫩，应根据年龄和皮肤和选用（　　）的化妆品。

　　A. 蜜类及粉质霜类护肤品

　　B. 脂类化妆品，使皮肤滋润，并有抗寒、防裂作用

  C. 无刺激性、少油的营养性雪花膏与蜜类护肤品

  D. 冷霜等油状化妆品

3. 化妆品感官质量要求主要表现为（ ）等方面的要求。

  A. 色泽   B. 软硬度   C. 气味   D. 形状

4. 聚氯乙烯塑料色泽鲜艳、不易破裂、结构较紧密，相对密度高达 1.3 左右，耐腐蚀、耐老化、电绝缘性和气密性较好，机械强度高，硬度和刚性都比聚乙烯大，有较好的阻燃性。以下材料中不属于聚氯乙烯塑料的有（ ）

  A. 聚丙烯塑料 B. 聚苯乙烯塑料 C. 有机玻璃   D. 聚苯乙烯塑料

5. 按使用目的，化妆品分为（ ）。

  A. 清洁用化妆品 B. 基础化妆品   C. 美容化妆品   D. 护发和美发用化妆品

五、判断题

1. 有机玻璃是目前塑料中最轻的一种，外观呈乳白色半透明状，相对密度为 0.9～0.91，无毒、无味、有较好的强度、硬度、弹性、耐冲击、耐磨、耐腐蚀、耐热，绝缘性和气密性好，有较好的耐弯曲性能。   （ ）

2. 建筑和日常生活中使用得最为广泛的是钾玻璃（硬玻璃）。   （ ）

3. 玻璃不得与容易散湿返潮的货物（肥皂、果菜、食糖等）配装在一起，也不得与酸、碱、盐类（纯碱、水泥、化肥等化学物品）及油类配装在一起，玻璃纤维制品不得与食品类混装。

                            （ ）

4. 药皂也称为抗菌皂或去臭皂。由于其在制作过程中加入了一定量的杀菌剂，因此有消毒、杀菌、防止体臭等作用，常用来洗手、洗澡等。   （ ）

5. 洗衣粉主要用于清除衣物上的污垢，它由表面活性剂、离子交换剂、抗再沉积剂、荧光增白剂、碱性助剂、填充剂等组成，有的产品还加入了漂白剂、酶和香精、色素等。洗衣粉根据其浓度可分为普通型和浓缩型。   （ ）

六、简答题

1. 简述塑料制品的主要品种及性能特点。

2. 简述日用玻璃器皿的种类及特点。

3. 简述洗衣粉的主要品种及质量要求。

4. 简述牙膏的质量要求及选择方法。

模块 5

大宗工业品

内容导读

大宗工业品（如金属及制品、水泥、化肥等）既是国家工业化发展的基础产品，也体现了制造强国的水平。因此，我们需要了解和掌握金属及制品、水泥、化肥等大宗工业品的类别、特性，以及生产制造情况。

学习目标

[知识目标]

◎了解金属及其制品的类别和特性。

◎了解水泥的类别特性。

◎了解化肥的类别特性。

[能力目标]

◎学会分辨金属及其制品的类别，了解金属及其制品在国民经济发展中的重要性，掌握该类货物在储存运输过程中的注意事项。

◎学会分辨水泥的各种类别，了解水泥在住建行业中的重要性，掌握该类货物在储存运输过程中的注意事项。

◎学会分辨化肥的各种类别，了解化肥在农业生产中的重要性，掌握该类货物在储存运输过程中的注意事项。

[思政目标]

◎通过对金属及其制品内容的学习，了解中国钢铁业的发展就是工业化进程的基础。

◎深刻理解中国"基建狂魔"称谓的含义，为伟大祖国日新月异的变化喝彩。

◎清醒地知晓在这些重要的基础产业背后，还有很大的发展空间。

任务 5.1　金属及其制品

有色金属冶炼对环境的严重影响

有色金属冶炼是指通过熔炼、精炼、电解或其他方法从有色金属矿、废杂金属料等有色金属原料中提炼常用金属。有色金属冶炼对环境的严重影响主要是工业上说的废水、废气、废渣。

1. 废水

冶炼过程中排出的废水一般含有重金属，如铜、锌、铅、镉、钴等，特别是镉、铅、钴等毒性大的金属，会对土壤、江河等造成污染。

2. 废气

冶炼过程排放的废气中含有二氧化硫等有害气体。含二氧化硫的气体会把雨水变成酸雨，而酸雨对土壤、植物、江河等有很大的危害。

3. 废渣

冶炼过程产生的废渣量大，其中的铅、镉、钴等有害金属化合物堆放时间长了或者露天堆放时遇到雨水将会使其酸化，导致污染土壤和水。

金属是制造现代生产工具和日用产品不可缺少的物质。在金属中，应用最广泛的是钢铁。它是制造工业机器、农业机械、交通运输工具和国防武器的主要原料，也是建筑工业的重要原料。

5.1.1　金属及其制品的基本知识

1. 金属的种类

（1）按成分，金属可分为纯金属和合金两类。

纯金属是单纯由一种金属元素组成的物质；合金是以一种金属元素为主和另外一种（或几种）金属或非金属元素组成的物质。一般来说，合金比纯金属有较好和较多的机械性能，可以制造各种不同用途的制品。所以合金的用途非常广泛。

（2）按工业生产要求，金属可分为黑色金属和有色金属两类。

金属具有光泽，有良好的导电性、导热性与机械性能。人们通常根据金属的颜色和性质等特征，将金属分为黑色金属和有色金属。黑色金属主要指铁、锰、铬及其合金，如钢、生铁、铁合金、铸铁等。黑色金属以外的金属称为有色金属。

黑色金属只有三种——铁、锰与铬，而它们都不是黑色的，即纯铁是银白色的，锰是银白色的，铬是灰白色的。因为铁的表面常常生锈，盖着一层黑色的四氧化三铁与棕褐色的三氧化二铁的混合物，看上去就是黑色的，所以人们称之为"黑色金属"。人们常说的"黑色冶金工业"主要是指钢铁工业，因为最常见的合金钢是锰钢与铬钢，于是人们就把锰与铬也算成"黑色金属"了。

2. 金属制品的种类

金属制品的种类很多，使用量较大的有钢材、日用金属制品及铸铁制品。

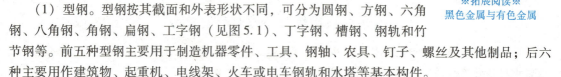

※拓展阅读※
黑色金属与有色金属

1）钢材

普通碳素钢材分为型钢、板形钢、钢管、钢丝四类。

（1）型钢。型钢按其截面和外表形状不同，可分为圆钢、方钢、六角钢、八角钢、角钢、扁钢、工字钢（见图5.1）、丁字钢、槽钢、钢轨和竹节钢等。前五种型钢主要用于制造机器零件、工具、钢轴、农具、钉子、螺丝及其他制品；后六种主要用作建筑物、起重机、电线架、火车或电车钢轨和水塔等基本构件。

（2）板形钢。板形钢按厚度分为厚钢板（厚度0.4 cm以上，图5.2）和薄钢板（厚度0.4 cm以下）。厚钢板可做制造船舶、车辆、农机等的材料。薄钢板又称为铁皮，其中普通碳素薄钢板、房盖钢板（黑铁皮）、镀锌钢板（白铁皮）和镀锡钢板的流通量较大。薄钢板主要用于制造门窗、箱框、交通工具的包皮等。

图5.1 工字钢

图5.2 厚钢板

（3）钢管。钢管按制造方法分为无缝钢管（图5.3）和有缝钢管。无缝钢管由各种优质的圆钢制成，外表完整无缝，可用于制造石油和天然气输送管、火管、沸水管等；有缝钢管分为黑铁管和白铁管，白铁管是黑铁管经过外表面镀锌而成的，主要用于水管、油管、气管，也可做自行车架、小车架、栏杆和立柱等。

（4）钢丝。钢丝包括压延的线材和用线材拉制的各种钢丝，分为镀锌与不镀锌两种。钢丝既可用来制造弹簧（图5.4）、钢丝绳、钢丝网、钉子和焊条等，也可用作建筑材料。

图5.3 无缝钢管

图5.4 弹簧

2）日用金属制品

日用金属制品的范围很广，按用途分为建筑用小型金属制品、日用刀具和手工具、日用金属器皿等，前两类习惯称日用小五金制品。

（1）建筑用小五金制品：包括各类钉子、门窗附件（合页、插销、拉手、窗钩、锁类和碰珠等）等。

（2）日用刀具和日用手工具：日用刀包括刀子、叉子、剪子和绞肉器等；日用手工包括钳子、螺丝锥、手锯、手锤、斧子、刨刀、锉刀和钻孔器等。

（3）日用金属器皿：用生铁、钢、铝和铜等金属制成，如缝纫机、自行车、洗衣机、餐具、壶、桶、钢精锅等。其中铝、铁制品的数量较多。

3）铸铁制品

铸铁制品主要有铸铁管（如臭气管、雨水管等）、铸铁盖板等。

※拓展阅读※
钢材牌号

3. 钢材长度尺寸

钢材长度尺寸是各种钢材的最基本尺寸，是指钢材的长、宽、高、直径、半径、内径、外径以及壁厚等长度。钢材长度的法定计量单位是 m、cm、mm。

5.1.2 金属及其制品的性质

1. 相对密度大、积载因数小

金属一般属于重货，相对密度大、积载因数小。有些金属制品，如钢轨、钢管等尺寸较长大；有些单件较重，属于长大重件货。它适宜与轻货搭配，装载于底舱、两层舱底部或舱面上。

2. 锈蚀性

微课资源：
5.1 钢铁的锈蚀

金属与空气、水、酸、碱和盐等接触后，会或快或慢地发生腐蚀而出现锈蚀现象，使金属质量受损，甚至变为废品。钢、铝、锡、锌和铅相对来说不易生锈，因为它们氧化后的生成物较为致密，对金属起着保护作用，使金属受腐蚀的速度大为降低。另外，表面积大而质薄的铜制品和铝制品也常因受腐蚀而降低质量。

3. 易变形

质软、脆、薄的金属制品受外力作用后会引起变形，造成残损。

4. 其他特性

涂有防锈油的小五金制品受热后会发生渗油现象，易污染其他货物；铝粉、镁粉、锌粉等金属粉末易发生氧化，遇明火、高温、水和氧化剂易引起燃烧或爆炸，属危险货物；碳素钢在低温时会出现发脆现象；钢丝、圆钢等忌油污，硅铁忌潮湿等。

5.1.3 金属及其制品的运输包装

1. 金属的运输包装

金属大多铸成锭块进行运输，如生铁锭、铝锭、锡锭和锌锭等。

金属锭（图5.5）多为裸装或捆扎包装，特种生铁锭使用木箱或金属桶装运，高纯度的铝锭也装到箱内运输。金属有制成圆条状、板状或粉状运输的，如铜条（板）、铅条、锡条、锌板，及铝粉、锌粉、镁粉等。金属条（板）以捆束、捆扎包装，金属粉装入严密的金属桶内。金属锭上多用洗不掉的颜料或油漆做标志运输。

2. 金属制品的运输包装

型钢大多以裸装或简易捆束为单位运输；厚钢板不加包装，有的以卷筒状（称卷钢）运输；直径小的金属管不加包装，以捆束为单位，直径大的金属管裸装运输；钢丝通常是盘成圈状，俗称盘圆（图5.6），以扎为单位运输。

图5.5 金属锭

图5.6 盘圆

日用小五金制品通常先用油纸或纸盒隔开，再装入木箱运输；日用金属器皿外包装通常为纸箱或木箱；铸铁制品则需要捆上草绳运输。

5.1.4 金属及其制品的运输和保管

1. 避免船舶重心过低引起急剧摇摆

金属及其制品大多数较重且又是长大件货物，应选择结构坚固和舱口尺寸大的船舶运输。金属的积载因数小，如只装金属及其制品易造成亏舱，倘若都装在底舱中，则会由于船舶重心过低而引起急剧摇摆。因此，金属及其制品在装载时应与轻泡货物（体积大而自重轻的货物）合理搭配，以求得到适当的稳性（船舶受外力后恢复平衡的能力）并充分利用舱容。

2. 避免船体变形与局部损伤

如果金属及其制品装舱重量分配不均匀，会影响船体结构强度。若船首尾舱装载过多，则会引起船体中拱，而中舱装载过多则会发生中垂变形，因此应按舱容比考虑分配各舱的装载重量。为使船纵向各部分的负荷均衡，应在中舱多装载一些货物，而在首尾舱少装一些货物，以使船舶重力和浮力相对平衡。

3. 加强防移措施

金属及其制品易滑动，如在航行中发生随船体摇动而移动会造成撞裂船体或使船舶倾覆的危险。因此，装载货物必须特别注意做好舱内和甲板上的防移措施。另外，装载的货物要堆码整齐，用衬垫物、木楔等垫牢卡稳，再在上面压装其他货物。当金属及其制品上不加装其他货物时，应用绳索绑扎牢固，必要时可放置止动板、隔壁、支柱等防移动装置。

4. 选用合适的装卸吊具

作业前应按金属货物形状、重量选好装卸吊具。机械卸货时，严禁超负荷作业。在对大型厚钢板和长尺寸的钢轨、管子等作业时，应稳起稳落，避免当金属及其制品脱落、折断、下滑时伤害人体或船体。装卸厚钢板时应选用链条并带有辅助爪的吊具。装卸卷钢可使用专用吊具，如用钢丝锁具穿入卷钢内孔吊装，钢丝绳易与卷钢的边角发生摩擦而有被切断的可能性，并会造成卷钢内侧损伤。

5. 防止金属及其制品混票

为防止金属及其制品混票，对于承运的成束、捆、卷、盘的金属制品，应用铁丝将模压标牌或铁标牌牢固系扎在金属货物上做标记。不能系挂小牌的金属锭块、轧坯，应在货件上用不同颜色的油漆画出线条或其他识别记号，以做发货标志，方便理货分票。不同品种生铁、钢材应分别堆放，防止混票。

6. 防止金属及其制品受腐蚀

金属及其制品应装载在干燥场所并加以衬垫，不应与湿货或散发湿气的货物混装混堆，严防受海水（雨、雪）或舱内"汗水"的浸湿而生锈。金属制品不能与酸、盐类等化学品和化肥混装混存，也不能与易挥发腐蚀性气体的货物同装一舱（库），堆放前需认真清除有腐蚀性的残留地脚。贵重和极怕潮湿的金属及其制品，如冷轧钢带、镀锌（锡）铁皮、进口优质金属材料和稀有金属等，应入库保管。

7. 防止金属及其制品受油类、硬质残屑等货物的损害

金属及其制品不宜与油类货物混装。例如，铝锭中若掺入生铁屑、锌碎块、铁矿石和煤等硬质残屑，会严重影响其质量。铝粉、镁粉等易燃金属粉末包装应严密，切忌水湿或与氧化剂、易燃品混装，还要隔离一切火源，以防发生燃爆事故。硅铁受潮后，会产生剧毒、易燃的磷化氢气体，要保持环境干燥、通风并注意防火，严防人员中毒，以及货物、自燃等事故的发生。

※拓展阅读※
5.1　中国钢铁连续26年稳居世界钢产量冠军

任务5.2　水泥

案例引入

控制水泥"疯长"不能一刀切

"控制水泥行业发展不能一刀切，传统落后工艺要严格控制，但新型干法水泥要大力鼓励发展。"这是来自正在参加"两会"的第十届全国人大代表、凤阳水泥总厂厂长高允连的呼声。

据高允连介绍，由于房屋、道路等基础设施的快速发展，水泥的市场价格上涨了60%，看到有利可图，企业对水泥生产线的投资急剧增长。但遗憾的是，由于新型干法水泥生产线投入大、技术要求高、投入周期长，所以很多民间资本都把目光投向了即将被淘汰的传统小水泥厂。为加强和改善宏观调控，避免资源浪费，国家要求制止水泥行业过度投资的现象。

对于国家提出的要求，高允连分析认为，限制水泥行业过快发展应该一分为二，对传统工艺要坚决控制其发展，因为用传统工艺生产水泥能耗高、污染大、产量低、成本高，而且水泥质量不过关，不能用在高速公路等重要工程建设上的。要鼓励新型干法水泥的发展，因为使用新型干法生产水泥的优点是污染少、耗能低、节约资源、质量好，用新工艺代替传统工艺已是大势所

趋。但目前，我国用新型干法生产的水泥只占水泥总产量的30%。因此，要想限制水泥行业过快发展，要先鼓励发展新工艺，再通过市场手段来抑制小水泥厂的发展，这样对国家控制水泥行业的总体膨胀有很大益处。

高允连举例，像凤阳水泥总厂这样的大型水泥厂，技术创新一直贯穿企业的发展，现已具有年设计生产水泥160万t的规模，拥有2条旋窑余热发电生产线和1条日产2000t的熟料窑外分解预热干法生产线，企业生产的高标号水泥，当时专供连霍高速（安徽段）、合徐高速，还远销上海、河南等地。凤阳水泥总厂下一步的目标就是进一步扩大生产规模、降低生产成本、降低产品价格。

高允连急切呼吁，国家应该提高水泥行业投资门槛，限制传统工艺再上马，大力提倡新型干法水泥大规模发展，不能"一刀切"。在总量上控制，在布局上调控，避免出现"一管就死，一放就乱"的现象。因为新工艺不发展，旧工艺就无法被淘汰，行业升级也就难以继续。

水泥是一种粉状水硬性无机胶凝材料，加水搅拌后成为浆体，能在空气或水中硬化，并能把砂、石等材料牢固地胶结在一起。由于水泥具有水硬性，而且具有强度高、耐久性好、使用方便等优点，因此它是现代建筑工程方面不可缺少的基本材料。

微课资源：
5.2 建筑中的水泥是怎样生产出来的？

5.2.1 水泥的种类

随着基本建设发展的需要，水泥的种类（表5.1）越来越多。按化学成分，水泥可分为硅酸盐水泥、铝酸盐水泥、硫铝酸盐水泥等，其中以硅酸盐水泥的应用最为广泛。

表5.1 水泥的种类

分类	细分	品种
硅酸盐水泥（第一系列水泥）	通用水泥	普通硅酸盐水泥、矿渣硅酸盐水泥、火山灰质硅酸盐水泥、粉煤灰硅酸盐水泥、复合硅酸盐水泥
	特种硅酸盐水泥	大坝水泥（中热硅酸盐水泥、低热矿渣硅酸盐水泥）、油井水泥、白色硅酸盐水泥、快硬硅酸盐水泥、膨胀硅酸盐水泥、自应力硅酸盐水泥、抗硫酸盐硅酸盐水泥、道路硅酸盐水泥、快凝快硬硅酸盐水泥
铝酸盐水泥（第二系列水泥）	耐火铝酸盐水泥	铝酸盐水泥、耐火铝酸盐水泥、低钙耐火铝酸盐水泥、纯铝酸钙耐火铝酸盐水泥
	建筑用铝酸盐水泥	快硬高强铝酸盐水泥、膨胀铝酸盐水泥、自应力铝酸盐水泥
硫铝酸盐水泥（第三系列水泥）	普通硫铝酸盐水泥	快硬硫铝酸盐水泥、膨胀硫铝酸盐水泥、自应力硫铝酸盐水泥、高强硫铝酸盐水泥、低碱度硫铝酸盐水泥
	高铁硫铝酸盐水泥（铁铝酸盐水泥）	快硬铁铝酸盐水泥、膨胀铁铝酸盐水泥、自应力铁铝酸盐水泥、高强铁铝酸盐水泥

5.2.2 水泥的强度

水泥的强度是指水泥试体在单位面积上所能承受的外力，它是评价水泥质量的重要指标和划分标号的依据。水泥又是混凝土的重要胶结材料，因此强度也是水泥胶结力的体现，是混凝土强度的主要来源。现行水泥胶砂强度检验方法（ISO 法）规定，应将水泥与标准砂以 1∶3 的比例配成砂浆，按程序进行严格测试。

5.2.3 水泥的性质

1. 水硬性

某种材料磨成细粉和水成浆后，能在潮湿空气和水中硬化并形成稳定化合物的性能，称为水硬性。水泥能与水作用，与适量的水调和后可成浆状，该水泥浆经过一段时间后会凝结硬化。为避免水泥在储运期间硬化，应做好防潮处理。

2. 改变凝固速度的特性

水泥的凝固速度对施工工程质量有很大的影响。水泥在水化作用过程中发生的化学反应会影响其凝固速度。混入的物质有的会加快水泥的凝固，有的则会延缓水泥的凝固，甚至会使水泥完全丧失凝固性，从而失去使用价值。

3. 扬尘性

水泥是颗粒极细的粉状物，在装卸搬运作业中极易飞扬，属于扬尘污染性货物。大量水泥粉尘易污损其他货物，并造成本身的散失减量。例如，当水泥粉尘散落在食品、纺织纤维及其织品、裸装皮张、化肥等货物的表面时，对它们的品质及使用、加工都会产生不利的影响。因此，凡沾染水泥粉尘后会影响质量的货物，都不能与水泥放在一起。

5.2.4 水泥的运输包装

水泥既可采用散装方式运输，也可采用包装方式运输。水泥在进行散装运输时可采用专用散装车、散装船或散装集装箱。为节约包装材料，国家积极提倡采用散装方式运输水泥。

我国现在通常使用的水泥包装有多层纸袋、复膜塑料编织袋和复合袋三大类。袋型以糊底袋为主，纸袋必须弃缝改糊，只允许糊底，复膜塑编袋和复合袋允许糊、缝并存；对复膜袋及复合袋材料的技术要求进一步加以明确；跌落不破次数由 6 次增加到 8 次。

水泥包装袋既是产品包装，也是运输包装。制袋技术看似简单，实则复杂，首先要求在灌装时包装不能破损；其次要求包装材料不能对水泥质量产生不良影响；最后还要解决好包装袋防潮性能和透气性能互相矛盾的问题，因为防潮性能好则不易透气，而过于透气就起不到防潮作用了。

5.2.5 水泥的运输和保管

水泥的运输和保管应注意以下几点。

（1）装载水泥的货舱应干燥，舱室甲板和舱盖必须水密，舱内要有良好的通风防潮设施。在港口仓库堆放时，该仓库（包括地面）也必须具备干燥和通风防潮条件。若水泥需要暂时堆放在港口堆场，货堆地面必须有厚度足够的垫料，而且应有完整无缺的铺盖。此外，在水运支线及港内过驳作业过程时，应谨防水泥遭受各种水浸，如雨天禁止进行水泥装卸搬运作业。

（2）在一般情况下，一艘船舶最多配装两种不同强度等级的水泥，而且这两种不同强度等级的水泥应分别装载。

（3）水泥储存在货舱内或在仓库内时，纸袋包装的水泥的堆积高度一般不超过15层，桶装水泥堆积高度一般不超过9层。水泥进行船运时亏舱损失较大，为了减少亏舱损失，大宗袋装水泥普遍装在甲板间舱。

（4）袋装水泥应充分冷却后才能装船，否则由于水泥温度较高，会使货舱"出汗"，从而造成湿损。由于水泥灌包时温度还较高，包装纸受烤会降低坚韧性，因此搬运堆装时严禁抛掷和拖曳，而且堆装必须平整，以防止破包。

案例分析

混凝土行业 App 为你解读移动互联网下的商品混凝土运输发展现状

一直以来，混凝土的运输问题都是行业的一块心病，似乎一天不把这块心病去除，运输过程中所遇到的问题就永远无法解决。事实上，混凝土搅拌车（图5.7）是一种特殊的工程车辆，与一般车辆不同，运输中稍有不慎，可能影响混凝土的质量，还会影响行车安全。

图 5.7　混凝土搅拌车

就目前来说，我国混凝土搅拌车交通事故发生率远高于其他车辆，在混凝土已经成为基础建材必备品的今天，这一问题必须得到解决，否则将会严重影响混凝土行业的发展。

总而言之，我国混凝土搅拌车交通事故多发的原因如下。

从客观上来说，混凝土搅拌车的车头高，平头车的右前角属于盲区，司机看不到右下方的情况，存在视觉死角；混凝土搅拌车超载严重，导致刹车时惯性非常大。

有数据显示，90%以上的搅拌车事故由超速驾驶引起。混凝土行业的准入门槛低，从业人员素质差异大，管理难度较大，而且某些司机的安全意识薄弱。另外，混凝土行业中底薪加计件的工资制度导致不少司机为了"跑多几次，增加运输混凝土的次数和方量"而超速，违反交通法规。与此同时，由于运输过程会对混凝土的质量产生一定的影响，不少搅拌站也会默认司机用最快的速度到达工地。在这种情况下，混凝土搅拌车往往很容易发生交通事故。

交通管制导致不少混凝土搅拌车白天不能进城，因此司机只能晚上运输混凝土，这很容易造成疲劳驾驶。

面对这些困扰行业多年的问题，混凝土企业也尝试着通过各种方法来解决，如在搅拌车上装上 GPS 正时调度系统，掌控车辆运输动态，通过排队刷卡系统让司机在等候装料的过程中实现劳逸结合，从而避免疲劳驾驶。另外，还有一些迎合互联网时代，站在行业发展前沿的企业会通过移动互联网技术来解决运输过程存在的各种问题。事实上，要预防混凝土搅拌车交通事故的发生，最基本的方法是限制车速和防止疲劳驾驶。混凝土行业 App——开工快线，一个能够帮助混凝土企业解决运输难题的 App。针对混凝土行业的现状，这款 App 的车队中心和司机中心为企业提供了信息化车队管理和司机管理。它实现了利用手机便可让车辆排队，使司机有序装料，工作时劳逸结合，很好地避免了疲劳驾驶的出现。而通过对运输过程的监控，如车辆监控、油耗监控、超速报警、超时报警等车队管理功能，很有效地约束了司机的行为，在一定程度上保证了行车安全。

事实上，开工快线解决的并不仅是商品混凝土的运输问题，还有混凝土企业的管理问题以及供需双方的交易问题，正在逐步改变着混凝土行业的现状，促进相关企业在"互联网＋"时代不断发展。

【案例问题】

案例中的"开工快线"是什么？

任务5.3　化肥

案例引入

化肥在农业生产的作用

根据湖南农业科学院土壤肥料研究所报告，现代作物育种的基本目标是培育能利用大量肥料养分的作物新种，以增加产量，改善品质。因此，其中的高产品种可以视为对肥料的高效应品种。实质上，高产品种是指能吸收利用更多的养分，并将其转化为产量的品种。德国和印度各自的小麦良种与传统种相比，每 100 kg 产量所吸收的养分量基本相同，但良种的单位面积养分吸收量是传统种的 2~2.8 倍，单产是传统种的 2.14~2.73 倍。

我国杂交稻的推广也与肥料投入量密切相关。据报告，常规种晚稻随施肥量的增加单产变化不明显，而杂交晚稻（威优 6 号）则随施肥量增加而增加养分吸收量，每公顷单产相应提高约 1.5 t，因此，肥料投入水平成为良种良法栽培的一项核心措施。

我国历来重视有机肥的使用，即使在化肥在肥料结构中占主导地位的今天，有机肥仍然是我国的重要肥源。需要强调的是，化肥投入量的增加，将因作物产量的提高而直接增加有机肥量。因为上一季施的化肥，促进作物增产（包括籽粒和秸秆），经人畜利用后，其废弃物就变成了下一季的有机肥。化肥的投放既促进了当季作物的增产，又为下一季作物增加了有机肥源。化肥经由农产品的生物循环，必然有相当数量的养分保存在有机肥中，成为化肥养分不断再利用的载体。

化肥是用煤炭、石油、天然气以及水、矿石等为原料，经过化学工业合成或机械加工方法而制成的农用肥料。由于化肥养分含量高，肥效发挥快，便于储运与施用，用途广泛。因此，化肥是重要的农业生产资料。近年来，我国的化肥工业有了很大发展，农业发展对化肥的需要也日益增加，各种化肥的进口运量也较大。一些化肥属于危险货物，应该按照有关危险货物的规定运输。

思政拾萃

我国化肥工业七十年——致敬老一辈化肥工作者

化肥是粮食的粮食，化肥工业对我国农业的发展的作用是无法替代的，更使我国可以用世界7%的耕地养活世界22%的人口。

我国在建国初期，进口化肥生产装置和材料很困难。侯德榜等老一辈科学家自20世纪50年代开始，历经多年努力，研发了具有中国特色的化肥技术——"联碱法"制取碳酸氢铵，建成自主创新的现代化氮肥工业体系；磷肥工业经过磷酸钙—钙镁磷肥—硝酸磷肥—磷酸铵—复合肥的发展历程，整整摸索了半个世纪，低温转化、滚筒工艺、高塔造粒等国产化技术相继成功并实现了工业产业化，历经一代又一代磷复肥工作者70余年的努力，达到了较高的工业水平。

从2000年开始，氮肥行业主要是进行原料和动力结构调整，兼并重组和企业扩张。以油为原料的大氮肥企业大多被改造成了以煤为原料，降低了成本，提高了综合利用效率。以煤为原料的大氮肥国产化示范工程大大提高了我国氮肥工业的技术水平，减少了装置投资金额，探索了出一条国产化大化肥的发展道路。

料浆法磷铵、硫基复合肥、团粒法复混肥、熔体法复混肥等国产化技术相继开发成功并实现了工业产业化，肥料市场上满目琳琅的新型肥料产品不断涌现，磷复肥产业向生产清洁化、产品功能化、工艺低能耗等方面不断发展。

由于技术和装备的不断更新，氮肥、磷复肥行业快速发展，产能不断提升。自2008年起，我国氮肥、磷复肥产能由自给自足转为过剩，与多年以前化肥产品的供不应求相比，此时的化肥产品供给端产能严重过剩又让化肥工业的发展进入一个新的阶段。截至2018年年底，全国合成氨产能达每年6 689万t，磷肥总产能为每年2 350万t。

【思政点评】哪有什么岁月静好，都是有人在前方披荆斩棘，为我们撑起一片广阔的天空！

5.3.1 化肥的种类

1. 按所含化学成分

按所含化学成分，化肥可分为有机化肥和无机化肥两种。

（1）有机化肥。有机肥料是指来源于植物和动物，经发酵、腐熟后，施于土壤以提供植物养分为其主要功效的含碳肥料。

（2）无机化肥。无机肥料主要是以煤、空气、水或石油等物质为原料，采用专门的化学方法处理而制成的。

2. 按所含主要成分

按化肥所含主要成分，化肥可分为单质肥料与复合肥料两种。

（1）单质肥料。单质肥料是指只含有一种养料的肥料，如氮肥、磷肥、钾肥。

①氮肥（图 5.8）是指以氮为主要养分的化肥，如尿素、石灰氮等。

②磷肥主要是指经磷为主要养分的化肥，如过磷酸钙、钢渣磷肥、磷矿粉等。

③钾肥主要是指以钾为主要养分的化肥，如氯化钾、硫酸钾等。

（2）复合肥料（图 5.9）。通常，含有两种或两种以上养料又称多元肥料，其中有属于化合物的，也有属于混合物的。前者由化学反应化合而成，后者由至少两种单质肥料机械混合而成。农业生产中应用得较多的复合肥料有硝酸钾、磷酸铵、硫酸铵等。

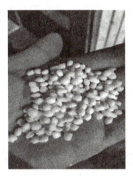

图 5.8　氮肥　　　　　　　　　图 5.9　复合肥料

3. 按化学性质

（1）酸性肥料。酸性肥料是指呈酸性的肥料，如过磷酸钙、氯化氨、硫酸铵等。

（2）碱性肥料。碱性肥料是指呈碱性的肥料，如石灰氮、氨水、硝酸钠等。

（3）中性肥料。中性肥料是指既不呈酸性，也不呈碱性的肥料，如尿素及大部分复合肥等。中性肥料施用后不会使土壤发生酸性或碱性变化。

此外，还可按化肥的物理状态不同将其分为固体化肥和液体化肥；按化肥的效力快慢不同，将其分为速效肥料和迟效肥料；按化肥中有效成分含量不同，将其分为高效肥料和低效肥料等。

※课堂讨论※

思考一下，我们平时接触过哪些化肥？它们的作用分别是什么？

5.3.2　化肥的特性

1. 吸湿性与水溶性

大多数化肥具有吸湿性且易溶于水，在高温高湿下，化肥的吸湿性大。吸湿后，化肥可能会发生结块、分解、腐蚀或体积膨胀，导致肥效降低甚至丧失，既影响质量，也不利于运输。

2. 结块性

大多数化肥（尤其是散装化肥）吸湿受潮后极易结块，甚至会在散装化肥船舱内形成"石山"。袋装化肥往往也会因储存时间过长而干燥结块和压实结块。结块不仅会造成化肥的减重和降质，而且给运输、装卸造成困难。

3. 燃烧爆炸性

有些化肥属于易燃烧爆炸，如硝酸钠、硝酸钾、硝酸铵等。

4. 毒害性

有些化肥具有毒害性，如石灰氮粉末极易飞扬，吸入人体呼吸器官、消化器官或接触皮肤过久，或飞入眼睛都有可能引起危害；又如氨态氮肥挥发出的氨气也有一定的毒害性，尤其能刺激呼吸道、眼睛。

5. 腐蚀性

凡是呈酸性或是碱性的化肥均有一定的腐蚀性，与金属接触后会发生化学反应，使金属生锈和腐蚀，也会伤害人体。化肥的腐蚀作用不仅在直接接触时发生，其挥发出的气体（如氨、游离酸等）同样具有破坏性，且危害范围广，必须注意防范。

6. 扬尘性

有些粉状散装化肥具有强烈的扬尘性，如磷矿粉。

7. 分解、挥发性

部分氨肥的稳定性差，容易分解、挥发，有的受热后能分解，甚至引起爆炸，有的遇水则会分解出易燃爆的气体等。在化肥分解、挥发时，不仅造成肥效损失，还会引起燃爆、毒害、腐蚀事故等。

8. 散发异味

有的化肥有强烈的异味，如碳酸氢铵、氨水、石灰氮等分解时会挥发出氨气，异味强烈。

5.3.3　化肥的包装

化肥在运输时有固体和液体两种状态，其中固体状态更多。化肥在运输时通常可能采用散装和包装两种方式。

考虑到化肥的特性，其运输包装必须有防潮、隔湿、防热、密封的作用。固体肥料以包装方式运输时，普遍使用多层纸袋、麻袋、塑料袋、化纤布袋等各种包装袋。

各种袋装化肥的单件重量为 40～50 kg，每一单件的外表面牢固地印上必要的标志，以表明品名、品质、重量、产地等内容，也可兼作商品销售标志。

液体化肥中的氨水、碳化氨水等一般采用坛装运输，根据实际需要也可采用散装运输。

案例分析

浙江某化肥厂氨气中毒事故

1982 年 1 月 19 日 12 时 40 分，浙江省某化肥厂中的合成车间的 4 名女工打扫完卫生后到冷冻室外晒太阳。其中 1 名女工双脚踩着氨油分离器进液管上下跳动玩耍，不慎将进液阀门连接管丝扣踩断，致使大量氨气从管道断裂处外泄。事故发生后，4 人中除 1 人逃离外，其余 3 人均中毒昏倒，经抢救无效死亡。

【案例问题】

1. 结合教材内容，简述化肥的性质。

2. 本案例中为什么会发生氨气泄漏？

3. 氨气属于什么货物？有什么作用和特性？

4. 氨气泄漏的危害性有哪些？

5.3.4　化肥的运输与保管

化肥的品种有很多，各有不同的特性，有些还具有危险性。因此，在化肥的运输和保管过程中，应熟知和掌握以下有关内容。

（1）化肥大多数都易溶于水，易吸湿结块。因此，它应有完整并能防潮、防水的包装；用于堆装化肥的货舱（或仓库）以及所用的衬垫材料都必须干燥；装运化肥的货舱的舱盖板应完整和水密；污水沟应畅通；通过该舱内的管道应完好。此外，在船舶航行途中，应加强通风管理，严防因船体"出汗"而发生货损。

（2）铵态化肥（如硫酸铵、氯化铵、硝酸铵等）不能与碱类物质配装在同一处所。因为这类化肥遇碱会发生化学反应，逸出的氨气会使氮肥减少氮素而降低肥效。铵态化肥也不能与水泥配装在同一处所，因为铵态化肥能分解释放出氨气，而水泥受氨气作用会加速凝固，影响水泥的使用范围，降低其使用价值。与此同时，化肥中若混入了水泥，在使用时会因水泥凝固结块而降低肥效，还会影响土质。

（3）化肥与金属及其制品也不能配装在同一处所，尤其不能将化肥堆装在钢材上。由于化肥属于酸性或碱性物质，对金属有严重的腐蚀作用。历年来，化肥腐蚀金属的事故常有发生，应引起重视。同理，为了保护船体，在装载化肥时，应使用木板、席片或其他物料等加以铺隔，避免化肥与船体的钢质部分直接接触。

（4）对于一些具有危险性的化肥（如硝酸铵、硝酸钠、硝酸钾等），应足够重视储运安全，必须防止这类化肥混入易燃物质、有机物和金属粉末等；必须避免这类化肥受到高温和火源的影响，还应避免它们受到震动的冲击；必须严格按照危险货物隔离要求处理这类化肥与易燃、爆炸品的积载分隔；必须避免船舶电气设备可能引起电火花的影响；必须保证船舶的消防设备处于可供有效使用的良好状态；必须尽可能将这类化肥装载在船舶的甲板间舱；必须及时、严格地清除这类化肥在舱内的残留地脚。此外，在处理具有爆炸性的、已经结块的化肥时，应注意不可使用铁锤敲击。

（5）储运具有毒性的化肥（如石灰氮、过磷酸钙等）时，应加强防止人员中毒的措施。在装卸和搬运作业过程中，一方面，工作人员必须穿戴防护用品，以避免呼吸吸入或皮肤接触这类化肥；另一方面，作业时禁止使用手钩，以避免包装破损。

（6）使用船舶载运化肥时，应根据各种化肥的不同特性，选择适当的装载舱位。在非整舱装载时，应注意化肥对很多货物（如纤维品、食品、罐头食品、橡胶制品、钢材、铝制品等）的不良影响，因此不能将那些货物与化肥同舱装载。同时，还应注意，不少货物对化肥会产生不良影响，或由于相互的作用而发生爆炸。因此，在与化肥同舱配装的货种选择上，必须谨慎考虑。当船舶一次载运多种化肥（或库场堆存多种化肥）时，切忌不分种类混装，应根据它们之间是否存在性质上的矛盾作为分舱装载等处理。对于不同种类的化肥，可按照化肥配装表（表5.2）中的规定进行同舱或分舱装载的具体处理。

表 5.2　化肥配装表

	硝酸铵	硝酸钠	硫酸铵	氯化铵	尿素	石灰氮	过磷酸钙	磷矿粉	硫酸钾	氯化钾
硝酸铵						×	○			
硝酸钠		○	○			○	○			
硫酸铵		○				×				
氯化铵		○				×				
尿素						×				
石灰氮	×	○	×	×			×		○	○
过磷酸钙	○	○				×				
磷矿粉										
硫酸钾						○				
氯化钾						○				

注：空格表示可以配装；×表示不能配装；○表示可以暂时配装，但不能久置。

案例分析

化肥储存调查

化肥应用专仓分类储存，并设立标志，不得与瓜果、蔬菜及粮食等混放在一起，以防污染或人们由于误食而中毒，更不宜用化肥袋盛装粮食等。具有较强挥发性的化肥应放置在阴凉通风处。

化肥具有一定的腐蚀性，化肥袋外经常黏附着大量化肥颗粒和腐蚀性液体。赤裸着身体扛运化肥袋会污染皮肤。因此，搬运工运送化肥时应穿长在长裤。

注意安全使用化肥。使用化肥时，不可用汗手直接抓取。喷施粉雾或泼洒溶液时都要站在上风口。另外，使用粉剂时还需要戴口罩和防护眼镜。另外要注意，施肥后要先时清洗手脸，再洗澡、换衣服。患有气管炎、皮肤病、眼疾和对化肥有过敏反应的人不宜进行施肥作业。

回答以下问题。

1. 几名同学组成一组，共同思考在日常生活中能够接触到化肥名称，并填入化肥调查见表 5.3 中。

表 5.3　化肥调查表

序号	化肥名称	形态	颜色	气味
1				
2				
3				
4				
5				

2. 每个小组的成员共同写出一篇关于化肥的小论文（不少于 800 字），阐述化肥的历史、分

类、作用，以及中国化肥工业的发展状况。

3. 成绩评定

教师根据小论文的语言逻辑、基本材料、个人观点、个人态度和卷面情况打分，满分为100分，具体见表5.4。

表5.4　成绩评定

评价项目及分值	评分标准	得分
语言逻辑（40分）	语言流畅、精练；条理清晰，逻辑性强	
基本材料（20分）	数据真实、准确；材料具体、可靠	
个人观点（30分）	观点鲜明，有理有据	
个人态度（5分）	态度端正，认真积极	
卷面情况（5分）	字迹美观，卷面整洁	
总分	—	

模块考核

一、名词解释

有色冶金　水泥　有机肥料　钾肥　黑色金属

二、填空题

1. 按所含化学成分的不同，化肥可分为_____和_____。

2. 型钢按其截面和外表形状不同，可分为圆钢、_____、六角钢、八角钢、角钢、_____、_____、丁字钢、_____、钢轨和竹节钢等。

3. 按化学成分分类，水泥可分为_____、_____、_____等系列。

4. 单质肥料是指只含有一种养料的肥料，如_____、_____、_____。

三、单项选择题

1. 水泥是混凝土的重要胶结材料，按照标准的规定，将水泥与标准砂以（　　）的比例配成砂浆。

　A. 1∶1　　　　　　B. 1∶2　　　　　　C. 1∶3　　　　　　D. 1∶4

2. 加入后其他物质，水泥由于受影响，从而改变凝固速度。例如，加入少量（　　）可以减缓水泥的凝固速度。

　A. 硫酸铵　　　　　B. 氯化铵　　　　　C. 硝酸铵　　　　　D. 砂糖

3. 我国现在通常使用的水泥包装有多层纸袋、复膜塑料编织袋和复合袋三大类。复膜袋与复合袋跌落不破次数最高可达到（　　）次。

　A. 5　　　　　　　B. 6　　　　　　　C. 7　　　　　　　D. 8

4. 按所含主要成分的不同，化肥可分为（　　）。

　A. 无机肥料和有机肥料　　　　　　B. 单质肥料和复合肥料

　C. 酸性肥料和碱性肥料　　　　　　D. 碱性肥料和中性肥料

5. 黑色金属只有三种，以下不属于黑色金属的是（　　）。

A. 铁　　　　　　　　B. 锰　　　　　　　　C. 铬　　　　　　　　D. 铝

四、多项选择题

1. 潮湿后会产生易燃气体的金属有（　　　）。

　　A. 铝粉　　　　　　　B. 镁粉　　　　　　　C. 硅铁　　　　　　　D. 铝锭

2. 下列属于水泥特性的有（　　　）。

　　A. 水硬性　　　　　　　　　　　　　　B. 改变凝固速度的特性

　　C. 扬尘性　　　　　　　　　　　　　　D. 结块性

3. 下列化肥具有燃烧、爆炸性的有（　　　）。

　　A. 重过磷酸钙　　　　B. 氰氨化钙　　　　　C. 硝酸钠　　　　　　D. 液氨

4. 常温下能挥发出氨气的化肥有（　　　）。

　　A. 碳铵　　　　　　　B. 硫酸铵　　　　　　C. 氨水　　　　　　　D. 尿素

5. 金属及其制品的运输和保管过程中应注意（　　　）。

　　A. 避免船舶重心过低引起急剧摇摆　　　B. 避免船体变形与局部损伤

　　C. 加强防移措施　　　　　　　　　　　D. 选用合适的装卸吊具

　　E. 防止金属制品混票

五、判断题

1. 无机肥料是指来源于植物和动物，经发酵、腐熟后，施于土壤以提供植物养分为主要功效的含碳肥料。　　　　　　　　　　　　　　　　　　　　　　　　　　（　　　）

2. 在一般情况下，每艘船舶最多配装三种不同强度等级的水泥，而且这三种不同强度等级的水泥应分别装载。　　　　　　　　　　　　　　　　　　　　　　　　　（　　　）

3. 金属及其制品易滑动，如在航行时随船体摇动而移动会撞裂船体或使船舶倾覆。所以，装货时必须特别注意做好金属及其制品在舱内和甲板上的防移措施。　　　（　　　）

4. 金属及其制品大多数较重且又属于长大件货物，应选用结构坚固和舱口尺寸大的船舶装运。金属及其制品的积载因数小，不会造成亏舱。　　　　　　　　　　　（　　　）

5. 液体化肥中的氨水、碳化氨水等一般采用袋装方式运输，根据实际需要，也有采用散装方式运输的。　　　　　　　　　　　　　　　　　　　　　　　　　　　（　　　）

六、简答题

1. 金属及其制品在运输和储存过程中应如何避免由于船舶重心过低而引起的急剧摇摆？

2. 简述水泥的运输包装。

3. 什么是酸性肥料？它对农作物起到什么作用？

模块 6

食品类货物

内容导读

　　人类的生存离不开食品，食品类货物既常见又重要。因此，我们需要深入学习、了解并且掌握食品类货物如茶叶、饮料、糖、酱、醋、盐，酒，乳制品等的相关知识。

学习目标

[知识目标]

◎理解茶叶，饮料，食糖，酱、醋、盐，酒，乳制品等食品类货物的概念、类别。

◎理解以上食品类货物的特性。

[能力目标]

◎了解食品类货物的特性，并将所学知识运用到日常生活的购买、使用和储存过程中。

◎能够通过了解食品类货物的特性对其工业化生产、物流及储存情况做出正确评价。

◎能够通过了解食品类货物特性判断产品质量。

[思政目标]

◎了解中华民族源远流长的茶文化、酒文化、醋文化等。

◎了解中华民族崇尚自然的物质观。

◎愿意为提高货物质量和做好社会监督工作贡献自己的力量。

※拓展阅读※
食品营养知识

任务6.1　茶叶和饮料

案例引入

茶文化的内涵

　　中国素有礼仪之邦的美称，茶文化既是沏茶、赏茶、闻茶、饮茶、品茶等习惯与中国的礼仪文化内涵相结合而形成的具有鲜明中国文化特征的一种文化，也是一种礼节。礼在中国古代用于定亲疏，决嫌疑，别同异，明是非。在长期的历史发展过程中，礼作为中国社会的道德规范和生活准则，对中华民族精神素质的修养起到了重要作用。同时，随着社会的发展，礼不断被赋予新的内容，与一些生活中的习惯与形式相融合，形成了具有中国特色的文化现象。例如，饮茶待人逐渐形成茶文化，用餐礼仪发展为食文化，与区域习惯融合形成民俗文化。因此，茶文化是长期以来不断完善的一种习惯，这种习惯慢慢形成了一种文化现象。茶文化讲究的是茶叶、茶水、火候、茶具、环境以及饮茶者的修养和情绪等共同形成的一种意境之美。

6.1.1 茶叶

1. 茶叶的基本成分及功效

人们一般所说的茶叶就是指用茶树的叶子加工而成的，可以用开水直接泡饮的一种饮品。茶叶属双子叶植物，约有30属、500种，分布在热带和亚热带地区，而我国有14属、397种，主要产自长江以南各地。

众所周知，喝茶有许多益处。经过现代科学的分离和鉴定，茶叶中含有机化学成分达450多种，无机矿物元素达40多种。

茶叶中的有机化学成分主要有茶多酚类、植物碱、蛋白质、氨基酸、维生素、果胶素、有机酸、脂多糖、糖类、酶类、色素等。

茶叶中的无机矿物元素主要有钾、钙、镁、钴、铁、锰、铝、钠、锌、铜、氮、磷、氟、碘、硒等。铁观音所含的无机矿物元素，如锰、铁、氟、钾、钠等均高于其他茶叶。

茶叶的功效是通过茶叶的成分体现出来的。

1）茶多酚

茶多酚俗称茶单宁，是茶叶的特有成分，具有苦、涩味及收敛性，对茶叶品质优劣起着极其重要的作用。茶多酚在茶汤中可与咖啡因结合而缓和咖啡因对人体的生理作用，具有抗氧化、抗突然异变、抗肿瘤、降低血液中胆固醇及低密度脂蛋白含量、抑制血压上升、抑制血小板凝集、抗菌、抗产物过敏等功效。

2）咖啡因

咖啡因有苦味，是茶汤滋味的重要组成成分。红茶茶汤中与多无酚类结合成为复合物，茶汤冷后形成乳化现象。茶中特有的儿茶素类及其氧化缩和物可使茶中咖啡因的兴奋作用减缓而持续，故喝茶可使长途开车的人保持头脑清醒及较有耐力。

3）茶香精

茶香精是形成茶叶香气的主要物质，其含量极微，其中包括醇、醛、酸、酯以及芳醇等具有挥发性的香气。

4）矿物质

茶叶中含有钾、钙、镁、锰等11种矿物质，茶汤中阳离子含量较多，阴离子含量较少，可帮助体液维持酸碱平衡。

（1）钾：促进血钠排除。血钠含量高，是引发高血压的原因之一，多饮茶可预防高血压。

（2）氟：具有预防蛀牙的功效。

（3）锰：具有抗氧化及防止老化之功效，增强免疫功能，并有助于钙的吸收利用。

微课资源：
6.1 陆羽的《茶经》

5）维生素

茶叶中含有丰富的维生素，如类胡萝卜素、维生素 B 及维生素 C。

6）其他机能成分

茶叶中含有的黄酮醇类物质具增强微血管壁消除口臭的功效；皂素有抗癌抗炎症的功效；氨基酪酸是茶叶在制作过程中进行无氧呼吸而产生的，可以预防高血压。

2. 茶叶的分类

根据制造阶段不同，茶叶可分为初制茶和精制茶。初制茶又称为毛茶，是鲜叶经过初制后的产品。

毛茶按采制季节，又可分为春茶、夏茶和秋茶。一般来讲，春茶品质最好，芽叶细嫩，茶味醇和；秋茶次之，香高味浓；夏茶品质较差，因夏日温高，茶叶易老化，外形粗松，香淡味涩。

毛茶集中到精制厂加工后的成品，就叫作精制茶。毛茶进厂后经拼堆和统一加工，成为精制茶后就无春、夏、秋茶之分了。按制造方法不同，结合品质特征和外形差异分类，茶分为基本茶类（绿茶、红茶、青茶、白茶、黄茶、黑茶六大茶类）和再加工茶类（花茶、紧压茶等）。

1）基本茶类

（1）绿茶。

绿茶（图6.1）又称不发酵茶（发酵度为零），其特点是色绿汤青，以适宜的茶树新梢为原料，经杀青、揉捻、干燥等典型工艺制成。按其干燥和杀青方法不同，一般分为炒青、烘青、晒青绿茶。绿茶的特点是清汤绿叶，滋味收敛性强。绿茶是历史上出现得最早的茶类（距今 3000 多年），也是我国产量最大的茶类，代表品种有西湖龙井、碧螺春、信阳毛尖。

图6.1 绿茶

（2）黄茶。

黄茶（图6.2）属于轻微发酵茶（发酵度为 10% ~ 20%），其特点是汤、叶均为黄色。人们从炒青绿茶中发现，由于杀青揉捻后干燥不足或不及时，叶色即变黄，于是产生了新的品类——黄茶。黄茶的制作与绿茶近似，只是多了一道闷堆的工序。

这个闷堆过程是黄茶制法的主要特点，也是它同绿茶的基本区别。黄茶按鲜叶的嫩度和芽叶大小，分为黄芽茶、黄小茶和黄大茶三类，代表品种有蒙顶黄芽、霍山黄芽。

图6.2 黄茶

（3）白茶。

白茶（图6.3）属于轻度发酵茶（发酵度为 20% ~ 30%），特点是白茸浅汤，属于我国茶类中的珍品。其因成品茶多为芽头，满披白毫，如银似雪而得名。白茶的制作工艺一般分为萎凋和干燥两道工序，关键在于萎凋。白茶制法的特点是既不降低酶的活性，也不促进氧化作用，且可以保持毫香，汤味鲜爽，代表品种有白牡丹、白毫银针。

（4）乌龙茶。

乌龙茶（图6.4）又名青茶，属于半发酵茶（发酵度为 30% ~ 60%），特点是绿叶红镶边，汤色金黄、橙黄，是我国几大茶类中独具鲜明特色的茶叶品类。乌龙茶综合了绿茶和红茶的制法，其品质介于绿茶和红茶之间，既有红茶的浓鲜味，又有绿茶的清芳香，并有绿叶红镶边的美誉。乌龙茶的药理作用，突出表现在分解脂肪、减肥健美等方面。乌龙茶的代表品种有文山包种茶、安溪铁观音、冻顶乌龙茶、武夷大红袍。

（5）红茶。

红茶（图6.5）属于全发酵茶（发酵度为80%～90%），其特点是汤红、叶红。以适宜制作本品的茶树新芽叶为原料，经萎凋、揉捻、发酵、干燥等典型工艺过程精制而成。其汤色以红色为主调，故得名。红茶可分为小种红茶、工夫红茶和碎红茶，品种有滇红、宜兴红茶。

图6.3　白茶

图6.4　乌龙茶

图6.5　红茶

（6）黑茶。

黑茶（图6.6）属于后发酵茶（发酵度为100%），特点是黑叶褐汤。黑茶是我国历史十分悠久的特有茶类。在加工过程中，鲜叶经渥堆发酵变黑，故称黑茶。黑茶既可直接冲泡饮用，也可以压制成紧压茶（如各种砖茶），代表品种是普洱茶。

2）再加工茶

（1）花茶。

花茶（图6.7）又名香片，是我国独特的一个茶叶品类，由精制茶坯与具有香气的鲜花拌和，通过一定的加工方法促使茶叶吸附鲜花的芬芳香气制作而成。利用茶善于吸收异味的特点，将有香味的鲜花和新茶一起闷制，由此而制成的花茶香味浓郁，茶汤色深，深得北方人的喜爱。最常见的花茶是用茉莉花制的茉莉花茶，根据所用的鲜花不同，还有玉兰花茶、桂花茶、珠兰花茶、玳玳花茶等。普通花茶是用绿茶制作而成的，少数是用红茶制作而成的。

（2）紧压茶。

为了方便长途运输和长期保存，待茶叶干燥后，压成方砖状或块状，这样制作出的茶称为紧压茶（图6.8）。为了防止途中变质，紧压茶通常是用红茶和黑茶制作。紧压茶一般销往内蒙古、西藏等地区，这些地区的牧民日常吃肉较多，需大量喝茶，但居无定所，因此青睐容易携带的紧压茶。

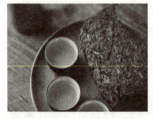
图6.6　黑茶

图6.7　花茶

图6.8　紧压茶

3. 茶叶的性质

（1）吸湿性。茶叶是多孔性的组织结构，茶叶中又存在着很多亲水性的成分（如糖分、蛋白质、茶多酚、果胶质等），因此其具有显著的吸湿性。关于正常含水量，红茶为8%，绿茶为9%，保持这个含水量，茶叶质量的变化就很小，若含水量超过12%，茶叶就容易发霉变质。

（2）吸收异味性。茶叶的多孔性组织和存在胶体性的物质，使茶叶具有较强的吸收异味的性能。茶叶吸收异味后，就不易使异味消除，会降低茶叶的质量乃至不能饮用。

（3）陈化性。茶叶的质量是以色、香、味、形决定的，一般均以新茶质量为上乘。随着保管时间的延长（尤其在不适宜的环境条件下），茶叶质量会不断降低，例如色泽灰暗、香气消失、汤色暗浑、茶味淡薄等，这种变化称为茶叶的陈化。茶叶陈化的主要原因是芳香物质逐渐散失及某些成分发生了氧化。例如类酯成分水解后能自动氧化，茶黄素、芳香物等也能自动氧化，而茶叶经氧化后，就会变色变味。加速茶叶陈化的因素很多，如含水量增加，环境温度过高，包装密封性差，与空气接触多和日晒等。

（4）怕热性。茶叶在温度过高的环境中会散失水分和气味，变得干燥易碎、香味也随之减少，如绿茶的色泽会泛黄，从而降低茶叶的质量。当温度过高时，细菌会加速繁殖，茶叶就会变质发霉。

思政拾萃

茶马古道

茶马古道（图6.9）是指存在于中国西南地区，以马帮为主要交通工具的民间国际商贸通道，它是中国西南民族经济文化交流的走廊。茶马古道是一个非常特殊的地域称谓，是一条自然风光最为壮观、文化最为神秘的旅游精品线路。

图6.9　茶马古道

党的二十大报告提出："增强中华文明传播力影响力。坚守中华文化立场，提炼展示中华文明的精神标识和文化精髓，加快构建中国话语和中国叙事体系，讲好中国故事、传播好中国声音，展现可信、可爱、可敬的中国形象。"茶马古道源于古代西南边疆的茶马互市，兴于唐宋，盛于明清，在第二次世界大战中后期最为兴盛。茶马古道连接川、滇、藏，延伸入不丹、尼泊尔、印度境内，直抵西亚、西非红海海岸。

滇藏茶马古道约形成于公元6世纪后期，南起云南茶叶主产区思茅、普洱，中间经过现在的大理白族自治州和丽江地区，以及香格里拉进入西藏，直达拉萨，是古代中国与南亚地区的一条重要贸易通道。

普洱是茶马古道上独具优势的货物产地和中转集散地，有着悠久的历史。2013年3月5日，茶马古道被国务院列为第七批全国重点文物保护单位。

【思政点评】茶不过两种姿态：浮，沉；饮茶人不过两种姿势：拿起，放下。人生如茶，沉时坦然，浮时淡然，既要拿得起，也要放得下。

4. 茶叶的运输包装

茶叶的运输包装应干燥、清洁、无异味，要有良好的防潮、防异味功能，通常分为箱装、篓装和袋装三种。

（1）箱装。以木板箱、胶合板箱、纸板箱和竹篾方形箱包装。外销茶、花茶、高级内销茶一般用木板箱装，箱内衬有铝箔、牛皮纸作为内包装，箱外以麻包、席包或篾包，并用铁皮、铁丝捆扎牢固。零售小包装多采用硬纸板箱包装，而竹篾箱主要用来包装紧压茶和副茶。

（2）篓装。篓装主要用于包装内销的一般茶叶。篓用竹篾编制成，内衬竹叶或棕片，远距离运输毛茶（原料茶）也用篓装。每篓装茶叶的重量和篓形因各产地的习惯而异，一般不超过100 kg。

（3）袋装。袋装主要用来包装内销的普通茶叶。袋装使用的袋子有麻袋、布袋等，袋中衬塑料袋，袋口用麻线捆扎牢固。

※课堂讨论※

1. 你家中通常有哪些茶叶？各属于什么类别？
2. 你家中的茶叶一般是如何保存的？

5. 茶叶的运输和保管

茶叶的运输和保管要注意以下事项。

（1）茶叶应在舱内积载，货舱应清洁、干燥、无异味。船舱舱盖漏入海水是造成茶叶货损的原因之一。装有过气味货物的货舱，必须经过彻底洗舱、除味、消毒后方能装载茶叶。

（2）舱壁四周护货板要齐全，并有衬垫洁净的麻袋片，以防海水浸湿。整舱铺垫干席，衬垫材料应清洁、干燥、无异味。

（3）茶叶不宜积载于机炉舱、厨房等热源附近的舱内，以防温度过高导致茶叶质量下降。

（4）茶叶积载应远离有气味或潮湿的货物，以及一切对食用卫生不利的货物。例如椰干、糖、姜黄、桂皮、各种油（尤其是香料油）、化肥、皮张等货物，不能与茶叶在同一货舱积载。异味货、散湿货也不能在与茶叶舱有通风筒相连的货舱积载。茶叶串味是常见的货损事故，应特别注意。

（5）茶叶属轻泡货，不可重压，尤其是袋装茶叶，受重压容易破碎，影响质量。茶叶宜与重货类配搭积载，以充分利用舱容和重量。装卸中应

※拓展阅读※
6.1　中国名茶

避免遭受剧烈撞击，不能抛、掷、扔，不能使用手钩作业，以免损坏包装。

（6）茶叶不宜露天堆存，库房中茶叶的堆码应按票分别码垛，切忌混堆，堆码时要垫垛。包装完好的茶箱可以堆码得较高，而篓装、袋装茶叶则不宜堆码过高。若出现破损，切不可将散落在地的茶叶归入原包装，而应另行灌包。

6.1.2 饮料

1. 饮料的分类

饮料一般可以分为含酒精饮料、无酒精饮料和其他饮料三大类。

1）含酒精饮料

含酒精饮料属于发酵饮料。它是一种由大麦、水和啤酒花经酒精酵母发酵制成，酒精含量在1%以下，含有少量糖的饮料。它既有一般清凉饮料的性质，又有发酵饮料的特点，而且除清凉爽口、消暑解渴、提神助兴外，还有特殊的风味和香气。

2）无酒精饮料

无酒精饮料又称清凉饮料、软饮料。目前市场上销售的无酒精饮料品种繁多，通常可以分以下几类，具体见表6.1。

表6.1 无酒精饮料的分类和特点

大类	特点	具体分类	说明
碳酸饮料	人工配制并充二氧化碳气体而成的饮料，通常称为汽水。其主要原料是水、甜味剂、酸味剂、香精、着色剂和二氧化碳等	果味型	以食用香精为主要赋香剂以及原果汁含量低于2.5%的碳酸饮料。这类汽水营养价值不大，只起到清凉解渴的作用，属于普通汽水，如橘子汽水、柠檬汽水等
		果汁型	原果汁含量不低于2.5%的碳酸饮料，采用各种鲜果汁为原料，与蔗糖、柠檬酸等配制而成。它具有水果特有的色、香、味，营养丰富，如杨梅汽水、橙汁汽水、菠萝汽水、混合果汁汽水等
		可乐型	含有焦糖色素、可乐香精、水果香精或类似可乐果、水果香型的辛香和果香混合香气的碳酸饮料，具有枣红色泽和特有的香味，属于浓香型汽水，如可乐等（无色可乐不含焦糖色素）。低热量型汽水是以甜味剂全部或部分代替糖类的各种碳酸饮料，其热量不高于75 kJ/100 mL
		低热量型	以甜味剂全部或部分代替糖类的各型碳酸饮料，其热量不高于75 kJ/100 mL
果蔬汁饮料	主要原料是果蔬汁，取自新鲜水果和蔬菜	天然果蔬汁	新鲜果蔬经过压榨处理后直接得到的原汁，不添加其他成分
		带肉果蔬汁	含有均匀细致果肉的一类饮料，是将新鲜果肉经打浆、磨细，并经过一系列处理后得到的
		浓缩果蔬汁	以原果汁为原料，一般不加食糖或加少量食糖浓缩而成。目前市面上的果蔬汁以柑橘汁、苹果汁、番茄汁、红豆汁和浆果类果蔬汁最多。混合型果蔬汁的口感优于单一品种果蔬汁

大类	特点	具体分类	说明
保健饮料	保健饮料是一种以增进人体健康为宗旨的饮料。根据性质和功效，保健饮料可以分为强化饮料、疗效滋补饮料、运动饮料、花粉饮料四类		
矿泉水饮料	矿泉水饮料是从地下水脉涌出的，含有无机盐和游离二氧化碳的泉水（含无机盐在1 000 mg/L以上）制成的，或含游离二氧化碳在250 mg/L以上，包括天然矿泉饮料和人工矿泉饮料。中国矿泉的分类是按温度分为冷泉（22 ℃左右）、温泉（40 ℃左右）、热泉（70 ℃以上）		
固体饮料	固体饮料是将各种原料调配、浓缩、干燥而成，或将各种原料粉碎、混合后呈固体的饮料，不能直接饮用，需用水冲调后才可饮用。其主要品种有麦乳精、橘子精、菠萝精等		

3）其他饮料

（1）乳性饮料。它是以牛奶为原料，加入配料可制成乳性饮料，如果汁牛奶、巧克力牛奶等。

（2）乳酸饮料。它是以牛乳、羊乳的脱脂乳等为原料，将其杀菌后接入乳酸菌，经发酵而制成的具有特殊风味的乳制品，营养价值高于一般饮料，如酸乳、活性乳等。

（3）蛋白饮料。它是用植物蛋白、微生物蛋白制成的饮料，蛋白质含量在2.5%以下，如豆乳、果汁豆乳等。

（4）冷饮。它是用乳类、蛋、糖、稳定剂等原料配置、冷冻而成的，如冰激凌、雪糕、冰棍等。

※课堂讨论※

我们经常在超市中看到无糖饮料，为什么它们的口感依然是甜的呢？

2. 饮料的质量鉴别

（1）从标签内容判断质量。饮料产品标签上应注明品名、生产日期、保质期、主要原料辅料和生产厂名、厂址等；超出保质期的饮料，其质量没有保证，不宜购买；判断该饮料是否名副其实，如果蔬汁饮料应果蔬原汁含量，乳饮料应标明非乳脂固形物含量，植物蛋白饮料应标明植物蛋白固形物含量，天然矿泉水则应标明矿物成分表和规定指标。

（2）从外观上判断质量。果味型汽水不应出现絮状物；塑料瓶装与易拉罐汽水手捏不软、不变形；罐装饮料如出现"胖听"现象，则说明微生物繁殖产生了大量气体，不宜饮用；各种包装饮料均不应有渗漏现象；果茶饮料及一些其他饮料如太黏稠或颜色异常，则表明增稠剂和色素含量过高。

（3）从气味和味道判断质量。各种饮料都有其相应的香气和滋味，无异味，无刺鼻感。

（4）从实质判断质量。果味饮料应清澈透明，无杂质，不浑浊；果汁饮料若加入果汁和乳浊香精，则会有浑浊感，但应保持均匀一致，不分层，无沉淀和漂浮物；固体饮料不应有结块和潮解，也不应有杂质。

案例分析

茶叶的鲜叶和成品在运输过程中的保鲜储藏

茶叶的鲜叶被采摘后，经过持续高温和激烈的氧化，严重影响了质量，如果鲜叶堆放时间太长，水化合物大量消耗，蛋白质会水解生成氨基酸和酰胺，然后转变成氨气，此时便可闻到腐败气味，说明鲜叶已变质，损失了制茶价值，只能弃之作为肥料，而且持续高温会使鲜叶在氧气的作用下变红，大大降低成品茶的品质。

储藏中会遇到不同的问题，各地区要根据自身情况操作，基本方法如下。

为了保证鲜叶入库不会有较高的田间热，入库工作应在上午10点前结束。鲜叶采收后要迅速移至冷藏库，装入事先准备好的纸包装箱中放在库内的货架上，最好不要使用裸露的包装，因为在高风速及高风压的情况下，鲜叶中水分的蒸发速度较快，所以应选用封闭式包装，可以在包装的四周打一些小孔，以利于散热。

鲜叶入库要根据生产情况而定，有些地区茶叶的采摘时间比较集中，就要相应地建设大型库，并且要选用较大的制冷机器设备，以便茶叶集中入库后可以保证温度足够低。实验表明，温度在1℃时，鲜叶能储存10~12天，而且不仅不会降低鲜叶质量，还能够提高制茶品质。

茶叶的伤口变红与高温及氧化有直接的关系，可以用上述方法解决，有条件的还可以将鲜叶放入塑料袋中，再充入氮气，可以有效解决变红问题。成品茶经过充氮包装后，可移入冷藏库内储存，但不能裸露储存，因为冷藏库内的湿度较外界高出许多，如果裸露储存，则会改变成品的内部含水量，从而大大降低茶叶的质量。茶叶包装后放入纸箱，就可以入库储了，温度应控制在−1℃~0℃，这样在入库后就可以据市场情况销售。充氮包装和冷藏的真正意义是能够延长茶叶的销售期，使其保持原有品质，拉动市场需求。

【案例问题】

1. 茶叶的种类有哪些？
2. 茶叶有哪些特性？
3. 茶叶鲜叶及成品如何进行保鲜储藏？
4. 茶叶怎样运输储藏？

任务6.2 食糖

`案例引入`

抽检："甜蜜生活"多批次白砂糖、红糖上不合格名单

中国质量新闻网2019年9月13日讯，广东省市场监督管理局网站发布关于13批次食品不合格情况的通告（2019年第31期）。据通告，广东省市场监督管理局组织抽检食糖样品31批次，根据食品安全国家标准检验和判定，不合格样品3批次，不合格项目为总糖分、色值。

据了解，色值问题是历次抽查中暴露的主要质量问题之一。色值超标主要影响糖品的外观，是杂质多寡的一种反映，也是生产工艺水平的一种体现，这是困扰我国制糖业的顽疾。

总糖分是衡量食糖质量高低的重要指标，总糖分越高说明糖越纯，其他物质含量越少。

广东省市场监督管理局已要求辖区市场监管部门及时对不合格产品及其生产经营者进行调查处理，责令企业查清产品流向，采取下架、召回不合格产品等措施控制风险，并分析原因进行整改。同时，要求相关辖区市场监管部门将相关情况记入生产经营者食品安全信用档案，并按规定在监管部门网站上公开相关信息。

广东省市场监督管理局提示消费者，应当在正规可靠渠道购买食品并保存相应购物凭证，还要看清外包装上的相关标识，如生产日期、保质期、生产单位名称和地址、成分或配料表、食品生产许可证编号等标识是否齐全；不要购买无厂名、厂址、生产日期和保质期的产品，不要购买超过保质期的产品；不要购买官方公布的不合格产品。

【案例感想】本应该是"甜蜜生活"的蜜糖，可不要变成"砒霜"。

糖类商品是人们生活的重要副食品，具有热量高、滋味甜美的特点。我国是世界主要产糖国之一，南方种植了大量甘蔗，北方则种植了大量甜菜。糖类商品主要包括食糖和糖果两大类。

6.2.1　食糖概述

食糖是甘蔗或甜菜的加工品，属于高热量食品。除供人们直接食用外，食糖还是食品工业的重要原料和辅料。

人们经常食用的糖类商品有白糖、红糖和冰糖，它们都属于蔗糖。制糖方法并不复杂，把甘蔗或甜菜压出汁，滤去杂质，往滤液中加适量的石灰水，中和其中所含的酸（因为在酸性条件下蔗糖容易水解成葡萄糖和果糖）后，先过滤，再除去沉淀，在滤液中通入二氧化碳，使石灰水沉淀成碳酸钙，再重复过滤，所得到的滤液就是蔗糖的水溶液了。将蔗糖水放在真空器里减压蒸发、浓缩、冷却，就有红棕色略带黏性的结晶析出，这就是红糖。若要制造白糖，应将红糖溶于水，加入适量的骨炭或活性炭，将红糖水中的有色物质吸附，再过滤、加热、浓缩、冷却滤液，一种白色晶体——白糖就出现了。白糖比红糖纯得多，但仍含有一些水分，再把白糖加热至适当温度除去水分，就得到无色透明的块状大晶体——冰糖。可见，冰糖的纯度最高，也最甜，因此其价格也最贵。

微课资源
6.2　白糖的制作

6.2.2　食糖的种类和特点

食糖可分为白砂糖、绵白糖、土红糖、赤砂糖和冰糖。

（1）白砂糖。白砂糖又称砂糖、白糖，是机制糖中最重要的品种，其纯度高，蔗糖含量在99%以上，色泽洁白、明亮，晶体均匀，质地坚硬，粒如砂，松散干燥，口味纯正，水分、还原糖和杂质的含量都很低，易于保存。

（2）绵白糖。绵白糖又称绵糖，其晶粒细软，色泽洁白，手摸有潮润、绵软感，入水、入口溶解快。其在加工过程中加入了2.5%的转化糖浆，以保证绵白糖的绵软性。因此，绵白糖中的水分和还原糖含量均较高，但是不易保存。

（3）土红糖。土红糖又称红糖、糖粉，是一种土制红糖。土红糖由于不仅带有甘蔗的香气和糖蜜的甜味，而且具有诱人的焦香味，所以很受欢迎。土红糖含糖蜜、水分、杂质均较多，结晶细而软黏，晶体大小不均，色泽深浅不一，有红、黄、紫、黑数种，易受潮溶化和风干结块，难以保管。红糖以鲜艳、松散、干燥、无块者为佳。

（4）赤砂糖。赤砂糖又称赤糖，由于加工中未经洗蜜处理，表面含有较多糖蜜（主要成分是还原糖、水分、色素及其他非糖物质），因此，该糖含还原糖和非糖成分较高，砂粒明显，色泽赤红，有浓香和焦苦味。其含糖蜜和水分较多，雨季易溶化，干季易结块，杂质含量也较多，但由于它保持了甘蔗的香味，且含较多的铁质、胡萝卜素、核黄素和烟酸等，所以其营养十分丰富。

（5）冰糖。冰糖是砂糖的再制品。先将砂糖溶化成液体，再经过烧制，除去杂质，然后蒸发水分，使其在40 ℃以下自然结晶，晶粒形成较大，为透明或半透明的块状。冰糖中的杂质、还原糖和水分含量均较少，糖味纯净，质量较优。透明冰糖的杂质最少，成分最纯，味清甜纯正，品质佳，较易保管。

※课堂讨论※

思考一下，你吃过白砂糖、绵白糖、土红糖、赤砂糖和冰糖吗？它们在外形和口感上有什么区别？

6.2.3　食糖的质量鉴别

（1）颜色。白砂糖要求色泽洁白、明亮；红糖颜色应红亮；绵白糖应呈雪白色。食糖色泽的深浅和明暗与其纯度有很大的关系，通常，色泽深浅表示水分和杂质的含量。

（2）晶粒。晶粒大小应均匀一致，晶面整齐并有光泽。绵白糖和红糖的晶粒要求均匀绵软，不黏手，不结块。一般来说，晶粒松散、干燥、不黏手、不结块的含水分就少。

（3）气味和滋味。食糖不应有焦苦味及其他异味，要求甜味纯净。

（4）杂质。食糖应干净，无任何肉眼可见杂物，其溶于水后，水溶液应无色透明，无悬浮物或沉淀物。

6.2.4　糖果

糖果是以白砂糖为主要原料，添加香料、果料、乳制品、可可制品及各种胶体物质等辅料制成的风味不同的固体甜味食品。糖果的品种很多，一般分为硬糖、蛋白糖、奶糖、软糖、夹心糖、巧克力糖、口香糖。

（1）硬糖。硬糖（图6.10）是一种含水量在3%以下的糖果。它发脆，呈透明或半透明的玻璃状固体，具有置于口中耐含的特点，且有不同的香气和滋味。其主要品种有水果型硬糖、油脂型硬糖和清凉型硬糖等。

（2）蛋白糖。蛋白糖用蛋白质作起泡剂，内部充满气泡。其特点是松软，色泽洁白，组织细腻，断面有微细的小气泡孔，入口易溶化，不粘牙，香甜可口。蛋白糖中多数添加了其他辅料，如果仁、果干、花生仁等。

（3）奶糖。奶糖与蛋白糖相似，只是奶糖中加入了较多的奶制品和油脂，这使奶糖具有奶的特殊香气和滋味。奶糖的断面也有小气孔，但其疏松程度不如蛋白糖，且比蛋白糖有更强的韧性。

（4）软糖。软糖是一种多水分、柔软、黏糯而富有弹性的糖果，多数属于水果香型，少量的有奶油和清凉气味，为防止表面相互黏附，常用糯米纸包裹，然后再用防潮蜡纸包装。

（5）夹心糖。夹心糖（图6.11）是以硬糖坯为外皮，内部包入各种不同馅心而制成的一类糖果。它既不像硬糖那样口味单调，也不像软糖那样细腻柔软，具有松酥、软润、香甜的特点。

（6）巧克力糖。巧克力糖的原料有可可脂、奶粉、砂糖、香精等。巧克力糖具有营养价值高、热量大、入口易溶化、口感细腻的特点。

（7）口香糖。口香糖（图6.12）也称胶姆糖，是一种以糖粉和聚酯酸乙烯为基本原料制成的耐嚼性糖果。其特点是在口中反复咀嚼后仍能保持香甜滋味、柔软性和韧性。

图6.10　硬糖

图6.11　夹心糖

图6.12　口香糖

6.2.5　食糖的性质

（1）易溶于水。食糖遇水即可溶化，在室温条件下，1份水能溶解3份左右的食糖。食糖的溶解度与温度成正比。

（2）易潮解。食糖有吸湿性，含还原糖较多的食糖，尤其是带糖蜜的粗糖及晶粒较细的食糖（如绵白糖）比较容易吸湿潮解，相对湿度大且高温时，食糖吸湿性增大。在相同的温度条件下，食糖的含水量越高，吸湿越快，而当含水量超过6%时，食糖就会逐渐溶化。食糖潮解后容易渗出糖蜜，严重的会发生淌浆（糖液流出），这是在食糖运输中发生货损的主要原因。含水量大的食糖，在相对湿度小的环境中也会散失水分而变干。

（3）结块性。食糖容易结块，尤其是含还原糖较多、晶粒较细、水分较多的食糖。造成食糖结块的原因主要有三种。一是干燥结块。当食糖存放环境转为干燥时，晶粒表面的糖液因水分逐渐散失，达到较高的过饱和程度，蔗糖在糖浆中又重新结晶，使糖粒与糖粒粘在一起，形成糖块。二是压实结块在保管中食糖堆码高，较长时间不翻垛，会造成压实结块。三是受热或受冻结块因环境温度高，食糖会因热融后结块；环境温度低又会受冻结块。食糖结块不仅会造成减重、降质，而且给运输、装卸带来困难。

（4）吸味与散味性。食糖极易吸收外来异味，吸味后的食糖味道不正，质量降低。用甘蔗制成的粗糖由于生产时处理方法较简单，或多或少还留有甘蔗的清香味，不宜与其他吸味货物一同存放，以免串味。

6.2.6　食糖的运输包装

1. 食糖的包装

食糖的运输包装材料有麻袋、布袋、蒲包、席包、草包、缸、竹篓、木箱和纸箱等。麻袋多用于包装数量不多的甜菜糖。赤砂糖和红糖多用蒲包、席包和草包装，此类运输包装坚固性、防潮性和卫生性较差。用聚丙烯塑料编织袋包装赤砂糖，其坚固性、防潮性和卫生性都有所改进。片糖、冰糖、方糖等由于易碎，适宜采用缸、竹篓、木箱或纸箱盛装运输。

2. 食糖的运输和保管

（1）船舱要求清洁、干燥、没有异味，舱内隔垫良好，污水沟畅通，必要时应设置木通风器或在舱底撒木屑等吸潮物。

（2）积载时食糖不能装载在机舱厨房附近的热源部位或潮湿地方。食糖不能与扬尘货、散湿货、散味货、流质货和有害有毒货同舱装运。粗糖不能与吸味货、吸湿货和清洁货同舱装运。另外，如果粗、精糖同舱，应将精糖放在粗糖上面。

（3）装卸时应严防各种火源，卸货前应先通风散气，严格注意食品卫生要求，禁止抛、掷、拖、拉作业，禁止使用手钩，雨雪天无防雨设备时不得进行装卸。

（4）保存食糖的仓库应清洁干燥、避日晒，雨季舱内可采用吸潮剂、吸湿机或用塑料薄膜密封糖堆防潮。糖垛大有利防潮，但不宜过高，以免下层的食糖受压结块。临时露天保管，应选择地势高、干燥的地面，并妥善垫盖。食糖应分票堆存，禁止与忌装货物堆装在一起。在仓库中储存时要防止鼠咬糖袋，以免其身上的病菌污染食糖。

（5）食糖如起火，最好采用封舱（库）方式，即利用空气中的二氧化碳灭火，不宜用水灭火。

案例分析

中国糖果之王诞生：靠一块糖年赚60亿元，连续17年行业销量第一

徐福记糖果连续17年全国销量第一，他们改变的是包装设计和产品，不变的是企业的质量和积极创新的精神。

每次逢年过节，家家户户都会准备许多糖果，等客人来了就拿出来招待。市场上有许多糖果品牌，其中最著名的莫过于徐福记。大家就算没吃过徐福记糖果，也一定听说过这个品牌。徐福记已经连续17年蝉联糖果行业的销量第一，年收入达60亿元。

徐福记是一家来自台湾省的企业，他的创始人是徐氏四兄弟：徐镨、徐乘、徐沆和徐梗。兄弟四人一起创业在台湾开了一家糖果店。多年经营下来，糖果店在当地已经小有名气，然而由于台湾省的市场比较小，用人成本高，原料费用也不断增加，糖果店的生意越来越难做。

四人愁眉不展，在一番思量后，决定将眼光放宽，于是就瞄准了大陆市场。大陆市场虽然糖果种类很多，但是品牌还没有成形，糖果市场也不成熟，而且当时大陆的经济正处于高速发展阶段，人民生活水平直线上升，未来对糖果的需求肯定也会与日俱增。1992年，四人来到东莞做糖果代工生意。1995年，徐福记正式创立，是时候大显身手了。

借着春节到来，徐福记开始进行促销活动，一下子就推出了40多款糖果。五花八门的糖果很快就吸引了正在挑年货的消费者的关注，销量瞬间猛增。同时，徐福记还邀请了著名港星曾志伟为代言人，一下子提高了品牌知名度。

徐福记还有一个小秘诀，那就是统一的糖果价格。糖果品类太多，消费者想要每个都尝试一下怎么办，统一价格就能解决这一问题。在成功的经营下，徐福记一路高歌猛进，名声大振。

徐福记这么多年以来良心经营，注重产品质量。徐福记的糖果都经过严格检测才能出售，这么多年对于质量的要求一直没放松，而且越来越严格。

2006 年，徐福记还跟雀巢合作，进一步促进产品的多样化。徐福记这样居安思危、积极进取的精神值得许多老牌企业学习。

"温水煮青蛙"，人是这样的，企业也是这样的，在一个舒适的地方待久了就会消弭意志，失去斗志。只有像徐福记这样不安于现状，积极开拓创新才能永远处于潮流前沿。你喜欢吃徐福记的糖果吗？

【案例问题】

1. 登录电商平台搜索"徐福记"，了解徐福记产品的价格和种类。
2. 在竞争如此激烈的市场环境里，徐福记是怎样异军突起的？

任务6.3　酱、醋、盐

案例引入

恒顺醋业：从行业视角看恒顺竞争优势

低端勾兑醋扰乱市场格局，监管趋严后利于龙头集中度提升。经调研，目前全国仍存在许多生产不规范的小品牌、小企业使用冰乙酸勾兑白醋、老陈醋等产品。相对于酿造醋，勾兑醋的生产时间短、成本低，以较低的价格出售，拉低了整个醋行业的吨价。低价竞争的乱象在北方市场尤为严重。

南醋、北醋龙头错峰竞争。南醋以镇江香醋为代表，恒顺醋业市场占有率一骑绝尘；而北醋（山西老陈醋）方面以水塔醋业为首，呈现一超多强的格局，紫林醋业、东湖醋业位居其后。在渠道方面：水塔醋业以餐饮端为主，供应占比达 60%～70%，高性价比产品深受餐饮客户青睐。恒顺醋业则以家庭端为主，餐饮供应占比仅为 10%，主要流向高端餐饮店及江苏省内餐饮店。在优势地域方面：水塔醋业以东北、华北等长江以北地区为主力，恒顺醋业以华东、华南、华中区域为核心销售范围。二者竞争较为焦灼的地区在湖北市场。价格定位方面：水塔醋业主力产品零售价在 5 元左右，恒顺产品零售价为 8～10 元。从整体来看，两大公司在渠道、地区以及价格带上展开错峰竞争，发展势头均较为良好。

品牌及口味黏性是恒顺醋业的优质壁垒。近几年，海天收购镇江丹和醋业，千禾收购镇江金山寺。这代表其他公司对于醋行业未来前景以及香醋产品看好，并且更关注南醋。食醋产品及品牌的壁垒，在短时间内很难通过自主生产及营销推广来跨越。目前恒顺醋业的品牌及产品知名度在南部地区达到很高水平，随着公司通过内部改革进行精细化的渠道建设，公司业绩有望得到显著提升。

【案例感想】柴米油盐酱醋茶，人间烟火也有趣！

6.3.1　酱油

酱油是一种呈红棕色、氨基酸含量较高、营养价值丰富的复合调味品，是餐桌上不可缺少的佐餐食品。目前世界年产酱油约为 800 万 t，我国年产酱油约 450 万 t，居世界首位。

1. 酱油的分类

1）按生产原料分类

欧美等一些国家以食用不经发酵的蛋白质水解液为主；中国大部分工厂以豆粕和大豆为主要原料，在缺乏大豆的南方地区，有时也用豌豆、葵花子饼、花生饼、棉籽饼等代用原料，广东、福建等地以海产小鱼或小虾为原料，也有用牛奶蛋白质酿制的酱油。

2）按加工方法分类

（1）酿造酱油。酿造酱油是以大豆或脱脂大豆、小麦或麸皮为原料，经过微生物发酵制成的具有色、香、味的液体调味品。

（2）改制酱油。改制酱油也称花色酱油或配制酱油，是以酱油为原料，再配以辅料制成。它具有辅料的特殊风味，如虾子酱油、蘑菇酱油、五香酱油、云南甜酱油等。

（3）配制酱油。配制酱油是以酿造酱油为主体，与酸水解植物蛋白调味液、食品添加剂等一起配制而成的液体调味品。

3）按物理状态分类

（1）液体酱油。液体酱油呈液体状态。

（2）固体酱油。固体酱油是把液体酱油配以蔗糖、精盐、助鲜剂等原料，用真空低温浓缩的方法加工定型制成的。

（3）粉末酱油。粉末酱油是将酱油直接烘干而制成的。

固体酱油和粉末酱油均具有运输方便、便于储存的优点。

4）按酱油的颜色分类

（1）浓色酱油。浓色酱油又称老抽，颜色呈深棕色或棕褐色。

（2）淡色酱油。淡色酱油又称白酱油、生抽，颜色为淡黄色，供出口和加工特殊食品用。

5）根据成品中含盐量分类

（1）普通酱油。普通酱油是在生产过程中加入食盐而制成的酱油。

（2）减盐酱油。根据肾病患者的特殊需要而制成的渗析膜减盐酱油，食盐含量只有普通酱油的1/2，保存时应注意防霉防变质。

思政拾萃

中华酱油三千年

中华上下五千年，辉煌的历史传统文化传承绵延。提到"四大发明"，大家都耳熟能详，那各位知道我们一日三餐中的调味品"酱油"是谁发明的吗？

酱油是我国古代劳动人民智慧的结晶，酱油是由"酱"演变而来。北魏贾思勰所著的《齐民要术》，在中国酱文化史上第一次系统总结记录了"作酱法"。《齐民要术》中记载的酱和酱品至少有30种。

在唐代，酱油的生产技术就已经成熟完善了。在当时，酱油不仅是人们日常生活中常用的调味品，而且据苏敬的《新修本草》、孙思邈的《千金宝要》《外台秘要》等医书记载，已成为常用的药剂。

经过汉唐数代人的发展，酱油终于在南宋臻于完善，在《山家清供》一书中首次以"酱油"

之名进入中华文明的记忆。此外，古代的酱油还有其他名称，如清酱、豆酱清、酱汁、酱料、豉油、豉汁、淋油、柚油、晒油、座油、伏油、秋油、母油、套油、双套油等。

在清代乾隆时期，作为中国四大名镇之一的佛山，就催生出了传统的酿造企业"佛山古酱园"。该酱园经营的产品繁多，咸、甜、酸、辣一应俱全。

酱油酿造技术不仅是我国传统文化精华之一，也为全世界人民做出了贡献，我们有理由为祖国灿烂的历史和辉煌的文化而骄傲。

【思政点评】都说中国三大国粹是京剧、中医、中国画；其实拥有悠久历史传承和底蕴的酱、醋、茶又何尝不是中国国粹！

2. 酱油的感官质量鉴别

酱油的感官质量因原料的种类、配方、酿造工艺不同而有所差别。

（1）色泽。红褐色，鲜艳，有光泽，不发乌。

（2）体态。体态澄清，浓度适当，无沉淀物，无霉花浮膜。

（3）气味。具有蓄香或酯香等特有的芳香味，无其他不良气味。

（4）滋味。味道鲜美适口而醇厚，柔和味长，咸甜适度，无异味。

3. 酱油的标签、包装、运输、储存

酱油标签应标明为"酿造酱油"或"配制酱油"，还应标明氨基酸态氮含量，不得将"配制酱油"标注为"酿造酱油"。

包装材料和容器应符合相应的国家卫生标准。

产品在运输过程中应轻拿轻放，防止日晒雨淋，应保持运输工具的清洁，不得与有毒和被污染的货物混运。

产品应储存在阴凉、干燥、通风的专用仓库内；瓶装产品的保质期不应短于 12 个月，袋装产品的保质期不应短于 6 个月。

6.3.2　食醋

食醋（图 6.13 和图 6.14）是以淀粉质为主要原料，在微生物的作用下，经过一系列生物化学反应的一种复杂的生物化学过程，酿制出的一种含有醋酸、乳酸、糖、氨基酸等成分的调味品。

图 6.13　碗装食醋　　　　　图 6.14　瓶装食醋

1. 食醋的分类

（1）按生产原料，食醋可分为以高粱为原料的山西老陈醋；以糯米为原料的镇江香醋；用大米为原料的江浙玫瑰米醋；以白酒为原料的丹东白醋；用糯米、红曲、芝麻为原料的福建红曲老醋；以凤梨或香蕉为原料的凤梨醋或香蕉醋等。

（2）按酿制工艺，食醋可分为以粮食及其副产品为原料，采用固态醋醅发酵而成的固态发酵食醋；以粮食、糖类、酒类、果类为原料，采用液态醋醪发酵酿造而成的液态发酵食醋。

（3）按加工方法，食醋可分为分为酿造食醋、改制食醋、配制食醋。

（4）按颜色，食醋可分为浓色陈醋、淡色米醋、白醋。

（5）根据成品中的含酸量，食醋可分为总酸含量高于 5.0 g/100 mL 的高度食醋和总酸含量为 3.5~5.0 g/100 mL 的低度食醋。

微课资源：
6.3　无氧呼吸

2. 食醋的感官质量鉴定

（1）色泽：呈琥珀色，棕红色或白色。

（2）体态：液态澄清，无悬浮物和沉淀物，无霉花和浮膜，无醋鳗、醋虱或醋蝇。

（3）气味：具有食醋固有的气味和醋酸气味，无其他异味。

（4）滋味：酸味柔和，稍有甜味，无其他不良异味。

3. 酿造醋和配制醋的鉴别

（1）酿造醋。酿造醋是以淀粉质（高粱、糯米、大米等）为主要原料，经发酵酿制成醋，再经过滤消毒而成。液体浓稠，色泽清澈，营养丰富，醋香浓郁，气味柔和，酸中带甜，口味醇和。

（2）配制醋。配制醋是用食用冰醋酸加水配制而成的，液体稀薄，有透明感，色泽暗红，因为添加了香精，所以香精味浓郁，有较强的刺激性酸味，回味稍苦。

拓展阅读

中华名醋

山西老陈醋以优质高粱为主要原料，经蒸煮、糖化、酒化等工艺，再用高温快速醋化，温火焙烤和夏日晒、冬捞冰陈酿而成。其具有色泽黑紫，液体清亮，酸香浓郁，食之绵柔，醇厚不涩，越陈越香，久放不腐的特点。

镇江香醋以优质糯米为主要原料，经酿酒、制醅、淋醋、晒露四大工艺酿制而成。镇江香醋呈深褐色，色泽光亮，香气芬芳，口味酸而不涩，香而微甜，浓稠醇厚。它具有"色、香、酸、醇、浓"的特点。

四川麸醋以麸皮、小麦、大米为主要原料，用泉水做溶剂，配以多种中药发酵而成。麸醋色泽黑褐，酸味浓厚，酯香浓郁，稍带鲜味，是一种风味独特的调味品。

福建红曲醋选用优质糯米、红曲、芝麻为原料，采用分次添加，液体发酵并经过三年陈酿精制而成。其具有色泽棕黑，酸而不涩，酸中带甜，芝麻香气浓郁的特点。

【阅读感悟】朝食三斗葱，暮饮三斗醋。

4. 食醋的标签、包装、运输、储存

（1）标签。食醋标签应标明为"酿造食醋"或"配制食醋"，还应标明食醋总的含量，不得将"配制食醋"标注为"酿造食醋"。

（2）包装。食醋的包装材料和容器应符合相应的国家卫生标准。

（3）运输。产品在运输过程中应轻拿轻放，防止日晒雨淋，运输工具应保持清洁卫生，不得与有污染的物品混运。

（4）储存。产品应储存在阴凉、干燥、通风的专用仓库内；瓶装产品的保质期应不短于12个月，袋装产品的保质期应不短于6个月。

6.3.3 食盐

食盐在国民经济中占有极重要的地位。其不仅可供人们食用，而且还是化学工业和陶瓷、玻璃、皮革、肥皂、染料、冶金、制冷、医药、食品等工业部门以及农牧业、渔业的重要原料。

1. 食盐的分类

（1）按盐源，食盐分为海盐、湖池盐、井盐、矿盐（岩盐）等，其中海盐为最多，约占总产量的78%。

（2）按用途，食盐分为食用盐、渔业用盐、工业用盐、农牧业用盐等，其中工业用盐量最大，约占90%。

（3）按加工方法和加工程度。按加工方法，食盐分为晒盐和煎盐；按加工程度，食盐分为原盐、洗涤盐、再制盐和精盐。原盐（粗盐），即未经加工的盐；洗涤盐，即将粗盐用卤水洗去部分杂质而得的盐，经粉碎的叫粉碎洗涤盐；再制盐，即将粗盐溶成饱和溶液，经沉淀除去杂质煎熬而成的盐；精盐，将粗盐用蒸气管加热煎熬而成的盐。

（4）按形状分为粒盐（海盐）、花盐（颗粒较小，产于四川）、巴盐（形如锅巴，产于四川）、筒盐和砖盐（用花盐压成）。粒盐中的食用盐按颗粒大小又分为微粒盐、磨细盐、碎盐、粒盐、块盐。

2. 食盐的成分

食盐的主要成分是氯化钠，此外还有一些其他杂质。

（1）氯化钠：呈白色晶体状，食盐的咸味就是氯化钠分子引起的。氯化钠含量越高，食盐的质量越好，一般含量在85%以上，食盐中的氯化钠含量在95%以上。

（2）其他杂质：氯化镁，味苦，吸湿性极强，含量在3%以内；氯化钙，吸湿性强，含量在1.3%以内；硫酸镁，味苦，含量在1%以内；硫酸钙，含量在1.6%以内；氯化钾，在矿盐中含量在2.35%以内；还有氧化铝（矾土）、硫酸钠（芒硝）、碘化钾、碘化钠、铁质、各种有机物、砂土、水等。

3. 食盐的性质

（1）易潮解溶化。由于原盐中含有氯化镁和氯化钙等吸湿性极强的成分，所以食盐易吸湿。

（2）易溶于水。食盐在水中的溶解度一般可达36%，即100 g水能溶解36 g食盐。

（3）结块性。由于干燥，潮湿的食盐表面卤水再结晶，以致颗粒间相互黏结而形成硬块，当较长时间受冷或受压时也会出现结块现象，严重时会变成整块石状的大块或形成致密而结实的硬壳。微粒盐比大粒盐的结块要快，而结块性会给装卸作业带来困难。

（4）易感染异味。食盐是易感染各种异味的物质。其本身无气味，当靠近任何一种散发异味的货物或装在有特殊气味的船舱（仓库）里的时候，就容易染上异味。

（5）化学性能较活泼，易与其他物质起反应。盐对金属及其制品有腐蚀作用。食盐与酸、碱、其他盐类等会发生化学反应，而且对人的皮肤、纺织品、鲜果菜等也会造成一定程度的损伤。

案例分析

世界上最值钱的湖泊

提起青海的盐湖，可能很多人都会想到被称为"天空之境"的茶卡盐湖，其实在青海的更深处，还有一个盐湖，虽然名气不如茶卡盐湖，但论面积，其是茶卡盐湖的56倍，它就是察尔汗盐湖（图6.15）。察尔汗盐湖是中国最大的盐湖，也是世界上最著名的内陆盐湖之一，青藏铁路从其中穿行而过。

察尔汗盐湖位于青海省西部格尔木市北侧，是青海重要的产盐基地，现在盐湖中还蕴藏有丰富的氯化钠、氯化钾、氯化镁等无机盐，总储量达20多亿吨。另外，它也是中国矿业基地之一，其中出产的结晶盐如图6.16所示。

图6.15 察尔汗盐湖

图6.16 结晶盐

察尔汗盐湖是大自然孕育了上亿年的盐湖，行走在湖边，感受那晶莹如玉、变化万千的神奇盐花。察尔汗盐湖上有一条长达32 km的盐桥，是由盐筑成的，所以又被誉为"万丈盐桥"。

察尔汗盐湖与茶卡盐湖之间存在很大的区别，它们的湖水颜色完全不同，察尔汗盐湖的湖水颜色变化层次感比较强，而且在光照不同的条件下呈现出来的颜色也不同，但大致就是稍带深一点的绿色，而茶卡盐湖里的水基本没有颜色。

察尔汗盐湖中储藏着500亿 t以上的氯化钠，可供60亿人口使用1 000年，因此又被称为"世界上最值钱的湖泊"。毫不夸张地说，察尔汗盐湖是青海乃至中国的"聚宝盆"。

【案例问题】

1. 察尔汗盐湖比茶卡盐湖还要像"天空之镜"，在盐碱地上堆个不会融化的"雪人"，并拍照留念，就把这片盐湖留在了记忆里。请通过查询资料，为大家介绍一下青海察尔汗盐湖。

2. "盐于律己，甜以待人；有盐同咸，无盐同淡。"结合本节内容，谈谈盐的分类、特性和主要产地。

任务 6.4 酒

白酒的前世

人生如酒，酒如人生。

中国白酒是世界公认的中国五大发明，尤其是传统中国白酒的酒曲。

曹操在《短歌行》中写道："对酒当歌，人生几何！譬如朝露，去日苦多。慨当以慷，忧思难忘，何以解忧，唯有杜康。"人生多凄苦，唯有酒可解，酒解千愁。黄庭坚在《寄黄几复》中写道："我居北海君南海，寄燕传书谢不能。桃李春风一杯酒，江湖夜雨十年灯。"当两个人距离远到连鸿雁都不能传递信息的时候，剩下的也就只有喝酒了。"抽刀断水水更流，举杯消愁愁更愁。"人在烦恼的时候，总想一醉方休，借酒浇愁。本想借酒消去烦恼，结果反倒愁上加愁。

【阅读感悟】一杯敬远方，忘记忧与愁。

中国是酒的故乡，也是酒文化的发源地，还是世界上酿酒最早的国家之一。酒的酿造，在中国已有相当悠久的历史。在中国数千年的文明发展史中，酒与文化的发展基本上同步进行。中国制酒源远流长，品种繁多，名酒荟萃，享誉中外。

6.4.1 酒的分类

酒常见的分类方法有以下几种。

1. 按制造方法分类

（1）酿造酒（也称发酵酒）。所谓酿造酒，就是用含糖或淀粉的原料，经过糖化、发酵、过滤、杀菌后制成的酒，属低度酒，如黄酒、啤酒、葡萄酒和果酒等。

（2）蒸馏酒。其是指以含淀粉的原料，经糖化、发酵、蒸馏制成的酒，大多为高度酒，如白酒、威士忌、白兰地、伏特加等。蒸馏工艺流程如图 6.17 所示。

（3）配制酒。其是指以酿造酒或蒸馏酒

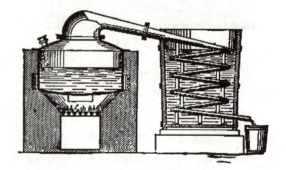

图 6.17 蒸馏工艺流程

（或食用酒精）为酒基，配加植物性药材、动物性药材或花果类等物质，经过调味配制而制成的酒，如竹叶清、五加皮等。用花果类芳香原料配置的酒一般称为露酒，如青梅酒、橘子酒、玫瑰酒等。配置酒大多为中度和低度酒。

2. 按酒精含量分类

（1）高度酒。其是指酒精含量在40%以上的酒类，如白酒、白兰地等。

（2）中度酒。其是指酒精含量在20%～40%的酒类，如大多的露酒和药酒。

（3）低度酒。其是指酒精含量在20%以下的酒类，如啤酒、葡萄酒、黄酒、果酒等。

3. 按照酒的香型分类

（1）酱香型白酒，以茅台酒为代表，酱香柔润为其主要特点，其发酵工艺最为复杂，所用的大曲多为超高温酒曲。

（2）浓香型白酒，以泸州老窖特曲、五粮液、洋河大曲等酒为代表，以浓香甘爽为特点，发酵原料是多种原料，以高粱为主，发酵采用混蒸续渣工艺。在名优酒中，浓香型白酒的产量最大，四川、江苏等地的酒厂所产的酒均是这种类型。

（3）清香型白酒，以汾酒为代表，其特点是清香纯正，采用清蒸清渣发酵工艺，发酵采用地缸。

（4）米香型白酒，以桂林三花酒为代表，其特点是米香纯正，以大米为原料，以小曲为糖化剂。

4. 酒的中国传统分类法

（1）白酒类：包括大曲酒、麸曲酒、米酒、小曲酒、二锅头等。

（2）黄酒类：包括绍兴酒、红曲酒、即墨老酒、封缸酒等。

（3）啤酒类：包括淡色啤酒（黄色啤酒）、浓色啤酒（黑啤酒）等。

（4）果酒类：包括葡萄酒、山楂酒、苹果酒、广柑酒、梨酒、菠萝酒等。

（5）配制酒类：包括十全大补酒、三鞭酒、人参酒、玫瑰酒、橘子酒、青梅酒等。

（6）国外蒸馏酒类：包括白兰地、威士忌、伏特加等。

6.4.2　主要酒类

1. 白酒

白酒是中国特有的一种蒸馏酒，品种繁多，由于所用原料、糖化剂以及发酵工艺的不同，其风味和质量的差别很大。白酒质无色（或微黄）透明，气味芳香纯正，入口绵甜爽净，酒精含量较高，经储存老熟后，具有以酯类为主体的复合香味。

1）白酒的原料

白酒的原料包括主要原料、辅料、酒曲、酒母、水等。

（1）主要原料。凡是含有淀粉或糖分的谷物或农副产品以及无毒无异味的野生原料均可酿酒，谷物如高粱、大米、玉米、大麦等；薯类如白薯、木薯、马铃薯等；农副产品如米糠、高粱糠等；野生植物如橡子、茨茯苓等。上述原料中含糖越多，产生的酒精也越多。

微课资源：
6.4　发酵

（2）辅料。辅料又称填充料。采用固体法发酵时，在配料中必须加入一定量的辅料，调整淀粉浓度，以利于糖化发酵。辅料能吸收一部分浆水和酒精，使蒸料和酒精疏松，为发酵和蒸酒创造适宜的条件。辅料的种类较多，主要有稻壳、谷壳、花生壳和玉米芯等。

（3）酒曲。酒曲是使用淀粉为原料酿酒的糖化发酵。酒曲中生长在各种微生物，分解出淀粉酶，使原料中的淀粉转化为可发酵糖，发酵微生物可使发酵糖转化为酒精。不同的酒曲不仅关系到淀粉原料的出酒率，而且对白酒的质量和风味均起着重要的作用。酿造白酒的酒曲种类主要有大曲、小曲和麸曲等。

（4）酒母。纯种酵母经扩大培养后，含有大量酵母菌的培育液称为酒母。酒母是酿酒中的发酵剂，其主要作用是使可发酵糖变成酒精和二氧化碳，也称为酿酒中的发酵剂。

（5）水。水是酒中的主要成分之一，水质的好坏直接影响到产品的质量和风味，俗话说"名酒产地，必有佳泉"。水质不洁，将影响糖化和发酵，因此，酿造白酒所用的水应该是无色透明、无异味、无杂质的，水的硬度应适宜并符合饮用水的正常要求。

2）白酒的主要成分

白酒的主要成分是乙醇和水（共占总量的 98%～99%），而溶于其中的酸、酯、醇、醛等种类众多的微量有机化合物（共占总量的 1%～2%）。作为白酒的呈香呈味物质，它们决定着白酒的风格（又称典型性，指酒的香气与口味协调平衡，具有独特的香味）和质量。

拓展阅读

中国八大名酒

第一届全国品酒会：1952 年在北京举行，共评出四大名酒，包括茅台酒、汾酒、泸州大曲酒、西凤酒。

第二届全国品酒会：1963 年在北京举行，共评出八大名酒，包括五粮液、古井贡酒、泸州老窖特曲、全兴大曲酒、茅台酒、西凤酒、汾酒、董酒。

第三届全国品酒会：1979 年在大连举行，共评出八种名酒，包括茅台酒、汾酒、五粮液、剑南春、古井贡酒、洋河大曲、董酒、泸州老窖特曲。

第四届全国品酒会：1984 年在太原举行，共评出十三种名酒，包括茅台酒、汾酒、五粮液、洋河大曲、剑南春、古井贡酒、董酒、西凤酒、泸州老窖特曲、全兴大曲酒、双沟大曲、特制黄鹤楼酒、郎酒。

第五届全国品酒会：1989 年在合肥举行，共评出十七种名酒，包括茅台酒、汾酒、五粮液、洋河大曲、剑南春、古井贡酒、董酒、西凤酒、泸州老窖特曲、全兴大曲酒、双沟大曲、特制黄鹤楼酒、郎酒、武陵酒、宝丰酒、宋河粮液、沱牌曲酒。

能经得住考验并屡受好评的八大名酒分别为茅台酒、汾酒、五粮液、泸州老窖特曲、西凤酒、剑南春、董酒、古井贡酒，俗称"老八大"。

【阅读感悟】渭城朝雨浥轻尘，客舍青青柳色新，劝君更尽一杯酒，西出阳关无故人。

2. 啤酒

啤酒是以大麦芽、酒花和水为主要原料，经酵母发酵作用酿制而成的饱含二氧化碳的一种低酒精度酒。常用的原料为玉米、大米、大麦、小麦、淀粉、糖浆和糖类物质等。啤酒具有独特的苦味和香味，营养丰富，含有人体所需的各种氨基酸和维生素，以及矿物质等。

1）啤酒的分类

（1）根据啤酒浓度可分为低浓度型（麦芽汁浓度为6°～8°，酒精含量为2%左右）；中浓度型（麦芽汁浓度为10°～12°，酒精含量为3.5%左右）；高浓度型（麦芽汁浓度为14°～20°，酒精含量为4%～5%）。

（2）根据啤酒色泽可分为淡色啤酒（图6.18）、浅色啤酒、浓色啤酒和黑色啤酒（图6.19）。

图6.18　淡色啤酒

图6.19　黑色啤酒

（3）根据杀菌方法可分为鲜啤酒、熟啤酒。

2）啤酒的感官质量鉴别

（1）看颜色——好啤酒呈微微带青的金黄色，酒液清澈、透明、光亮。

（2）看泡沫——啤酒倒入杯中后，泡沫细腻洁白、持续时间超过五分钟，泡沫散落后，杯壁上仍有泡沫痕迹（称挂杯）。

（3）闻香气——用鼻子轻闻，好啤酒有明显的酒花清香、纯净麦芽香和酯香味。

（4）尝味道——好啤酒饮入口中有醇厚、圆润、柔和之感。

案例分析

劣质酒灌装名酒　榆阳警方查获假酒1 500瓶

廉价的低端劣质酒被灌装到五粮液、茅台等品牌的瓶子里，立马"变身"为高端知名品牌白酒。2017年3月，榆林市公安局榆阳分局查处了一个假酒制造窝点，该窝点生产出各种假冒伪劣白酒，便宜的卖十几元，贵的可以卖到上千元。

2017年5月11日，在榆林高新区垃圾处理场，警方将最近查处的几批假冒伪劣酒集中销毁。其中上至千元茅台国产名酒，下至数十元的长脖西凤，品种很多。

375 mL的西凤酒从外观看起来和真酒几乎没有什么差别，实际上它是用食用酒精勾兑而成的，外包装则是一些不法生产者对瓶子进行回收再利用，而这样一瓶酒的生产成本仅需两三元，在市场上可以卖到25元左右。

而高端酒的仿冒酒更是暴利，回收真酒瓶、酒盖、酒标"包装"后，在酒瓶中灌入低端酒水，甚至食用酒精。例如，一瓶假茅台酒，其中灌入的白酒是用低端酒水勾兑而成，成本不超过20元，一个瓶盖收购价就达到50元，连同外包装、酒瓶，总造价成本才100多元，流通到市场后的售价却超过1 000元。

据榆林市公安局榆阳分局经侦大队二中队民警介绍，假酒的外包装可以很明显地看出来，假酒瓶盖的顶盖也是粗制滥造的。此外，由于假冒白酒的里外包装都是回收来的，因此生产日期还有销售地点都是不一致的。

自 2016 年以来，榆阳警方通过线索摸排，先后破获一个白酒造假窝点，以及假冒伪劣白酒销售团伙，涉案白酒 1 500 瓶，总价值超过 50 万元。

【案例问题】

1. 查询相关资料，通过具体假酒案例谈谈假酒的危害。

2. 谈论有没有什么办法杜绝假酒的生产和销售。

3. 果酒

果酒是将各种水果汁直接发酵后酿成的低度酒，通常酒精含量为 12% ~ 18%。果酒中含有各种维生素及矿物质，并具有果实的芳香和酒的醇美，口味甜润。果酒基本上以原来鲜果的名称命名，如葡萄酒、苹果酒、荔枝酒、橘子酒和杨梅酒等。果酒的酿造以葡萄酒为代表，其他果酒的酿造方法与葡萄酒的基本相似。果酒的酿造方法基本上分为混合发酵法（即原料水果皮肉混合在一起发酵，这种方法多用来酿造深色果酒或红葡萄酒）和分离发酵法（即把原料水果的皮与肉分开，单独用果汁发酵，这种方法多用来酿造浅色果酒或白葡萄酒）。

1）葡萄酒

（1）按酒的颜色分类。

①红葡萄酒：是以红色或紫色葡萄为原料，采用皮、汁混合发酵而成。由于葡萄果皮中的色素和丹宁在发酵过程中溶于酒，酒色呈暗红或红色，酒液澄清透明，含糖量较高，酸度适中，口味甘美，微酸带涩，香气芬芳，如图 6.20 所示。

②白葡萄酒：是以皮红汁白或皮汁皆白的葡萄为原料，将葡萄先拧压成汁，再将汁单独发酵制成。由于葡萄的皮与汁分离，而且色素大部分存在于果皮中，故白葡萄酒色泽淡黄，酒液澄清、透明，含糖量高于红葡萄酒，酸度稍高，口味纯正，甜酸爽口，香气芬芳，如图 6.21 所示。

图 6.20　红葡萄酒

图 6.21　白葡萄酒

不少人认为红葡萄酒是用红葡萄生产的，白葡萄酒是用白葡萄生产的，这是一种误解。红葡萄酒与白葡萄酒的主要区别在于加工方法不同，因此生产出的产品有红与白之分。

（2）按酒内含糖量分类。

①干葡萄酒：亦称干酒，原料（葡萄汁）中糖分完全转化成酒精，含糖量在 4 g/L 以下，品评时已感觉不到甜味，只有酸味和清怡口感。干酒由于糖分含量极低，葡萄的风味体现得最为充分。

②半干葡萄酒：含糖量为 4 g/L～12 g/L，在口中有微甜感或略感厚实的味道。

③半甜葡萄酒：含糖量为 12 g/L～50 g/L，味略甜，醇厚爽顺。

④甜葡萄酒：含糖量超过 50 g/L，品评能感到甜味。质量好的甜葡萄酒是用含糖量高的葡萄为原料，在发酵尚未完成时即停止发酵，使糖分保留在 4% 左右。

2）果酒感官鉴别的基本方法

（1）外观鉴别。果酒应具有原果实的真实色泽，酒液清亮透明，有光泽，无悬浮物、沉淀物和浑浊现象。

（2）香气鉴别。果酒一般应具有原果实特有的香气，陈酒还应具有浓郁的酒香，而且一般都是果香与酒香混为一体。酒香越丰富，则说明酒的品质越好。

（3）滋味鉴别。果酒应该酸甜适口，醇厚纯净而无异味，要甜而不腻，干而不涩，不得有突出的酒精气味。

4. 黄酒

黄酒是中国的特有传统饮用酒，因其色泽黄亮而得名。黄酒的主要原料是糯米或粳米、黄米（黍米）等，通过酒药、曲的糖化发酵，最后再经压榨制成，属于低度的发酵原酒。黄酒酒性醇和，适于长期储存，具有"越陈越香"的特点。黄酒还具有一定的营养价值，是广大中国消费者十分喜爱的饮料酒。绍兴黄酒和福建龙岩沉缸酒是中国黄酒中的佼佼者。

1）黄酒的分类

根据黄酒含糖量的高低可以将其分为干黄酒、半干黄酒、半甜黄酒、甜黄酒四类。

（1）干黄酒——酒中的含糖量少，总糖含量低于或等于 15 g/L。口味醇和、鲜爽、无异味。

（2）半干黄酒——酒中的糖分还未全部发酵成酒精，还保留了一些糖分。在生产上，这种酒的加水量较低，相当于在配料时增加了饭量，总糖含量为 15 g/L～40 g/L，故又称为"加饭酒"。我国大多数高档黄酒，口味醇厚、柔和、鲜爽、无异味，均属此种类型。

（3）半甜黄酒——采用的工艺独特，是用成品黄酒代水，加入发酵醪中，使糖化发酵的开始之际，发酵醪中的酒精浓度就达到较高的水平，在一定程度上抑制了酵母菌的生长速度，由于酵母菌数量较少，使发酵醪中产生的糖分不能转化成酒精，故成品酒中的糖分较高。总糖含量为40.1 g/L～100 g/L 内，口味醇厚、鲜甜爽口，酒体协调，无异味。

（4）甜黄酒——一般是采用淋饭操作法，拌入酒药，搭窝先酿成甜酒酿，当糖化至一定程度时，加入 40%～50% 浓度的米白酒或糟烧酒，以抑制微生物的糖化发酵作用，总糖含量高于100 g/L。口味鲜甜、醇厚，酒体协调，无异味。

2）黄酒的感官鉴别基本方法

（1）色泽鉴别。黄酒应是琥珀色或淡黄色，清澈透明，光泽明亮，无沉淀物和悬浮物。

（2）香气鉴别。黄酒以香味馥郁者为佳，即具有黄酒特有的酯香。

（3）滋味鉴别。黄酒应醇厚而稍甜，酒味柔和无刺激性，不得有辛辣酸涩等异味。

（4）酒度鉴别。黄酒的酒精含量一般为 14.5% ~20%。

案例分析

"状元红" 二进上海滩

某酒厂酿造的"状元红"，从明末清初至今，已有300余年的历史。"状元红"以优质高粱为主要原料，遵古方浸制当归、杜仲等18种药材，再配以红花、冰糖，用泉水精制而成。"状元红"色泽红润，晶莹透亮，质地醇香可口，优雅细腻。它具有滋阴补肾、调和气血、补中固本、增进健康的保健功效，该酒试销上海，却很少有人问津，问题出在哪里？

经调查，青年是上海瓶酒市场最大的购买者。上海青年购买瓶装酒的目的有两个：一是作为礼品。到朋友家做客，初次登门，常带包装精美、经济实惠的礼酒，孝敬对方的长者；学徒期满，敬谢师傅，馈赠亲友，也赠以礼酒。二是作为新房的装饰，一般以中档酒为主。

"状元红"滞销的原因如下。

（1）外观质量欠佳。"状元红"见光保存半年以上，酒色易退；陈酿时间短，酒味稍辣；存放时间长易产生沉淀，影响感官效果。

（2）包装装潢陈旧，商标图案沉闷呆板；标签用糨糊粘贴，易霉变脱落；酒瓶造型陈旧，750 mL酒瓶过高，易损坏；外包装破损率高，影响产品形象。

（3）促销手段落后，销售渠道薄弱，价格偏高，竞争观念不强。

该酒厂经过调查分析，决定重新调整市场营销策略，确定以上海青年消费者为目标，充分发挥了"状元红"适合当作"礼酒"和"装饰酒"的竞争优势。

（4）提高产品质量，增加适销对路的品种。做到产品新，式样新，商标新。改变酒瓶颜色，防止酒色退色；用不同规格的酒瓶，生产不同容量的酒；酒瓶采用新颖的包装形式；延长陈酿时间，增加酯香，减少沉淀的产生。

经过市场战略的调整和产品质量的提高，以及公关工作的加强，企业树立了良好的形象，再结合报纸广告的宣传，全面投放市场，一举打开局面。最后，"状元红"二进上海滩。

【案例问题】

1. "状元红"最初在上海市场销售情况不佳的原因是什么？

2. 产品质量和品种对市场有哪些重要性？

3. "状元红"二进上海滩的成功对其他产品的销售有什么指导意义？

任务6.5 乳制品

案例引入

中国乳制品工业产业政策

牛乳被誉为营养价值最接近于完善的食物，人均乳制品消费量是衡量一个国家人民生活水平的主要指标之一，世界上许多国家都对增加乳制品消费给予高度重视，加以引导和鼓励。

在我国，乳制品逐渐成为人民生活必需食品。改革开放以来，我国奶牛养殖业和乳制品工业发展迅速，奶牛存栏、奶类产量、乳制品产量成倍增长，乳制品消费稳步提高，成为仅次于印度、美国的世界第三大牛奶生产国。

乳制品工业是我国改革开放以来增长最快的重要产业之一，也是推动第一、二、三产业协调发展的重要战略产业。发展乳制品工业，对于改善城乡居民膳食结构、提高国民身体素质、丰富城乡市场、提高人民生活水平，以及优化农村产业结构、增加农民收入、促进社会主义新农村建设具有很大推动作用；对于带动畜牧业和食品机械、包装、现代物流等相关产业发展也具有重要意义。

目前，我国乳制品工业正处在由数量扩张型向质量效益型转变的关键时期，在迅猛发展的同时也出现了较多问题，如产业布局不合理，重复建设严重，加工能力过剩；养殖水平低，企业与奶农关系不协调，生鲜乳供应不稳定；有效需求不足，消费结构失衡，市场竞争失序；产品质量安全保证体系不健全等。

为贯彻《中华人民共和国食品安全法》《国务院关于促进奶业持续健康发展的意见》《乳品质量安全监督管理条例》，全面构建竞争有序、发展协调、增长持续、循环节约的现代乳制品工业，保障我国乳制品质量，强壮民族体质，带动农民增收，提升我国乳制品工业在国际的地位和竞争能力，在《乳制品加工行业准入条件》（中华人民共和国国家发展和改革委员会公告2008年第26号）、《乳制品工业产业政策》（中华人民共和国国家发展和改革委员会公告2008年第35号）的基础上，结合相关法律法规，相关部门制定并颁布了乳制品产业政策。

【阅读感悟】品质观念把握好，成品出货不苦恼。乳及乳制品是关系到国民，尤其是婴幼儿身体健康的食品，它的质量问题怎么强调都不为过！

乳是具有高营养价值、价格低廉的天然食物。乳及乳制品中的营养素对儿童、老、弱、病残人均有很重要的生理学意义，对提高整个人类身体素质具有重要意义。因此提倡每天饮用一杯奶。

6.5.1　鲜乳的成分

鲜乳的成分主要有水分、乳脂肪、蛋白质、乳糖、无机盐类、维生素、酶类。

（1）水分。牛乳中的水分通常为87%左右，初乳有特殊气味，干物质中以蛋白质和无机盐含量较高，且含多量的免疫球蛋白和维生素，营养丰富。

（2）乳脂肪。从牛乳中分离出来的脂肪称为白脱油或黄油，乳及乳制品之所以具有美好的风味和广泛的用途均与乳脂肪密切相关。

（3）蛋白质。牛乳中的蛋白质含量为3%～4%，由20余种氨基酸组成，是一种完全蛋白质。

（4）乳糖。牛乳中的乳糖含量通常为4%～6%，乳糖是由半乳糖和葡萄糖组成。

（5）无机盐类。牛乳中所含的无机盐类主要有钙、镁、钠、磷、硫等，牛乳中可溶性钙约占总钙的30%以上，是补钙的最佳食品。

（6）维生素。牛乳中含有人体所需要的多种维生素，其中维生素 A 和维生素 B 高于一般食品。

（7）酶类。牛乳中含有过氧化酶、还原酶，淀粉酶、乳糖酶、磷酸酶等。

6.5.2 乳制品的分类

1. 奶粉

奶粉是以新鲜牛奶为原料，经消毒杀菌，在一定真空度下浓缩干燥而成的淡黄色粉状制品，与鲜乳相比，具有耐储存和易携带，运输和食用都方便等特点。奶粉作为牛奶的替代品，在人们的生活中占有很重要的地位。

奶粉的主要种类有以下几种。

（1）全脂奶粉。其仅以牛乳或羊乳为原料，经浓缩、干燥制成的粉状产品。它基本保持了牛奶的营养成分，适用于全体消费者，但最适合于中青年消费者。

（2）脱脂乳粉。其仅以牛乳或羊乳为原料，经分离脂肪、浓缩、干燥制成的粉状产品，由牛奶脱脂后加工而成，口味较淡，适合中老年和肥胖以及不适合摄入脂肪的消费者。

（3）调味奶粉。其仅以牛乳或羊乳（或全脂乳粉、脱脂乳粉）为主料，添加调味料等辅料，经浓缩、干燥（或干混）制成的、乳固体含量不低于70%的粉状产品。

（4）特殊配制奶粉。它适合有特殊生理需求的消费者，如婴幼儿奶粉、中老年奶粉、低脂奶粉等。

（5）婴幼儿奶粉。一般来说，婴儿是指年龄在12个月以内的孩子，幼儿是指年龄在1~3岁的孩子。因此这种奶粉一般分阶段配制，分别适于0~6个月、6~12个月和1~3岁的婴幼儿食用。其根据不同阶段婴幼儿的生理特点和营养要求，对蛋白质、脂肪、碳水化合物、维生素和矿物质等五大营养素进行了全面强化和调整。

（6）学生奶粉。其强化补充DHA（一种不饱和脂肪酸）、牛磺酸、钙、镁、锌、铁等物质并添加双歧杆菌增殖因子，调节胃肠机能，富含低聚果糖，β－胡萝卜素，钙质、铁质及叶酸、牛磺酸等，有效促进学生的智力及骨骼发育。

（7）产妇奶粉。其参照中国人每日所需要营养标准，合理强化孕妇、产妇必需的铁、锌、钙、维生素D、维生素C、维生素E、叶酸等多种微量元素和维生素。

（8）中老年奶粉。其调整了脂肪、蛋白质和碳水化合物的比例，并强化了维生素和微量元素等营养强化剂，具有中老年保健作用。专为中老年人所设计的奶粉，最突出的特点是在降低脂肪含量的同时，已添加了多种不饱和脂肪酸，使奶粉中饱和脂肪酸、不饱和脂肪酸与多不饱和脂肪酸的比例合理化。除此以外，中老年奶粉中还添加了包括钙、维生素D_3、维生素A和维生素E在内的多种维生素。

2. 炼乳

炼乳是鲜乳的浓缩制品，是以鲜牛乳为原料经杀菌消毒、蒸发、浓缩、冷却而得到的黏稠状浓乳。

炼乳分为甜炼乳（加糖炼乳）和淡炼乳（不加糖炼乳）两种，其中甜炼乳销量最大。在原料牛乳中加入15%~16%的蔗糖，然后将牛乳的水分加热蒸发，浓缩至原体积的40%左右时，即为甜炼乳；将牛乳浓缩至原体积的50%且不加糖时，即为淡炼乳。

3. 奶油

奶油也称奶酪、黄油、白脱油，其分为鲜制奶油、酸制奶油、连续式机制奶油、重制奶油等几种。奶油是由鲜乳中分离出的乳脂肪，经成熟、搅拌、压缩所制成的乳制品。它是一种高脂肪性（含脂肪 80% 以上）食品，发热量高，同时还含有维生素 A、维生素 D、维生素 E 等，既是西餐的配料，又是制造糖果和糕点的原料。

※拓展阅读※
6.5　有机食品

※课堂讨论※

思考一下，你吃过多少种乳制品？评价一下它们的作用、口感和价格。

6.5.3　乳及乳制品的感官质量要求

1. 鲜乳

（1）色泽。生鲜乳的色泽应为乳白色或略带微黄色，不得有红色、绿色或其他颜色。如果奶液发白，稀薄，不易挂杯，取一滴放在玻璃片上观察，乳滴不成形，易流散，是掺水奶。

（2）气味和滋味。刚挤出的牛乳中含有糖类和挥发性脂肪酸，因此略带甜味，并带有特殊的香气。

（3）组织。鲜乳应均匀，不分层，无沉淀、无凝块、无杂质。鲜乳上有水状物析出的是陈奶。鲜乳煮开后表面有奶皮（乳脂）的是好牛奶，表面呈豆腐花状的是变质牛奶。

2. 奶粉

（1）气味和滋味。正常的奶粉应具有消毒牛乳的香味，无其他杂味，凡气味中带有苦味、腐败味、发霉味、化学药品和石油产品气味等，一律为不合格品。

（2）组织状态。正常奶粉应呈干燥的粉末状，无凝块或团块。用手指捏住袋装奶粉的包装袋来回摩擦可知，纯奶粉质地细腻，发出"吱吱"声，掺假奶粉由于掺有白糖、葡萄糖等成分，颗粒较粗，发出"沙沙"声。

（3）色泽。正常的奶粉应呈浅乳黄色，而且色泽均匀一致。如果出现明显的黄色或淡白色，则可能是原料牛乳不新鲜或掺入蔗糖过多所致。

（4）冲调性。倒入 25 ℃的水中后，水面上的奶粉很快润湿并下沉，完全溶解，无团块和沉淀者为优品。掺假奶粉不经搅拌即能溶解或发生沉淀，没有天然乳汁的香味和颜色，如果掺入白糖、菊花精和炒面等，奶粉的明显特征是有结晶、无光泽，呈白色或其他不自然的颜色，颗粒粗，在冷水中不经搅拌也能很快溶解或沉淀。

3. 炼乳

（1）气味和滋味。味甜而纯，有明显的牛乳滋味，无其他气味和滋味。注意，有不纯正的滋味和较重异味的为劣质炼乳。

（2）组织状态。黏稠度适中，以很容易从刮铲上流下为准，质地均匀一致，口尝时感觉不到乳糖结晶，并且不得有气泡存在。凝结成软膏状后，冲调时脂肪分离明显为劣质炼乳。

（3）色泽。炼乳整体色泽应均匀一致，白色中略带乳脂的色泽，如果呈肉桂色或淡褐色则为劣质炼乳。

4. 奶油

（1）色泽。合格品的颜色均匀，呈微黄色。色泽不均匀，表面有霉斑，表层有水分析出者为劣质奶油。

（2）盐分。奶油正常、均匀、一致。若盐粒未能溶解，则会形成砂状奶油。

（3）稠度。奶油具有一定的稠度以及适当的可塑性与延展性。

（4）组织状态。奶油的切断面应细致均匀，当液态油较多而脂肪结晶时，则形成黏性奶油。

（5）风味。奶油的味道应芳香纯正，不能有"鱼腥味"，否则应进行灭菌处理。

（6）水分。奶油的切断面应无水珠。

6.5.4 乳及乳制品的保管方法

1. 鲜乳

鲜乳可能含有病原体和其他微生物，因此，必须经消毒后方能出售。牛乳消毒一般采用高温短时间灭菌法。消毒后的牛乳要及时灌装和冷藏，以便分送给消费者或送往市场销售。运送鲜乳时应避免受热。为了保持鲜乳的质量，自消毒后至送到消费者手中的时间以不超过20 h为宜（其中包括消毒后在冷库中存放的时间）。

※拓展阅读※
6.5 蒙牛的快速运输系统

牛乳自冷库中取出至准备运送前的乳温不宜高于5 ℃，因为温度过低则脂肪容易分离，温度过高则脂肪容易变酸凝结。

2. 奶粉

由于奶粉在储存过程中极易吸收水分而发生结块，而且脂肪含量又较高，为了防止脂肪的氧化酸败和奶粉结块，奶粉必须密封包装。高级奶粉可采用容量为500 g的马口铁罐，以抽真空充氮密封的方法包装，一般奶粉采用聚乙烯塑料袋装，每袋容量为400 g或200 g。将袋中的空气压出热封，由于包装材料的不同，前者储存期较长，可达数年，后者较短，仅有几个月，储存过程中应通风、凉爽、干燥、防止阳光直接照射，库温最好控制在25 ℃以下，最高不得超过30 ℃，相对湿度应保持在70%～75%。由于奶粉易吸收异味，不能与有腥味、香味、辣味等的商品混合存放，并且要防止虫蛀、鼠咬。

3. 炼乳

由于炼乳是利用高浓度蔗糖防腐的，因此在8℃～10℃时，长时间储存也不易腐败。

4. 奶油

奶油保质期限为：4 ℃~6 ℃，7天；0 ℃~8 ℃，1~6个月；–15 ℃～–18 ℃，6~12个月；–23 ℃以下，可长期储存。

思政拾萃

冷链食品及其发展

冷链是指为减少损耗、防止污染和变质，在加工、储藏、运输、分销和零售、使用的过程中，各环节始终处于特定低温环境下，以保证产品安全的特殊供应链系统。它是随着科学技术的进步、制冷技术的发展而建立起来的，是一种以冷冻工艺学为基础、以制冷技术为手段的低温物流过程。

冷链对提高人们的生活水平发挥着重要作用，从以蔬菜、水果、肉、蛋、奶以及花卉等为代表的初级农产品，到以速冻食品、冰激凌、奶制品、巧克力等为代表的加工食品，再到以药品、疫苗等为代表的特殊商品，都是冷链的作用范围。其中最常见的还是冷链食品。采用冷链物流运输的食品，比普通冷藏食品的储存期长一到数倍。

【思政点拨】　如今，冷链物流已经朝着智能化、专业化、多元化、信息化、标准化、绿色化的方向不断发展，为人们的生活带来了极大便利。

案例分析

劣质奶粉充斥安徽阜阳　上百名婴儿受害近半死亡

自2003年以来，一些营养成分严重不足的伪劣奶粉充斥安徽阜阳农村市场，导致众多婴儿受害甚至死亡。

实际上，阜阳市工商部门在2004年年初查封了33种伪劣奶粉后，伪劣婴儿奶粉改头换面，仍旧横行安徽阜阳农村市场。阜阳各大医院收治了十余名"大头娃娃"（由于患病婴儿四肢短小，身体瘦弱，脑袋显得偏大，被当地人称为"大头娃娃"），其中多为3~5个月的婴儿。

2003年8月13日，阜阳一个，出世仅130天的女婴荣荣死去。因为长期食用几乎没有营养的伪劣奶粉，荣荣患有"重度营养不良综合征"。出生3个月，除了有一张胖嘟嘟的小脸外，荣荣几乎没有生长发育。扼杀荣荣的"元凶"，是一种伪劣婴儿奶粉。

与荣荣同样受害的还有小汉琴，相对幸运的是，她还活着。2004年4月13日，在阜阳市人民医院，记者见到了患有"重度营养不良综合征"的婴儿小汉琴，她有着通红发亮的脸庞和一双短小瘦弱的手。

按照国家卫生标准，小汉琴每天需要食用100 g左右的婴儿奶粉才能摄取足够的蛋白质，可是这种伪劣奶粉每天只为她提供了1 g蛋白质，只是正常需要的1/100。

劣质奶粉的蛋白质含量极低，根本不能满足婴儿的生长需要，长期食用会导致营养不良，让婴儿停止生长，严重的甚至会越长越轻、越小，直至由于心、肝、肾等器官功能衰竭而死亡。

像小汉琴这样的"大头娃娃"在阜阳有一二百人，其中死亡的多达五六十人。据业内知情人士透露，由于奶粉市场竞争激烈，一些中小奶粉厂纷纷采取拼成本，增加中间商利润，导致奶粉质量严重下滑。在奶粉市场大战中，一些不法厂家往往减少蛋白质和微量元素等营养成分，以降低生产成本，据了解，在奶粉生产成本中，蛋白质就占了1/3以上。一位从事奶粉批发多年的经营户告诉记者，经营中低档正牌奶粉利润较薄，平均售出每箱奶粉只能赚四五十元，而经营一些高端品牌的假冒奶粉的利润可达每箱六七十元，并且因为价格便宜，销售得很快，所获收益也非常可观。据他介绍，以他所经营的这个使用面积约20 m^2的店铺为例，一年下来仅奶粉一项就有五六十万的收益，其中假冒奶粉的利润在三成以上。

【案例问题】

1. 根据以上案例，分析市场上出现劣质奶粉的原因。

2. 你认为要杜绝劣质奶粉流入市场，哪些市场管理部门应负有监管职责？监管时应该采取哪些措施？

3. 查阅奶粉的相关标准，指出奶粉的质量指标。

模块考核

一、名词解释

茶马古道　忌盐酱油　紧压茶　蒸馏酒　婴幼儿奶粉

二、填空题

1. 食醋标签标注的内容应符合规定，应标明为"_____"或"_____"。

2. 按盐源分为_____、_____、_____、_____等，其中_____为最多，约占总产量的78%。

3. 大曲酒、麸曲酒等属于_____；绍兴酒、红曲酒等属于_____；葡萄酒、山楂酒、苹果酒等属于_____。

4. 奶粉是以鲜乳为原料，经消毒杀菌，在一定真空度下浓缩干燥而成的_____粉状制品。与鲜乳相比，它具有_____、_____、_____、_____等特点。

5. 从酒的度数高低来看，酿造酒一般属于_____，蒸馏酒大多为_____。

三、单项选择题

1. 鲜乳的感官质量要求是指（　　）。

　　A. 生鲜乳的色泽应为乳白色或略带微黄色，不得有红色、绿色或其他颜色

　　B. 刚挤出的牛乳中含有糖类和挥发性脂肪酸，因此略带甜味，并有乳的特有香气

　　C. 鲜乳应均匀，且不分层，无沉淀、无凝块、无杂质

　　D. 以上都正确

2. 食盐按盐源可以分为海盐、湖池盐、井盐、矿盐（岩盐）等，其中（　　）为最多，约占总产量的78%。

　　A. 海盐　　　　　　　B. 湖池盐　　　　　　C. 井盐　　　　　　　D. 矿盐

3. 高度食醋是指醋酸含量高于（　　）的食醋。

　　A. 3.0 g/100 mL　　　　　　　　　　　B. 5.0 g/100 mL

　　C. 8.0 g/100 mL　　　　　　　　　　　D. 10.0 g/100 mL

4. 把液体酱油配以蔗糖、精盐、助鲜剂等原料，用真空低温浓缩的方法加工定型制成的酱油叫作（　　）。

　　A. 液体酱油　　　　B. 固体酱油　　　　　C. 粉末酱油　　　　　D. 忌盐酱油

5. 蒜汁醋、姜汁醋属于（　　）。

　　A. 酿造食醋　　　　B. 改制食醋　　　　　C. 配制食醋　　　　　D. 高度食醋

四、多项选择题

1. 下列属于茶叶性质的是（　　）。

　　A. 陈化性　　　　　B. 散味性　　　　　　C. 吸味性　　　　　　D. 怕热性

2. 下列不可与茶叶混放的货物是（　　）。

    A. 椰干   B. 骨粉   C. 樟脑   D. 纸浆

3. 食糖的性质是（　　）。

    A. 易潮解   B. 结块性   C. 易燃性   D. 吸味性

4. 黄酒的感官鉴别是（　　）。

    A. 应是琥珀色或淡黄色的液体，清澈透明，光泽明亮，无沉淀物和悬浮物

    B. 以香味馥郁者为佳，即具有黄酒特有的酯香

    C. 应是醇厚而稍甜，酒味柔和无刺激性，不得有辛辣酸涩等异味

    D. 酒精含量一般为 14.5% ~ 20%

5. 优质食醋的感官感觉包括（　　）。

    A. 呈琥珀色，棕红色或白色

    B. 液态澄清，无悬浮物和沉淀物，无霉花浮膜，无醋鳗、醋虱或醋蝇

    C. 具有食醋固有的气味和醋酸气味，无其他异味

    D. 酸味柔和，稍有甜味，无其他异味

五、判断题

1. 由于奶粉在储存过程中极易吸收水分而发生结块，脂肪含量又较高，为了防止脂肪的氧化酸败和奶粉结块，必须密封包装。（　　）

2. 糖类可分为单糖、双糖、多糖三类，其中多糖无甜味，不易溶于水。（　　）

3. 脂肪的摄入量不宜过高，否则会发生热能过剩。每人每天摄入脂肪 10 ~ 20 g 即可满足人体需要。（　　）

4. 浓香型白酒以泸州老窖特曲、五粮液、洋河大曲等酒为代表，以浓香甘爽为特点，发酵原料种类很多，以高粱为主，发酵采用的是混蒸续渣工艺。（　　）

5. 牛乳中的水分最高可达 90%。（　　）

六、简答题

1. 食品中的主要营养成分有哪些？

2. 糖类的生理功能及单糖和双糖的主要特点是什么？

3. 茶叶的性质有哪些？

4. 含酒精饮料有什么特点？

5. 什么是转基因食品？它是否会影响人体健康？

模块 7

农林杂类货物

内容导读

　　农林杂类货物主要包括粮谷、棉花、橡胶和木材。本模块分别讲述了粮谷的种类与成分，粮谷的性质和谷物的运输与保管；棉花的种类、结构、成分以及性质；木材的树种和分类，木材的成分和结构，木材的特性以及运输和保管。

学习目标

　　[知识目标]

　　◎了解粮谷的种类、成分、性质以及运输与保管知识。

　　◎了解棉花的种类、结构、成分和性质等方面的知识。

　　◎了解木材的分类、成分、结构、特性以及运输与保管知识。

　　[能力目标]

　　◎能够运用所学知识辨识粮谷的种类，知道怎样实现粮谷的运输与保管。

　　◎能够运用所学学习棉花的种类、结构知识对棉花制品进行消费选择。

　　◎能够运用所学木材分类、成分和结构知识选择木制品，知道如何实现木材的运输和保管。

　　[思政目标]

　　◎培养脚踏实地、认真细致的学习态度，了解身边最常见的粮谷、棉花、橡胶和木材的相关知识。

　　◎深刻领悟"绿水青山就是金山银山"的含义，尽自己所能，做好环境保护。

　　◎"谁知盘中餐，粒粒皆辛苦。"无论是粮谷，还是棉花、橡胶和木材，都是大自然的馈赠，得之不易，大家要养成勤俭节约的好习惯。

任务7.1　粮谷

马铃薯成为我国第四大粮食作物

马铃薯俗称土豆，现已逐渐成为继水稻、小麦、玉米之后我国的第四大粮食作物，其价格不高，但市场需求和消费量很大，大到可以出口国外，小到一份小小的薯条、一袋薯片都是以马铃薯为原材料进行加工制成的。马铃薯是我国第四大粮食作物原因如下。

一：马铃薯饱腹感强

马铃薯块茎水分多、脂肪少、单位体积的热量相当低，所含的维生素C是苹果的10倍，维生素B族的含量是苹果的4倍，各种矿物质的含量是苹果的几倍至几十倍不等，食用后有极佳的饱腹感。有数据显示，食用250 g的马铃薯就能够提供100多千卡①热量，而其中所含的膳食纤维又能够促进肠道中废弃物的排出，从而预防便秘。

二：马铃薯营养价值高

马铃薯含有丰富的维生素A和维生素C以及各种矿物质，优质淀粉含量为16.5%，而且还含有大量木质素，被誉为人类的"第二面包"。马铃薯的维生素含量是胡萝卜的2倍、大白菜的3倍、西红柿的4倍，其中维生素C的含量是蔬菜之最。

三：马铃薯耐储存

马铃薯耐储存，可以周年供应，是一种调剂市场淡旺季和受欢迎的鲜食蔬菜及加工品原料。一般鲜食马铃薯适宜的储存温度为3 ℃～5 ℃，但用来煎薯片或油炸薯条的马铃薯，应储藏在10 ℃～13 ℃的环境中。

四：品种和吃法多样

马铃薯在全球有1 000多个品种，目前在我国的种植历史已有400多年，种植面积达到8 000多万亩②，但受消费习惯和市场需求等的影响，我国马铃薯生产消费总体呈现增长速度不快、生产水平不高、发展参差不齐等特点。

【阅读感悟】有一个"奇怪"的现象：番茄竟然是西红柿味的，红薯竟然是地瓜味的，卷心菜竟然是包菜味的，而最想不通的是，土豆居然是马铃薯味的。

粮谷是水上运输的大宗货物之一。水上运输的粮谷分为袋装运输和散装运输两种。散装粮谷的运输具有装载量大、装卸效率高、节省包装费用等优点，以往海运中粮谷的散运量大，而近年来内河运输粮谷的散运量也有所增加。运输散粮多数采用散粮船，但也有利用普通杂货船或油船运输的。

---

① 1千卡≈4.19千焦。
② 1亩≈666.67平方米。

7.1.1　粮谷的种类与成分

1. 粮谷的种类

粮谷的种类繁多，但基本上可分为谷类、豆类和油料类。

（1）谷类粮谷的主要品种有稻谷、小麦、大麦、元麦、黑麦、荞麦、玉米、高粱、粟米等。

（2）豆类粮谷的主要品种有大豆、蚕豆、豌豆、绿豆、赤豆等。

（3）油料类粮谷的主要品种有芝麻、花生、油菜籽、棉籽、向日葵等。

水运中运量较大的有稻谷、小麦、玉米以及成品粮中的大米等。

2. 粮谷的成分

粮谷品种繁多，化学成分也很复杂。主要是由淀粉、糖分、蛋白质、脂肪、水分、纤维素和矿物质组成，还含少量的酶、维生素、色素等物质。当然，不同品种粮谷中所含的成分存在差异。

粮谷的化学成分以淀粉为主，豆类粮谷含有丰富的蛋白质，油料类粮谷脂肪含量较多。含淀粉多的粮谷可作为主食，含蛋白质多的一般作为副食品，含脂肪多的可作油料。大豆因同时含有大量蛋白质和脂肪，所以既是豆类也可作为油料。

思政拾萃

农业农村部谈中国对世界粮食安全的贡献

2021年9月7日，国新办（中华人民共和国国务院新闻办公室）就国际粮食减损大会有关情况举行发布会，农业农村部国际合作司司长隋鹏飞在会上表示，作为全球最大的发展中国家，中国积极参与全球粮农治理，推动农业国际合作，分享农业农村发展的经验和实践，为世界粮食安全做出了贡献。

"这个月到下个月是全球关于粮食领域或者和粮食密切相关的领域活动最多的。一周前，金砖国家农业部长会议召开，主题是粮食安全"。隋鹏飞介绍，"9月9—11日，国际粮食减损大会召开。9月17日和18日二十国集团农业部长会议在意大利召开。9月22日和23日，联合国粮食峰会召开，全球农业部长们始终聚焦粮食问题。"在中国，从最高领导人到农业农村部，再到各地方，都对粮食安全问题高度重视。在这种形势下，若要为世界粮食安全作出贡献，可以从三个方面重点考虑。

一是加强人力资源合作，帮助发展中国家提高粮食综合生产能力。中国通过实施对外援助和农业"南南合作"等，已经向位于非洲、亚洲、南太平洋、加勒比海等地的70多个国家和地区派出了2 000多名农业专家和相关技术人员，所在国近10万名农民接受了培训，在中国境内举办将近500多期培训班，培训国外专家、专业人员1.1万名。另外，中国还在作物生产、畜牧业水产养殖、农田水利、农产品加工等各个领域，向有需要的国家进行了1 500多项技术推广和示范，带动项目区平均增产40%～70%，已有超过150万户小农从中受益。

二是加强农业科技合作，推动提升国际粮食减损技术支撑能力。多年来，中国已经与140多个国家和地区以及国际组织建立了科技合作关系，与 80 多个国家的科研机构以及 21 个国际组织签署了 500 多份合作协议和备忘录，共建了 170 多个联合实验室和研究中心，在育种、农机、植保等领域持续有效地开展了大量工作。多年以来，中国在"一带一路"倡议沿线国家推动农业对外投资合作，把当地的生产能力，特别是发展中的生产能力提高了很大一截。下一步，中国将重点围绕粮食减损的关键环节，加强与国际方面在技术、工艺、装备等方面的联合研发。

三是加强政策协调。从全球层面推动粮农治理能力，加强与联合国粮农组织、世界粮食计划署等国际组织合作，围绕保障全球粮食安全，提高粮食减损能力设置议题，推动各国在粮食安全治理方面达成共识，还要积极参与世界贸易组织、国际食品法典委员会、国际植保公约等国际标准和规则的制定，推动在粮食减损、运输、检疫、进出口贸易等方面形成合理的国际规则，更好地利用二十国集团、亚太经合组织、金砖国家等平台，开展信息交流和政策对话协调，促成公平公正的国际粮食市场秩序。

【思政点评】 中国用全球 7% 的耕地养活了全球近 22% 的人口，于 2006 年废除了延续千年的农业税，而且中国政府每年的一号文件一定是关于农业、农村、农民的。

7.1.2　粮谷的性质

1. 一般特性

（1）吸湿性。粮谷具有吸湿性，粮谷吸湿增加其含水量后，在一定温湿度条件下，会增加呼吸强度，利于霉菌、害虫的繁殖，引起发热、发芽、霉变、虫害。另外，粮谷在外界湿度低时会散发水分。

（2）呼吸作用。粮谷是处于休眠状态的活的有机体，靠呼吸作用获得能量以维持生命。新粮、瘪粒、破碎粒、虫蚀粒及生过芽、受过冻伤、表面粗糙、带菌量高的籽粒呼吸作用较强。粮谷呼吸作用越强，营养物质的消耗越多，会导致质量降低、粮温增高，不利于保持粮谷的种用和食用品质。

（3）吸附性。粮谷有呼吸与解吸各种气体的性能，能感染异味和有害气体。当粮谷吸附异味后，气体散失得很慢，甚至无法散失。如受香料、煤油、咸鱼和某些农药、熏舱药物等异味感染后，都不易散失，会影响食用或不能食用。

（4）易霉变。粮谷是微生物良好的营养基质，粮谷本身及杂质、害虫都带有大量的微生物，微生物大量活动的结果，导致粮谷出现变色、变味、发热、生霉以及霉烂等霉变现象。微生物一般在粮谷中的水分含量超过安全界限，温度为 25 ℃ ~ 35 ℃ 时生长最快，而低温、干燥的环境对微生物有抑制作用。

（5）易受虫害作用。粮谷很容易感染害虫。害虫不仅蛀食粮谷，引起重量损失并降低品质，而且害虫在取食、呼吸、排泄和变态等生命活动中还要散发热量和水分，促使结露、生芽、霉变，它们所产生的分泌物、粪便、皮屑等还会污染粮谷。粮谷的主要害虫是米象、谷象等，还常遭鼠咬和鸟食。

（6）发热性。粮谷在储运过程中，粮堆温度不正常上升的现象称为粮谷发热。发热主要是由于粮谷内的生物体（包括粮谷、微生物、害虫）呼吸作用产生的热量积聚。

（7）陈化性。粮谷随着储存期的延长，由于酶的活性减弱，呼吸频率降低，原生质胶体结构松弛，物理化学性状改变，种用和食用品质变差，这种由新到陈、由旺盛到衰老的现象，称为粮谷的陈化。粮谷陈化的深度与保管时间成正比，高温高湿、杂质多、虫霉滋生易加速粮谷的陈化。

2. 散堆特性

散堆特性是指粮谷类货物的散落性和下沉性。

（1）散落性。粮谷由高处下落时向四面流散，称为散落性。粮谷的散落性有利于散粮装卸作用，但对船舶的稳性也会产生极为不利的影响，严重时会造成翻船。

（2）下沉性。粮谷间有空隙，受外力作用后就会产生表面下沉现象，这种特性称为下沉性。粮谷的下沉性不但影响舱内粮谷的实际重心位置，而且使已经装满的舱室出现空当，使粮谷出现自由流动的表面，在散落性的作用下将直接影响船舶稳性和航行安全。

7.1.3　粮谷的运输与保管

1. 装运散装粮谷的稳性要求

装运散装粮谷的船舶，不论是满载或部分装载，经过一段时间的航行后，由于舱内谷物下沉，必定存在空舱容积和出现粮谷自由流动面，当船舶横摇时，散装粮谷的表面就会随之滑动，对船舶的稳性产生严重影响。

为了保障船舶航行安全，针对船舶装运散装粮谷的特点，装运散装粮谷的船舶将粮谷移动所产生的倾侧力矩减少到保证航行安全的程度。

2. 散装粮谷在货舱内的两种装载方案

（1）满载舱。散装粮谷达到最高水平时，粮谷移动对船舶稳性的影响最小。

（2）部分装载舱。散装粮谷未装载到满载舱所规定的状态。

3. 散装粮谷的主要防移装置及止移措施

散装粮谷海上运输多数采用专用散粮船，船舶在整个航程中都应满足规定的完整稳性要求。如果船舶装载散装粮谷后不能符合完整稳性要求，则可以在装载粮谷的一个或几个舱内设置相应的防移装置，或采取一定的止移措施，达到减少或消除舱内粮谷移动产生的危险，以满足规定的确保船舶可以安全航行所必需的稳性要求。

4. 粮谷的运输与保管注意事项

（1）货舱和衬垫必须保证清洁、干燥、无虫害、无异味、严密，若货舱装运过有毒、有害、有异味和扬尘性货物或被虫害感染的谷物，必须清扫洗舱干净或经药剂熏蒸。另外，还要疏通舱内的污水沟，以保持其畅通，对货舱污水泵和通风设备做全面检查并进行试运行，以保证其运行状况良好。

（2）合理编制积载计划，备妥止移装置（如必要时），填写散装粮谷稳性计算表，只有满足稳性要求后，才准许装货。

（3）非整船装运粮谷时，严禁与易散发水分货物、易散发热量货物、有异味货物、污秽货物、有毒货物以及其他影响粮谷质量的货物混装。

（4）承运前应加强对粮谷质量的检查，防止接受含水量超标、发热、霉变、有虫害的粮谷，以免扩大损失。

（5）航行途中应定时测量粮谷的温度，并根据外界条件正确通风，这样不仅可以使其散发热量，还可以防止"出汗"。

（6）粮谷原则上应堆放在仓库内，仓库的条件与货舱基本相同，应做好垫垛工作。粮谷在港口短期存放时，可利用仓库或露天堆场。露天堆存时应有较高的底部垫板和良好的铺盖，以防止粮谷被雨淋湿。

案例分析

每年中国在储藏、运输和加工等环节损失粮食350亿千克

近年来，通过全面实施粮安工程、粮食产后服务体系建设，积极推广粮食产后减损技术应用，粮食仓储环节损失明显降低，但我国粮食产后损失依然严重，减损任务艰巨。相对于"舌尖上的浪费"，我国粮食从生产到加工链条上的损失却鲜为人知，但同样触目惊心。来自国家粮食和物资储备局截至2020年的统计数据显示，我国粮食在储藏、运输和加工等环节的损失量每年高达350亿千克。

"减少粮食产后损失浪费等于建设无形良田，是提高粮食安全保障水平的重要举措。近年来，通过全面实施粮安工程（粮食收储、供应安全保障工程）、粮食产后服务体系建设，积极推广粮食产后减损技术应用，粮食仓储环节损失明显降低，但我国粮食产后损失依然严重，减损任务艰巨。粮食收获、农户储粮、粮油加工和消费等环节损失较为集中，其中个别环节损失率高。"国家粮食和物资储备局安全仓储与科技司长王宏说。

"在农户储粮环节，建设农户科学储粮仓以减少农户储粮损失；在粮食收购环节，建设粮食产后服务体系提档升级；在粮食储运环节，开发推广安全储粮技术；在粮食加工环节，积极推广适度加工技术以减少损失；在粮食消费环节，强化节粮减损宣传，营造爱粮节粮的氛围。"王宏说。

据粮食部门统计，每年由于农户的储存设施简陋，烘干能力不足，缺少技术指导等原因导致的粮食损失达8%左右。媒体调查发现，一些农民收获粮食后往往先在自家庭院、农田地头搞"地趴"式储粮三四个月，等到价格合适再出售。这种储藏方式容易导致粮食生霉、腐烂以及遭遇鼠害，造成大量损失。除了农户外，部分中小型粮食收购企业、粮食经纪人的储粮设施也很简陋，更造成了粮食的极大损失。

【案例问题】

1. 介绍粮谷的性质。

2. 怎样才能做好粮谷的储存和运输工作，以减少损耗？

任务7.2　棉花

案例引入

彩色棉花你见过吗？

2021年10月12日，在新疆库尔勒市哈拉玉宫乡下多尕村的一处天然彩棉种植基地，棕色的

棉花开得正旺，大型采收机械往来穿梭，机声隆隆，没一会儿，采棉机便吐出了重量达2.5吨的彩棉"金蛋"。

中国彩棉（集团）股份有限公司库尔勒育种试验基地今年在哈拉玉宫乡下多尕村种植了1 000余亩彩棉，主要品种以棕色系和绿色系彩棉为主。

"我们这个彩棉育种试验基地今年种植了1 000余亩彩棉，亩产可以达到400千克，我们这边主要做的是科研育种和良种繁育，我们企业主要从事天然彩棉科研、育种、种植、收购、加工及销售等全产业链的业务，基地培育的16个具有自主知识产权的彩棉品种已成为我国彩棉推广种植的核心品种。"中国彩棉（集团）股份有限公司首席专家刘海峰说。

彩棉又称天然彩色细绒棉，是采用杂交以及现代生物工程技术培育出的一种在吐絮时就具有绿、棕等天然颜色的棉花。彩棉具有色泽自然柔和、古朴典雅、质地柔软、保暖透气等特点。彩棉用于纺织，可以免去繁杂的印染工序，不仅可降低生产成本，还保证了零污染。彩棉除了自带颜色，纯天然无污染的特点外，还具有较高的抗菌性、抗氧化性、抗紫外线性等优点。

棉花是生长在棉籽上的种毛纤维，当棉纤维成熟后从棉铃内摘取下来的棉瓣称为籽棉。经轧花加工使纤维与棉籽分离的所得的棉花称为原棉或皮棉。原棉是纺织工业的重要原料，也是人们日常生活中作絮棉和制脱脂棉的原料，而且废棉还可供造纸使用。

7.2.1　棉花的种类

1. 按棉花的品种和纤维长度分类

（1）细绒棉。细绒棉又称陆地棉，纤维细而长，弹性好，色泽洁白、乳白或淡黄，有丝光，长度为25～31 mm，是目前种植最广的棉种。

（2）长绒棉。长绒棉又称海岛棉，纤维极细，弹性好，有光泽，纤维长度在33 mm以上，最长可达70 mm，是高级棉种。

（3）粗绒棉。粗绒棉属亚洲棉或非洲棉系统，纤维粗硬，少丝光，弹性好，色乳白或白，长度为13～15 mm，种植产量低，是逐渐被淘汰的棉种。

2. 按棉花的轧花加工方式分类

（1）皮辊棉。皮辊棉是皮辊式轧棉机加工的皮棉。皮辊棉是依靠皮辊黏附纤维后，将纤维与棉籽分离，从而得到皮棉。其特点是皮棉呈片状，长度损伤少，含杂率较高，疵点较少，黄根较多。

（2）锯齿棉。锯齿棉是用锯齿式轧棉机加工的皮棉。锯齿棉的特点是皮棉呈松散状态，纤维长度比较整齐，但长度偏短，含杂率较低，疵点较多，棉结索丝，带纤维籽屑的含量较高。

3. 按原棉色的泽和成熟度分类

（1）白棉。正常成熟、正常吐絮的棉花，不管原棉的色泽呈洁白、乳白还是淡黄色，都称为白棉。

（2）黄棉。在棉花生长晚期，棉铃经霜袭击后枯死，铃壳上的色素染到棉纤维上，使原棉颜色发黄，这种原棉称为黄棉或霜黄棉。黄棉均属低级棉，纺织上用得很少。

（3）灰棉。棉花在多雨地区生长时，棉纤维在生长发育过程中或吐絮后，遇上雨水多、日照少、温度低，影响了纤维成熟度，原棉颜色呈灰白，这种原棉称为灰棉。灰棉质量差，在纺织上的应用也少。

思政拾萃

新疆的棉到底有多优秀

微课资源：
新疆的棉到底有多优

新疆的棉花开了！天山南北棉花迎来采收季，金秋十月，新疆各地棉花成熟吐絮，"大个头"采棉机和"下金蛋"打包机齐上阵，机械化采收场面引人赞叹。棉花虽名为花，其实并不是花，它是锦葵科棉属植物的种籽纤维，是仅次于粮食的第二大农作物，涉及农业和纺织工业两大产业。

中国纺织工业联合会介绍，新疆棉是全球业界公认的高品质天然纤维原料，较好满足了全球范围内对棉制纺织品服装的刚性消费需求，是中国纺织工业健康可持续发展的重要原料保障。

最新数据显示，我国 2020—2021 年棉花产量约 595 万吨，总需求量约 780 万吨，年度缺口约 185 万吨。新疆棉产量达 520 万吨，约占国内总产量的 87%，约占国内总消费额的 67%，而为了确保国内棉花供应链稳定，中国每年仍需进口约 200 万吨棉花。新疆棉田如图 7.1 所示。

在世界范围内，新疆棉花不仅在数量上占有绝对优势，在质量方面也毫不示弱，尤其是长绒棉。长绒棉因纤维较长而得名，被认为是"棉中极品"，也是纺制高档和特种棉纺织品的重要原料，连人民币的生产原料也是棉花。但是长绒棉产量不高，全世界出产的棉花里只有 2% 是长绒棉，世界上只有三个地方能种植长绒棉，而新疆就是其中一个。新疆棉株如图 7.2 所示。

图 7.1　新疆棉田

图 7.2　新疆棉株

新疆已经形成我国最大的棉花生产基地、加工基地、纺织服装出口基地，纺织规模已达 2 000 余万锭，纺织就业工人 100 余万人，整体行业产值达 700 亿元，棉产区 65% 以上家庭的收入来自棉花，棉花是新疆地区名副其实的"白色黄金"。

【思政点评】世界棉花看中国，中国棉花看新疆。在人们的辛苦劳作中，纯白无瑕的新疆棉花散发着温暖而柔和的光。

7.2.2　棉花的结构及成分

1. 结构

棉纤维的截面呈圆形，顶端封闭，中部略粗，两端略细，呈纺锤形。发育成熟的棉纤维主要有表皮层、纤维素层、中腔三个部分。表皮层是棉纤维的外层，其主要成分是果胶质，表皮的外部包覆着一层蜡状物。纤维素层在表皮层下面，由若干层以纤维素为主要成分的同心层组成，它是构成棉纤维的主要部分，纤维素层的中间有很多孔隙，这使棉纤维具有了多孔性。棉花再往里层是中腔，它是棉纤维停止生长后，胞壁内遗留下来的最内部的空隙，其中常充有少量含氮物质及色素。

2. 成分

棉花的主要成分是纤维素，其在正常成熟的棉纤维中占94.5%。此外，还含有少量的其他物质。成熟棉纤维的化学组成见表7.1。

表7.1　成熟棉纤维的化学组成

成分	含量/%	成分	含量/%
纤维素	94.5	含氮物质	1～1.2
蜡状物质	0.5～0.6	灰分	1.14
果胶物质	1.2	其他物质	1.36

7.2.3　棉花的性质

（1）吸湿性。棉纤维在纤维素层中有许多孔隙，因此，具有较大的吸湿能力。棉纤维吸湿能力随着外界环境的相对湿度增大而加强。在正常状态下，棉纤维含8%的水分（对干纤维重量比），当吸湿含量在14%以上时，容易引起发热、霉烂，使棉花丧失光泽，染上黑斑，从而导致纤维强度降低，影响质量。

（2）怕酸性。棉纤维化学稳定性较好，对碱和有机酸抵抗力很强，但棉纤维分子在无机酸溶液中易水解，致使棉纤维强力下降。盐酸、硝酸、硫酸等强无机酸对纤维素破坏作用最强烈。

（3）染尘性。棉花是绒毛性纤维，很容易沾染灰尘，沾染灰尘后则容易造成污损，会降低纺织性能，还会导致生霉、虫蛀以及自燃。

（4）易燃性。棉花是一种易燃物质，棉纤维表面的蜡质尤为易燃，微小的火星都会引起棉花着火，当棉包边缘散乱、花絮外露时，更易着火。棉纤维具有中腔，纤维素层间有许多空隙，其中存有空气，一旦起火，蔓延迅速，不易扑灭，即使隔绝外界空气，仍能继续燃烧。

（5）保温性。棉花不易传热，具有良好的保温性，这是由于棉纤维本身是热的不良导体，并有一定弹性，能使纤维松散，而且纤维间存在大量空气（空气也是热的不良导体）的缘故。这个性质可引起棉花的自燃。

（6）自燃性。当棉花温度超过330 ℃时，可引起自燃。

案例分析

透视新疆棉运输难问题

据统计，2008年新疆通过铁路运输棉花出疆296.5万吨，截至2009年8月31日，约有50多万吨2008年生产的棉花尚未出新疆，其中绝大多数为储备棉，商业用棉仅有几万吨。然而，自 2009 年以来，新疆棉花运输问题非常突出，甚至成为影响国内棉价走向的一大因素，也成了 2009 年棉花行业从业者共同牵系的对象。大家感叹"棉价要看新疆铁路的脸色。"

到底新疆棉运输难背后隐藏了什么玄机？

新疆棉占据着全国棉花产量的 1/3，世界产量的一成，一举一动对全国的棉花市场影响极大。疆棉的质量也非常好，特别在位于新疆塔里木盆地的阿克苏、吐鲁番盆地、音郭楞、喀什等地区，那里生长的纤维长度在 35 mm 以上的中长绒棉具有纤维强度高、弹性好的良好特性，是纺高支纱以及特种纺织工业不可或缺的重要原料。另外，新疆是我国最大的天然彩棉产区，目前彩棉的种植面积约为 20 万公顷①，产量占到了国内产量的 95% 以及世界产量的 50%。

目前在新疆的许多地方，棉花交易都是在轧花厂或站台交货，因此都是由买方负责运输。据统计，新疆棉花的 85% 销往上海、浙江、四川、陕西、辽宁等内地省市。然而，由于新疆远离内地，棉花出疆平均运杂费较高，致使新疆棉销售价比内地棉区高出许多，棉花出疆运费已成为制约新疆棉花产业发展的主要瓶颈。正如农业农村部农业发展研究中心副主任关锐捷所言，"新疆棉花总产量的 70% 要通过汽车和火车等销往内地，季节性的运力集中，火车车皮相当紧张。由于新疆到内地主要市场的运距较长，运输费用每吨棉花要比内地高 400 元左右，这大大影响了新疆棉花的竞争力。"

为有效防止棉包铁丝摩擦造成的铁路运输火灾事故，"即日起，全局范围内经铁路运输的棉花包必须使用塑钢带打包方式。各棉花加工、仓储和运输企业应立即着手改变目前包装方法，凡经铁路运输的棉包所选用的塑钢带必须达到国家有关质量和技术要求。对 2009 年 9 月 1 日以后打包的棉包，未使用塑钢带打包的包型将严禁上站装车和受理运输。"新疆乌鲁木齐铁路安全监督管理办公室近日发出的《关于棉花铁路运输包装采用塑钢带打包的通知》要求，2009 年 12 月 31 日以后，仍需运输的 9 月 1 日以前打包的钢丝棉包，凡需经铁路运输的，必须在棉包之间安放一定厚度的阻燃衬垫，否则严禁上站装车和受理运输。

业内人士分析，在铁路部门推行塑钢带打包后，如果仍沿用钢丝打包，每个车皮将要多花 2 000 元左右的阻燃衬垫费用，折算之后，还不如花 20 万元买一台塑钢带打包机合算。因此，不少企业更新了设备，以应对新规定。

然而，实行塑钢带打包后，遇到了许多塑钢带崩包的问题，且崩包之后复包很困难，到站复包更是难上加难。"到了春天，崩包现象可能会加剧，且无论换何种型号的塑钢带，都会发生这种现象，对企业劳动强度及加工进度有影响。"有企业表示。据统计，每批次按 186 件计，平均崩包量能达到 30～40 件，崩包率接近 20%，而且多数为一件多根崩包。另外，由塑钢带的打包成本每包比钢丝要高 2 元。"棉包在运输中起火的现象并不常见，而且也没有足够证据证明是着火是由铁丝引起的，况且用铁丝打包执行的是国家标准，国家标准没有修改，铁路部门一家就能改变国家标准？"有企业批评道。

从以上案例分析可以看出，新疆棉运之难是由各种因素导致的，因此需要多方面共同努力才能解决。

【案例问题】

1. 查询相关资料，了解新疆的地理位置及运输概况。

---

① 1 公顷 = 10 000 平方米。

2. 查询相关资料，了解新疆的棉花种植情况。

3. 查询相关资料，了解棉包打包方法以及使用铁丝和塑钢带可能出现的不同情况。

任务7.3　橡胶

案例引入

天然橡胶是用从橡胶树流出的乳液制成的

橡胶有天然橡胶和合成橡胶之分，天然橡胶是用从橡胶树流出的乳液制成的（图7.3），而巴西橡胶树是世界上种植面积最广和产量最高的品种。

巴西橡胶树从19世纪后期才逐渐被移植到东南亚地区，后来我国在海南、云南等地也大量种植。除此之外，有希望种植的还有银胶菊和橡胶草。割开橡胶树皮流出的白色乳液含橡胶20%～40%，经酸化凝固、压片、熏烟制得干胶片，这就是生胶片（图7.4）。生橡胶虽有弹性，其使用性能受温度和其他因素影响较大。生橡胶经硫化后，其使用性能得到大大改善，这就是硫化橡胶，为橡胶工业的发展奠定了基础。

图7.3　割胶

图7.4　生胶片

橡胶树的栽培虽得到很大发展，但橡胶的产量仍不能满足军事及工业、农业的需要。1900—1910年，化学家哈里斯测定了天然橡胶的结构是异戊二烯的高聚物，为人工合成橡胶开辟了途径。1910年，俄国化学家列别捷夫以金属钠为引发剂使丁二烯聚合成丁钠橡胶，以后又陆续出现了许多新的合成橡胶品种，如顺丁橡胶、氯丁橡胶、丁苯橡胶等。合成橡胶的产量已大大超过天然橡胶，其中产量最大的是丁苯橡胶。

天然橡胶是从三叶橡胶树上取得的一种乳状物质，经化学加工处理而成。它是高分子材料中最重要的高弹性材料，用途十分广泛，也是橡胶工业的基本原料。

7.3.1　天然橡胶的种类

天然橡胶是从橡胶树上取得的胶乳经加蚁酸或醋酸等凝固、压片、干燥而制成的胶片，称为生胶。生胶的种类主要有以下几种。

（1）烟片胶。烟片胶又称烟胶片，是棕黄色或红褐色、半透明的胶片，有着浓厚的烟熏气味，其制法是将新鲜胶乳凝固成块，用压片机压成有交叉菱纹

微课资源：
7.3　原料橡胶
是如何加工的？

的薄片，放进烟房中熏烟干燥，可以防止细菌的繁殖而起到防腐作用，不易发霉，可长时间放置。此种橡胶是天然橡胶中产量最高的一种，约占生胶总产量的 80%。烟片胶一般用来制造质量要求高、弹性好的橡胶制品，如飞机、汽车的轮胎等。

（2）绉片胶。绉片胶又称绉胶片，是白色或褐色的胶片。其制法是在胶乳凝固前加入亚硫酸钠，起防腐和漂白作用，然后用绉片机将凝固的胶块压成表面有菱形或螺纹及其他花纹的薄片，放进干燥房中使其干燥。白绉片主要用来制造浅色的、细致的或褐色的橡胶制品。低级绉片胶含杂质多，只适用于一般橡胶制品。

（3）颗粒胶。颗粒胶是在干燥前将橡胶凝块造成小颗粒，用机械方法使其干燥，趁热压实成胶包。颗粒胶胶包清洁，规格一致，胶包大小适中，非常便于操作、储存和运输。这种胶又常被称为标准胶。

7.3.2　天然橡胶的化学成分

天然橡胶的化学成分较为复杂，橡胶烃是组成橡胶的主要成分，此外还含有蛋白质、灰分、水溶性物质、水分、树脂和脂肪酸等物质。

7.3.3　天然橡胶的性质

（1）溶解性。天然橡胶能溶于汽油、乙醚、苯、氯仿、二硫化碳和松节油等，溶解时先经膨胀而后溶解成为溶液。此外，酸、碱、油类也会使橡胶产生如表面起花斑、溶胀、失去弹性等受腐蚀现象。

（2）易燃性。橡胶易于燃烧，因为橡胶受强热会分解为异戊二烯单体，异戊二烯是闪点很低的易燃液体，所以一旦着火就很难扑灭。

（3）老化性。橡胶受到日晒、空气、高温的作用后，会逐渐发生硬化、变脆、表面龟裂或软化发粘等现象，失去弹性和强度，这种变质现象称为老化。

（4）腐败性。橡胶由于微生物的繁殖引起腐败现象。橡胶腐败时，首先是表面发粘，继而发软并发出酸性的恶臭气味，最后便会发霉，橡胶上出现黑斑、橙黄斑或白斑。在发生腐败的同时，也会引起橡胶的老化。

（5）吸湿性。橡胶本身具有吸湿性，所以各种橡胶中都含有一定的水分，受潮水湿后，表面会呈现出水残斑点，这是天然橡胶常见的货损事故之一。

（6）热变性。天然橡胶受热易变形，受冷易变硬。受热易与金属、木材及其他物体黏结。受重压时也会相互黏结。这不仅造成卸货困难，包件变形，而且天然橡胶掺混杂质会降低或丧失其原有的使用价值。

（7）散发异味性。天然橡胶本身有特殊气味。

7.3.4　天然橡胶的运输包装

天然橡胶中的烟胶片为裸皮包装，即将橡胶片一层层叠好，造成方体压紧，然后在外层用同质量两张长胶片包卷，外面均匀涂抹规定的涂色溶液，既可防止黏结和黏附砂土杂质，又可起避光防热作用。国产标准胶以单件运输，以尼龙编织袋包装。浓缩胶乳用铁桶盛装，每桶 500 千克。

思政拾萃

国外橡胶运输更方便了

"呜——"随着一声汽笛长鸣，2016 年某日，一列载着 260 多吨泰国进口橡胶的集装箱海铁联运专列从湛江港徐徐开出。这标志着湛江港一带一路"东南亚—湛江—贵州"集装箱海铁联运专列正式开通。

"从东南亚进口的橡胶从海上运到湛江港，比运到深圳盐田港少走 600 多千米，成本也节省了 15%～20%。"贵州轮胎公司总经理助理王鹍表示，该专列可大大缩短进口橡胶物流运输周期，减少橡胶库存和在途资金占用，加快公司资金周转。

"东南亚—湛江—贵州"集装箱海铁联运专列开通，是发挥湛江港作为西南出海大通道、广东对接东盟先行区和 21 世纪海上丝绸之路倡议支点优势，积极融入"一带一路"倡议建设的重大举措，也为广大客户提供了内陆连接东南亚的快捷、经济、高效的"一站式"物流运输模式，对促进大西南与东南亚经贸往来具有战略意义。

湛江港作为西南出海集装箱码头，年通过能力为 120 万 TEU（标准集装箱），现开通内、外贸集装箱航线共 27 条，已开通至西南海铁联运专列 4 条，西南腹地客户可借助湛江港区域性集装箱枢纽港的优势，不断加强与东盟国家的业务往来，推动"一带一路"的发展。

【思政点评】 中国的国际物流已开启全球供应链整合的时代。

7.3.5 天然橡胶的运输和保管

天然橡胶的运输和保管应注意以下事项。

（1）船舱要求清洁、干燥，舱内管系、污水沟畅通，舱盖严密。为防止裸装胶件黏结，胶件要与舱内的金属部分隔垫开，垫舱物料要清洁、干燥、无油污。装舱时可撒放滑石粉，并可在堆叠一定层数后采取垫板措施，以减轻压力。

（2）积载时要远离机舱、锅炉房，严禁装入深舱。将天然橡胶装载在有地轴的底舱时，应用木格衬隔，注意通风和防热。橡胶不能与可使其溶解的物质（如汽油、苯和松节油等）及含水量大、油脂类、酸碱类和颗粒细小易被黏附的货物（如煤、铜和铁屑等）混装一舱。另外，橡胶有异味，也不宜与怕异味货物（如茶叶、烟叶和粮谷等）同装一舱。橡胶易燃，更不能与易燃性货物同装一舱。

（3）在一般情况下，橡胶不堆装在其他货物上面，橡胶货堆上面也不堆装其他货物，如不得已而需将橡胶装载于其他货物上面，或在橡胶上面装载其他货物，则处于下面的货堆的堆装必须平整，并需要有效的铺垫使之与上面的货物分隔。

（4）橡胶有弹性，装卸时不可从高处向下扔或滑落，以防止其伤人或落水。操作时严禁在现场吸烟和电焊，严防各种火源。浓缩胶乳腐败时能分解出有毒气体，故装卸时应注意开舱通风。

（5）装运时应按不同品种、等级、标志及收货单位分隔清楚，防止混票混货。装运进口天然橡胶时，要会同有关部门按票取出样品胶件。

（6）橡胶保管时要避免日晒、高温、潮湿环境，而且不宜露天堆存。应按不同品种、等级分别堆垛。堆垛不宜过高，注意稳固，防止倒塌，还要将发霉胶件分开堆放。

（7）船舶装载橡胶在海上航行时，应加强货舱消防和通风管理，同时应注意不能使橡胶遭受海水冲刷或浸泡，以免橡胶老化发脆。此外，经陆路运输橡胶时，应注意防雨、防晒、防止橡胶长时间经受风吹，以及防止橡胶黏附砂土等杂质。

案例分析

中国橡胶是从哪里来的？

中国橡胶行业的发展是从东南亚开始的，具体发展历程见表7.2。

表7.2　中国橡胶的发展历程

时间	事件
1904 年	刀安仁先生在新加坡、马来西亚购买 8 000 余株巴西橡胶实生苗，引种云南省盈江县新城凤凰山
1905 年	何麟书先生从马来西亚引进橡胶实生苗 4 000 株植于海南乐会（琼海）合上湾，创立琼安垦务有限公司
1927 年	林玉仁先生由泰国带回橡胶种子在广东徐闻育苗种植
1948 年	钱仿舟先生先生从泰国运回 2 万株胶苗，种植于云南西双版纳
1949 年	全国的植胶面积为 2 800 公顷，约120 万株橡胶树，其中开割树约64 万株，年产橡胶 199 吨
1988 年	农牧渔业部农垦局在广州召开六省（区）热带作物布局调整和高产经验交流会
2003 年	我国天然橡胶种植面积990 万亩，年产干胶 56 万吨
2007 年	中国天然橡胶种植面积达87.5 万公顷，年产量达 59 万吨，种植面积和产胶量均居世界 43 个产胶国家的第五位
2008 年	我国天然橡胶消费量达 253 万吨。当年天然橡胶价格高台跳水，跌幅超过60%
2009 年	天然橡胶进口与 2008 年相比，基本平稳，全年进口天然橡胶 171 万吨
2010 年	国内天然橡胶价格创历史新高，每吨突破 4 万元。我国进入橡胶高价时代。我国天然橡胶的消费量已突破 350 万吨，约占全球天然橡胶消费总量的 1/3 以上，而我国的天然橡胶产量却只有 68.7 万吨

1. 阅读上述案例，查询我国现有橡胶生产产地情况，请以表格形式填写采集资料情况，并且填入表 7.3 中。

表7.3　中国橡胶调研情况表

序号	生产基地名称及所在地	最近橡胶产量/吨	历史渊源

2. 写一篇中国橡胶调研报告，字数不低于500字。

3. 成绩评定

教师根据报告的语言逻辑、基本材料、个人观点、个人态度和卷面情况打分，满分为100分，具体见表7.4。

表7.4　报告的评分标准

评价项目及分值	评分标准	得分
语言逻辑（40分）	语言流畅、精练：条理清晰，逻辑性强	
基本材料（20分）	数据真实、准确：材料具体、可靠	
个人观点（30分）	观点鲜明，有理有据	
个人态度（5分）	态度端正，认真积极	
卷面情况（5分）	字迹美观，卷面整洁	
总分	—	

任务7.4　木材

案例引入

世界 10 大名贵木材排名及价格，你了解多少？

1. 海南黄花梨木

海南黄花梨木花纹美丽、色泽柔和，有香味，容易进行深颜色和浅颜色的调配，可表现出浅黄、深黄、深褐色、紫色。通过颜色的不同也反映出木材的相对密度、油性、气味的不同。颜色深则相对密度大油性大降香气味浓。反之，颜色浅则相对密度小，油性小降香气味稍淡。同一棵树的材质越接近根部，颜色越深，相对密度和油性越大，棕眼越小木质也越致密。

另外，海南黄花梨小也适合镶嵌，具有加工性能良好，软硬轻重恰好，不易变形等特点，特别适宜制作榫卯，所以它是当时最佳的木料选择。

参考价格：每千克上万元，它的昂贵之处在于海南黄花梨木具有很高的收藏价值。

2. 紫檀木

紫檀木是世界上最名贵的木材之一，是红木中最高级的用材，是一种颜色深紫黑的硬木，最适于用来制作家具和雕刻艺术品。用紫檀制作的器物经打蜡磨光不需要漆油，表面就呈现出缎子般的光泽。因此有人说，用紫檀制作的任何物件都被人们珍爱。

紫檀木材质致密坚硬，入水即沉，心材为鲜红或橙红色，在空气中久露后变紫红褐色条纹，纹理纤细浮动，变化无穷，有芳香，是我国自古以来认为最贵重的木材。菲律宾的"那拉"，安达曼群岛的"柏达克"，非洲的血木，拉丁美洲的龙血树，印度支娜的蔷薇木都属于紫檀。

参考价格：每千克数千元，它的珍贵之在于产量少而且只有少部分地区可以生长。

3. 花梨木

花梨木纹理清晰美观，木色黄赤，比黄花梨木质粗而纹直，较黄花梨稍差，无悦人香味。锯末浸水呈绿色，手伤沾湿易感染，有微毒。我国广东、广西等地有此树种，但数量不多，大批用料主要靠进口。作为制作家具最为优良的木材，花梨木有着非凡的特性。这种特性表现为不易开裂、不易变形、易于加工、易于雕刻、纹理清晰而有香味等，再加上工匠们精湛的技艺，花梨木家具也就成为古典家具中美的典范了。

参考价格：每吨约 18 000 元。

4. 鸡翅木

鸡翅木产于缅甸、泰国、印度、越南等东南亚国家。木材心材的弦切面上有鸡翅（"V"字形）花纹的一类红木。鸡翅木以显著、独特的纹理著称，历来深受文人雅士和广大消费者喜爱。老鸡翅木肌理致密，紫褐色深浅相间成纹，尤其是纵切而微斜的剖面，纤细浮动，予人羽毛灿烂闪耀的感觉，酷似鸡翅膀。鸡翅木较花梨、紫檀等木产量更少，木质纹理又独具特色，因此以其存世量少和优美艳丽的韵味为世人所珍爱。木材剖开是鲜黄色，接触空气后变褐色或黑褐色。散孔材、管孔小，内含黑色树胶、沉积物或侵填体，木材结构虽粗，但切面花纹美丽。花纹中的黑、白、紫三种颜色形成芦花雄鸡羽毛，木质坚硬，加工难度大，因此价格大于一般红木家具。

参考价格：每立方米 3 000 元。

5. 铁力木

铁力木又称铁梨木，是几种硬性木材树种中长得最高大、价值又较低廉的一种。其心材为鲜红褐色至淡紫褐色，带紫红色条纹，木材光泽弱，结构略细，纹理深交错，弦面有山水状花纹，无特殊气味及滋味。铁力木与鸡翅木的色彩极为相似。实际上，铁力木质糙纹粗，鬃眼显著，和鸡翅木不难区分。

参考价格：每吨三四十万元，它的硬度很大，甚至可以建来建造屋子。

6. 乌木

乌木（阴沉木）由地震、洪水、泥石流将地上植物生物等全部埋入古河床等低洼处，埋入淤泥中的部分树木。在缺氧、高压状态下，细菌等微生物的作用下，经长达上千万年炭化过程形成乌木，故又称"炭化木"。历代都把乌木用作辟邪之物，制作的工艺品、佛像、护身符挂件。心材为黑色及不规则黑色，生长年轮不明显，管空极小，木材有光泽，无特殊气味和滋味，结构细而匀，材质硬重，有油脂感，沉于水，色黑而甚脆，似紫檀而更加细密，大件的绝少。

参考价格：每千克 3 000～5 000 元，有药用价值，据说是一种很有灵性的木头。

7. 黑檀木

黑檀木是印尼国宝级植物，成材缓慢，通常需数百年以上，是传世家具的首选用材，极具收藏价值。特征及材性同乌木相似，纹理直至浅交错，结构细密、硬重，颜色乌黑并带有金属般光泽，有油脂感，通常沉于水。

参考价格：每吨约 5 600 元。

8. 红木

红木产于印度、泰国、缅甸、越南、老挝、柬埔寨等东南亚国家，系黄檀属珍贵树种之一，心材橙色、浅红褐色、红褐色、紫红色、紫褐色至黑褐色，材色不均匀，深色条纹明显，材质坚硬、耐磨、沉于水。红木木材花纹美观，材质坚硬，耐久，是贵重家具及工艺美术品等的用材。

参考价格：每吨约 7~9 万元，带有古香古气，稀有且多人喜爱。

9. 瘿木

亦称影木，影木不是某一特定树种，而是泛指树木生病后所生的瘿瘤，是木质增生的结果。将瘿木剖开后，会因树种质地的不同而呈现独特的花纹样式，如葡萄纹、山水纹、芝麻纹、虎皮纹、兔面纹等。由于瘿木纹理特殊，效果奇异，历来受到人们的喜爱，成为家具制作的首选材料。瘿木品种众多，有桦木瘿、楠木瘿、榆木瘿、樟木瘿、花梨瘿等，其中又以花梨瘿最为名贵。

参考价格：每吨 4 万 ~5 万元，其剖开后，会因树种质地的不同而呈现独特的花纹样式，受到很多人的喜爱。

10. 榉木

榉木产于中国南方，在明清传统家具中（尤其在民间）使用得极为广泛。北京人称榉木为南榆，传世南榆家具因造型纯为明式，制作手法又与黄花梨木、鸡翅木等制成的家具没有差别，有的民间气息较浓，别具风格，其历史与艺术价值实不应在其他贵重木材之下。

参考价格：每立方米 4 000 ~42 000 元，具有耐磨损，有光泽、干燥、不易变形等优点。

木材具有多种用途，它和它的加工制品具有抗压、抗拉和弯曲变形等多种可贵的特性，因此被广泛应用于工农业生产和人们日常生活领域中，如用在建筑、采矿、铁路、车辆、船舶方面以及制造农具、家庭生活用品、包装箱及乐器等。

木材是人类生活中必不可少之材料，具备质轻，有较高强度，容易加工之优点，且某些树种纹理美观；但也有容易变形，易腐，易燃，质地不均匀，各方向强度不一致的缺点，并且常有天然缺陷。

7.4.1 木材的树种和分类

树木分为针叶树和阔叶树两大类，针叶树理直、木质较软、易加工、变形小。大部分阔叶树质密、木质较硬、加工较难、易翘裂、纹理美观，适用于室内装修。

木材种类较多，根据运输的要求，各种船运木材可按以下几种情况分类。

1. 按树种分类

按树种，木材可分为松木、杉木、柏木、桦木、杨木和橡木等。

2. 按形状和加工程度分类

（1）原木：是采伐以后经过修整的不同长度和不同直径的圆材，可以作为再次加工的木料或其他工作原料和建筑材料。

（2）成材：又称锯材，是将原木进行加工，锯成各种用途不同的板条、方木、圆木以及其他形状的木料。

（3）木材制品：又称制材，是经过特别加工而成为有特种用途的木材，如胶合板、纤维板、复合板和软木砖等。

木材的树种和分类见表 7.5。

表 7.5　木材的树种和分类

分类标准	分类名称	说明	主要用途
按树种分类	针叶树	树叶细长如针，多为常绿树，材质一般较软，有的含树脂，故又称软材，如红松、落叶松、云杉、冷杉、杉木、柏木等，都属此类	建筑工程，木制包装，桥梁，家具，造船，电杆，坑木，枕木，桩木，机械模型等
	阔叶树	树叶宽大，叶脉成网状，大部分为落叶树，材质较坚硬，故称硬材，如樟木、水曲柳、青冈、柚木、山毛榉、色木等，都属此类。也有少数质地稍软的，如桦木、椴木、山杨、青杨等，都属此类	建筑工程，木材包装，机械制造，造船，车辆，桥梁，枕木，家具，坑木及胶合板等
按材质分类	原条	是指已经除去皮、根、树梢的木料，但尚未按一定尺寸加工成规定的材类	建筑工程的脚手架，建筑用材，家具装潢等
	原木	是指已经除去皮、根、树梢的木料，并已按一定尺寸加工成规定直径和长度的木料	1. 直接使用的原木：用于建筑工程（如屋梁、檩、掾等），桩木，电杆，坑木等 2. 加工原木：用于胶合板、造船、车辆、机械模型及一般加工用材等
	板方材	是指已经加工锯解成材的木料，凡宽度为厚度的三倍或三倍以上的，称为板材，宽度不足厚度三倍的称为枋材	建筑工程，桥梁，木制包装，家具，装饰等
	枕木	是指按枕木断面和长度加工而成的成材	铁道工程

3. 按木材的含水率分类

木材的含水率是指木材中水分的重量占总重量的百分数。按照含水率的高低，木材可分为湿材、生材、半干材、气干材、窑（炉）木材、全干材几类。

4. 按木材的容重分类

木材的容重是指木材的重量与其在自然状态下的体积之比。按容重木材可分为浮水木和沉水木。

浮水木：是指木材浸于水中，能浮于水面的木材，属于容重较小的木材。

沉水木：是指木材浸于水中，能沉于水下的木材，属于容重较大的木材。

思政拾萃

为什么中国人如此钟爱木头？

中国人从古至今都十分喜爱木制品，在木头桌子上吃饭、在木床上睡、用木头制作家具、用木头建房子，木头比石头或其他金属物质更容易损坏，为什么还是喜欢木头呢？

中国人喜木，崇木，藏木，可谓对木不离不弃。木，是人们在几千年里始终维持的选择。早在原始社会，人们就已经开始发自天性地懂得居于木，栖于林，伐木取材，建造房屋了。这是中国人对自然的依归本性。

中华文明讲究人与自然密切融合、协调有序，而且崇尚自然，尊重自然。在人与自然的这种对话和交流中，大自然中成片成片的森林在人的心灵中占据着重要的位置，森林中的木材所呈现的不事雕琢的特点与古人崇尚自然的哲学认识正好一致，因此木材在中国的建筑和古典家具中就占据了举足轻重的地位，形成了独具东方特色的"木文化"，与西方征服自然的"石文化"形成了鲜明的对比。

中国古人历来重视天干地支以及阴阳五行。在传统的五行学说中，"木"代表既白的东方，代表着生生不息。在中国古代的神话传说中，扶桑木是人神连接的交汇之处。所以，古人认为，树木是天地交流的通道，是人们与"天"交流，表达自己愿望的途径。因此古人种树为林，伐木取材，将取自天然的"木"盖成房屋、制成家具、雕成成件。每个生活细节无不与"木"息息相关。现代社会由于从木材学角度更加科学的认识到木材的优势和功效，加之中国古典文化的不断传承发扬；可以说国人与"木"有着千年之缘，国人乐在木中。

【思政点评】繁华尽处，寻一处无人山谷，建一木制小屋，铺一青石小路，与你晨钟暮鼓，安之若素。

7.4.2　木材的成分和结构

木材的主要成分是纤维素，此外还有半纤维素，木质素和其他物质，如树脂、果胶和无机盐、水分等。木材的主要成分纤维素是天然高分子有机化合物，属于多糖类，在淀粉酶的作用下，早霉科真菌可将纤维素分解成它们摄食的葡萄糖。

木材的结构从树干的横切面上可以看到，包括：树皮、形成层、木质部（边材和心材）、髓心、年轮、髓线、导管、树脂道等组成部分。各种树木有着不同的结构特征，这也是识别原木树种的重要标志。

（1）树皮是树干的最外层，它的厚薄、颜色和外部形态，因树种不同而有所区别。

（2）形成层在树皮和木质部之间，是很薄的一层细胞组织，其母细胞层不断分生子细胞，向外分生韧皮部形成树皮，向内分生新的木质部构成木材。

（3）木质部在形成层里边，包括边材和心材两部分，树干中心部分是心材，心材外围部分是边材。

（4）髓心是在树干的正中心，是最初生成的木质，各种树木髓心的大小不同一般为约3～5 mm。髓心的组织松软、强度低、易腐朽。

（5）年轮是一圈一圈呈同心圆状的木质层，一般木材生长一年就形成一圈年轮。年轮内侧是春季生长的木质，颜色较浅，组织较松，材质较软，叫春材。年轮外侧为夏秋季生成，颜色较深，组织致密，材质较硬，称为夏材、秋材。

（6）髓线是指从髓心穿过年轮射向树皮成辐射状的条纹纤维组织。髓线是由薄壁细胞组成，强度低而脆弱。木材干燥时，最易沿着髓线发生裂纹。

（7）导管是在阔叶树的横切面上呈现的孔管。针叶树无导管，仅有树脂道，它是由大多数针叶树内具有分泌树脂能力的细胞围绕而组成的特殊孔道。

识别木材除以上结构特征外，还有一些其他特征，如纹理、材色、气味、重量等。

※课堂讨论※

学校里有哪些树种？

7.4.3　木材的特性

1. 木材体积长大，积载因数大

水运木材大多数为原木，形体长大，一般长度为 6～8m，不论在船舱内或甲板上积载，均影响货位的选择。大多数木材的容重较轻，能长时间地浮于水面而不下沉。因此，多数木材的积载因数较大，对船舶的稳性及舱容利用率都有不利的影响。

2. 吸湿性

木材为吸湿性材料，在空气或水中有吸收水分的性能。木材常因体积变化而引起变形，急剧干燥的木材由于收缩不均匀会产生翘曲、扭曲或开裂，胶合板等制材在受潮受热后会产生脱胶以致不能使用。湿材、生材因含水量较高，易于散湿。

3. 可燃性

木材主要由有机物质构成（约 50% 为纤维素），是一种可燃性材料。其中，已进行干燥处理的成材和含树脂较多的木材更容易燃烧。

4. 散发异味性

湿材、新伐材及某些木材（如樟、柏、楠和花梨木等）有特殊的奇异香味。这些木材刚锯开时异味更重，有的清香，有的辛辣刺鼻。木材的气味由细胞内所含挥发油类散发，因各种木材含有不同的挥发物质，所以有不同的气味。例如，松木有松脂气味，香樟木有樟脑气味，檀香木有芳香气味等。

5. 易翘裂性

在干燥过程中，原木或成材会因各部位收缩不均匀而发生翘曲和开裂现象。其中，板材在干燥过程或受外力影响时最易发生翘曲。木材作为一种重要原料，无论出现翘曲或裂痕都将直接影响它的加工利用，造成极大的浪费。因此，在运输过程中应尽可能避免木材翘裂。

6. 表面受污性

木材表面会出现青斑或腐朽迹象，这种污迹被称为木疵。其产生的主要原因是细菌活动，还会受环境大气中粉尘的影响。木材，尤其是名贵木材，无论遭受何类污损，都会影响加工制品的质量。

7. 呼吸特性

木材，尤其是刚砍伐的原木，其表面生长着许多的植物及微生物，在运输过程中，它们与其

他生物有机体一样具有呼吸作用，在酶的影响下，能在吸收氧气的同时呼出二氧化碳，致使船舱内缺氧，人若此时进入舱内会窒息而死，运输原木的船舶在港口卸货时已发生多起此类事件。

7.4.4 木材的运输与保管

1. 木材的运输方式

木材的运输方式分为陆运（此处不介绍）和水运，而水运又分为木排拖运和船舶装运两种。

2. 木材的船舶积载

1）舱内积载

由于木材材质与加工程度不同，不是所有品质的木材都可以装载在舱面甲板上的，如贵重木材、重质木材、优质材、干燥材和胶合板材等必须装载在舱内。舱内装载时，应首先堆积材质较重及尺寸较大的木材，然后堆积材质较轻及较细小的木材，这样有利于降低船舶重心，并使舱面甲板能装载更多的木材。其中较重及尺寸较大的木材应尽可能积载在船舶中部货舱，优质材及干燥材应积载在能防潮的舱室，且装载作业应在良好的天气条件下进行，胶合板应积载在能防潮且远距热源的舱室。当湿材也积载在舱内时，应注意货舱必须有良好的通风条件。如果装载木材的舱内还装载其他货物，应注意这类货物是否会使木材污损，或是否会造成胶合板湿损；同时，也应注意木材所散发的气味和水分对其他货物的影响。

舱内装载木材，为防止其移动，应进行适当的绑扎加固。装载完木材后，必须盖好舱盖，并要求水密。

2）甲板积载

船舶的结构强度是有限的，船舶露天甲板装载木材，应根据甲板受力情况控制装载量，以使船舶露天甲板及船舶整体受力在强度允许范围内。

3. 木材的材积计量

1）木材体积的计算方法

高档的硬木按重量计算，一般的硬木和软木按体积计算。

2）木材的计量单位

在海运中，木材计量与其他货物计量相比是最复杂的。对于进口木材，各个国家对木材的计量方法和使用单位不完全一样，如北欧、俄罗斯用立方米，美国、加拿大用板尺，非洲国家用霍普斯尺，东南亚国家和澳大利亚、新西兰有用霍普斯尺，也有用板尺或立方米的。各国木材体积单位的换算关系如下：

1 板尺 = 0.083 333 立方英尺 = 0.002 359 立方米 = 0.065 457 霍普斯尺。

4. 木材的保管

除了胶合板等制材库存外，一般木材在露天堆场存放，场地要求地势高、干燥、通风，为防木材干裂或翘曲，干燥木材必须防雨湿、水湿，湿度大的木材必须防曝晒。木材变色、生青斑时，应进行翻垛、通风凉晒。防止木材菌蚀腐朽可涂木焦油、煤焦油，防止裂痕可在木材截断面涂石灰水、食盐或木胶混合液。叠堆时要注意衬垫，货件堆放平整，可选用井字垛或三角垛，细小圆木采取两面立支柱的方法围堆成垛。

原木还可在水上储木场中存放，即在用浮动的防护木栅围成的浅水区域中保管。其优点是节省场地，使木材易于移动，方便船舶装卸，并可避免木材变形。

案例分析

中船澄西建造全球最大木屑运输船下水，又创世界之最

中船澄西船舶修造有限公司（以下简称"中船澄西"）是中国船舶集团有限公司下属成员单位，中国船舶工业股份有限公司旗下的全资子公司。历经 40 多年的风雨砥砺，公司已发展壮大为防务、船海、应用、服务四业并举、多元发展的大型骨干船企。

首制 7 万吨木屑船是中船澄西为新加坡 Nova 公司建造的 4 艘同型系列船的首制船，也是目前全球载重吨位最大的木屑船。该船主要用于运输木片等轻质货种，总长约 215.3 米，型宽 37 米，型深 25.2 米，为钢质、单甲板、单壳、单机、单桨、单舵的远洋木屑专用运输船，入级美国船级社（ABS），满足 Tier Ⅲ 排放及无限航区航行要求。

该型木屑船具有货物密度小、容积大的特点，载重达 7 万吨，舱容约 14.2 万立方米，配置 3 台 40 吨甲板克令吊（船用起重机）。

该船建造难度系数较高，是中船澄西扬州公司至今建造的型宽最大、型深最高、自重最大的船舶，也是节扬州市下水的首艘大型船舶。中船澄西持续践行船舶"中间产品"建造理念，发扬澄西"四特"精神和"协力攻坚、奋力争先"的优良传统，春节期间组织重点项目"连续生产"，克服重重困难，认真总结 6.4 万吨系列木屑船建造经验，加强过程策划，冲刺完成下水前的各项重点工程，确保该船按计划顺利下水。

【案例问题】

1. 查询资料，了解中船澄西公司的情况。

2. 查询资料，了解木屑船的情况。

模块考核

一、名词解释

粮谷陈化性　皮辊棉　生胶　成材　年轮

二、填空题

1. 棉花是生长在棉籽上的种毛纤维，当棉纤维成熟后从棉铃内摘取下来的棉瓣称为_____。经轧花加工使纤维与棉籽分离后所得的棉花称为_____。

2. 木材的结构从树干的横切面上可以看到，包括_____、_____、_____、_____、年轮、髓线、导管、树脂道等组成部分。

3. 天然橡胶制成的胶片又称为生胶，种类有_____、_____、_____和_____。

4. 棉花的主要成分是_____，在正常成熟的棉纤维中占 94.5%。

5. 粮谷的种类繁多，但基本上可分为_____、_____和_____。

三、单项选择题

1. 糖类是粮谷中的主要成分，可分为单糖（如葡萄糖、果糖等）、低聚糖（如麦芽糖、蔗糖、棉籽糖等）和多糖（如淀粉、纤维素、果胶质等）三大类，以下属于多糖的是（   ）。

    A. 葡萄糖   B. 麦芽糖   C. 蔗糖   D. 果胶质

2. 细绒棉的纤维细而长，弹性好，色泽洁白、乳白或淡黄，有丝光，长度为 25～31 mm，又称为（   ）。

    A. 粗绒棉   B. 皮辊棉   C. 陆地棉   D. 锯齿棉

3. （   ）是生物体自身产生的一种特殊活性蛋白质，含量极低，却具有高度的催化能力，被称为生物催化剂。

    A. 低聚糖   B. 酶   C. 脂肪酸   D. 蛋白质

4. 将新鲜胶乳凝固成块，用压片机压成有交叉菱纹的薄片，放进温度为 40 ℃～60 ℃的烟房中熏烟干燥，这样制作出来的生胶叫作（   ）。

    A. 风干片胶   B. 颗粒胶   C. 绉片胶   D. 烟片胶

5. 木理质密、木质较硬、加工较难、易翘裂、纹理美观，适用于室内装修，这类型树木一般称为（   ）。

    A. 针叶树   B. 落叶松   C. 阔叶树   D. 冷杉

四、多项选择题

1. 粮谷的种类繁多，但基本上可分为谷类、豆类和油料类。以下属于谷类的粮谷有（   ）。

    A. 芝麻   B. 小麦   C. 大豆   D. 花生

    E. 棉籽   F. 高粱

2. 粮谷的种类繁多，但基本上可分为谷类、豆类和油料类。以下属于豆类的粮谷有（   ）。

    A. 稻谷   B. 蚕豆   C. 油菜籽   D. 黑麦

    E. 赤豆   F. 向日葵

3. 粮谷的种类繁多，但基本上可分为谷类、豆类和油料类。以下属于油料类的粮谷有（   ）。

    A. 棉籽   B. 稻谷   C. 小麦   D. 芝麻

    E. 大豆   F. 元麦

4. 树木分为针叶树和阔叶树两大类，针叶树理直、木质较软、易加工、变形小。以下属于针叶树的有（   ）。

    A. 红松   B. 樟木   C. 落叶松   D. 水曲柳

    E. 云杉   F. 青冈

5. 天然橡胶具有以下哪些性质？（   ）

    A. 溶解性   B. 易燃性   C. 老化性   D. 腐败性

    E. 吸湿性   F. 热变性

五、判断题

1. 含有蛋白质、水分较多的橡胶，容易受微生物和酶的作用而腐败。（   ）

2. 粮谷的品种很多，化学成分也很复杂，主要是由淀粉、糖、蛋白质、脂肪、水分、纤维素和矿物质组成，而且还含少量的酶、维生素、色素等。（   ）

3. 粮谷装货前应全面检查货舱及设备，货舱和衬垫必须保证清洁、干燥、无虫害、无异味、严

密，但是货舱禁止药剂熏蒸。　　　　　　　　　　　　　　　　　　　　　　（　　）

4. 细绒棉又称为陆地棉，纤维细而长，强力好，色泽洁白、乳白或淡黄，有丝光；长绒棉又称海岛棉，纤维极细，强力好，有光泽。所以从品质上来说，细绒棉优于长绒棉。　　（　　）

5. 棉花不易传热，具有良好的保温性，这是由于棉纤维本身是热的不良导体，并具有一定弹性，能使纤维松散，而且纤维间存有大量空气（空气也是热的不良导体）。　　　　　（　　）

六、回答问题

1. 简述粮谷的一般特性。

2. 简述棉花的结构。

3. 简述天然橡胶在运输和储存中的注意事项。

4. 简述木材储存的方法。

家用电器类货物

内容导读

　　家用电器类货物不仅是人们日常生活中的好帮手，更是一个国家轻工制造业水平的体现。本模块讲述了电热器具（电饭锅、微波炉、取暖器具），电风扇，空调器，洗衣机，电冰箱，等主要家用电器的类别、特性和质量指标。

学习目标

　[知识目标]
　◎了解电热器具（电饭锅、微波炉、取暖器具），电风扇，空调器，洗衣机，电冰箱等主要家用电器类货物的类别、特性和质量指标。
　[能力目标]
　◎能够运用所学知识掌握日常生活中常用的家用电器类货物的使用方法以及质量评价相关知识。
　[思政目标]
　◎了解家用电器对满足人们日益增长的美好生活向往的现实作用和意义。
　◎了解家用电器行业在促进经济持续健康发展环节的重要的作用。
　◎了解家用电器行业是国民经济增长的支柱性行业，现已成为中国经济实现可持续和健康增长的中坚力量。

※拓展阅读※
家用电器基础知识

任务 8.1　电热器具

案例引入

"世界第一"微波炉品牌是怎么炼成的？

　　"我们做一台微波炉、做全白电①，除了塑料和钢材不是自己做的之外，核心的电子元件都

_____

　　①　即白色家电，指可以替代人们家务劳动的电器产品，主要包括部分厨房电器、洗衣机、空调器、电冰箱等。早期，这些家用电器外观大多是白色的，故称为白色家电。

是自己做的!"

近日,"粤兴粤盛"媒体采访团走进格兰仕。面对记者的采访,格兰仕集团董事长兼总裁梁昭贤手举着磁控管、变压器、线路板等家电元器件,对格兰仕全产业链制造如数家珍。

而最让在场记者最津津乐道的,莫过于梁昭贤口中的"烧鹅味道,豆腐价格"。梁昭贤表示,格兰仕在产品上做到最好的同时,性价比也要最高!

实际上,格兰仕实现用"豆腐价格"打造出"烧鹅味道"的历程,也显露出了格兰仕极强的"求生欲"。

拼尽身家研发出来的磁控管,也让格兰仕有了进一步发展的基础和底气。现在,格兰仕自主品牌磁控管年产超过 3 000 万支,早已是世界第一,全球磁控管的技术标准也由格兰仕制定。

当前,格兰仕从零部件到磁控管、变压器、电路板等核心元器件,都是已经实现了自主研发和制造,并实现 100% 核心自我配套。从塑料、钢材等基础原材料的供应链到注塑、冲压、钣金、模具等自主配套产业链,都按行业"数一数二"的标准开发。

全产业链的集聚,不仅让格兰仕在全部的生产过程保证了产品的品质,更大大降低了生产成本,比如市场采购成本高达 6 元/个的微波炉继电器,已被格兰仕压缩到了 0.57 元/个。

"我们在持续革新,一定要在研发上毫不动摇地投入!"梁昭贤介绍,在过去转型的 5 年间,格兰仕研发和技术升级上的投入超过了过去二十几年的总和。

现在,核心技术和全产业链,已经成为格兰仕不断做大做强的两张王牌,而"快速生产、快速交货、快速销售"的模式也在推动着格兰仕不断向前发展。每年有 5 000 万台以上的产品走向 200 多个国家和地区,让全世界用户感受到了格兰仕系列精品家电的魅力。

8.1.1　电饭锅

1. 电饭锅的分类

1)按装配方式,电饭锅分为整体式电饭锅和组合式电饭锅

(1)整体式电饭锅(图 8.1)。整体式电饭锅从外形上看,其锅体和发热座是一个整体,只是锅体内的内锅可以取下。市场上销售的普通保温电饭锅多为此类。整体式电饭锅又分为单层、双层、三层三类。这种结构目前为国际流行式样,耗电小,热效率高。

图 8.1　整体式电饭锅

(2)组合式电饭锅,又称分体式电饭锅。它由锅体和发热座两部分组成,使用时锅体放在发热座上,平时可方便地取下。它结构简单,价格便宜,但热效率较低,耗电量较大。

2)按锅体内部气体压力,电饭锅分为常压电饭锅和压力电饭锅

(1)常压电饭锅。常压电饭锅是指锅体内部的压力能经常地保持在常压下。

(2)压力电饭锅。压力电饭锅是指除了具有保温功能以外,还兼有高压锅的功能,较常压电饭锅易熟、省时、省电。压力电饭锅又可分为低压、中压和高压电饭锅三类。

3)按电热元件的数量不同分类,分为单发热盘式电饭锅和多发热盘式电饭锅

(1)单发热盘式电饭锅,即在电饭锅的底板上安装一个发热盘,普通电饭锅多为此类,用这种电饭锅做出的米饭容易上软下硬。

(2)多发热盘式电饭锅,即除了在电饭锅的底板上安装一个主发热盘外,侧壁或顶盖上还安装了副发热板，这种电饭锅做出的米饭很可口。

4）按时间控制方式，电饭锅分为保温式电饭锅和定时启动型自动电饭锅

（1）保温式电饭锅，即普通型电饭锅，接通电源后即开始工作，煮完饭后，若当时不吃，当锅内食物温度下降到 60 ℃ 左右时，锅内的自动温度控制装置会启动电饭锅，使锅内食物的温度保持在 60 ℃ ~ 80 ℃。

（2）定时启动型自动电饭锅，这种电饭锅增加了一个定时装置，只要将米和水放好，便可在 24 h 内人为确定任一时刻自动启动做饭，饭好后能自动断电，并能自动保温。

除以上种类的电饭锅外，目前市场上还有电脑控制式电饭锅、双层保温外壳电饭锅、可调节功率型电饭锅、不粘锅底电饭锅等新品种。

2. 电饭锅的工作原理

保温式自动电饭锅的工作原理是将电能通过电热元件转化为热能，利用控温元件达到控温和保温的目的。具体过程是：电饭锅接通电源，按下按键开关，开关触点接触，电热盘通电发热，不断将热量传给内胆，使温度逐渐上升，当温度升到 65 ℃ 时，保温器工作，常闭触点断开，由于磁钢限温器仍然接通电源，电路仍导通，电热盘继续发热。直到饭熟水干后，温度上升到 103 ℃ 时，磁钢限温器工作，电源自动切断，电热盘停止发热，电饭锅转入保温状态。当温度降至 65 ℃ 以下时，保温器触点自动闭合，电热盘又通电发热。保温器设定的温度为 65 ℃，因此当温度上升至 65 ℃ 时自动断电。如此反复上述过程，电饭锅内食物的温度可以始终保持在 65 ℃ 左右。

3. 电饭锅使用的注意事项

（1）电饭锅内胆不宜直接洗米，如直接洗米，应将内锅外壁及底部水分及时擦干；清洗内锅时，应避免碰磕锅底，若锅底发生变形，则会影响与电热盘的黏合性能；盛饭时最好用塑料匙或木铲，不宜用利器，以防止内胆被划伤。

（2）在煮饭过程中，尽量少搬动电饭锅，如要搬动，应先拔下电源插头。严禁空烧电饭锅。

（3）每次使用前应检查内胆与电热盘的贴合情况，内胆与电热盘之间不得有水、尘土、砂粒、饭粒等杂物，保证二者贴合良好。

（4）电饭锅不宜煮酸性、碱性较强的食物；不宜在潮湿和有腐蚀性气体的环境中使用。

（5）接通电源后指示灯亮，按下按键开关，电饭锅开始煮饭，饭熟后按键开关自动跳起。煮饭时不宜开盖，按键开关跳起后最好不立即食用，应利用加热盘继续焖 10 min 左右，这样米饭会更好吃。

（6）为保证安全，要将电饭锅上的电源线先插好，然后再与室内电源插座（最好设专用的）相连接，不要把电饭锅的电源插头接在灯头或台灯的分电插座上，否则会因功率过大而导致电线发热，造成触电、起火等事故。

8.1.2 微波炉

1. 微波炉的功能和特点

微波炉（见图 8.2）具有再加热功能，即已经煮熟的食品物凉了以后需要再加热时，可以使用微波炉。微波炉具有煎、煮、焖、蒸、烩、炒、烘、烤等多种烹饪方式，且省时节能，可以保

持食物的原汁原味；能迅速解冻物，并保持解冻后食物组织的鲜嫩；能对食物进行消毒灭菌。

图8.2　微波炉

微波炉的主要优点有以下几方面。

（1）加热效率高。由于微波炉的加热方式是在微波作用下，使食物极化并快速翻转"摩擦"生热，避免了采用热传导方式加热，加热时间短、效率高。

（2）二次加热效果好。由于微波炉加热时间短，只需几分钟或几十秒即可，且保持菜肴原有的新鲜、美味和色彩，不用搅拌食物，能保持食物原有的形态，故对已做好的饭菜用微波炉再加热非常方便。

（3）节省电能。使用微波炉做饭，三四口人的家庭，一天用电量不到1°，非常经济实惠。与传统的电炉、煤气炉相比，在加热同等电源电压、同等重量的食物条件下，能源消耗以微波炉最低。

（4）保留食物原有的营养成分。采用微波炉加热食品，食物中的营养成分损失少、能最大限度地保留食物中的维生素。

（5）安全卫生，不污染环境。利用微波炉进行烹调，无明火、无油烟、不污染环境、安全卫生，排除了厨房里的油烟给用户带来的烦恼，可保持厨房的清洁卫生。

（6）消毒灭菌。微波可以渗透到细菌内部，并将它们杀死。人们可以利用微波炉对毛巾、钞票、票证等进行消毒，尤其是对纸制品，它更是无法取代的消毒设备。

思政拾萃

中国微波炉的第一个世界冠军，手握全球近50%市场

党的二十大报告指出："坚持把发展经济的着力点放在实体经济上，推进新型工业化，加快建设制造强国、质量强国、航天强国、交通强国、网络强国、数字中国。"中国家用电器产业规模已从1978年的4.23亿元增长到了2017年的1.5万亿元，实现了从无到有、从弱到强的重大转变。多年来，中国家用电器产业从最初的引进、组装、模仿，到现在已经主动走上了"从大到强、转型升级"之路，现已具备世界领先的创新能力、节能环保和智能化水平。与改革开放同龄的企业格兰仕，就是中国第一批"走出去"的家用电器企业，并在微波炉行业取得了中国家用电器的第一个"世界冠军"。格兰仕的发展之路，是中国家用电器产业发展从大到强的缩影。

据不完全统计，格兰仕每年约向世界各地售出5 000万件产品，其中包括微波炉、烤箱、空调、洗碗机等各类家用电器，年销售额超过200亿元，是中国第一批走出海外的家电品牌。据权威数据显示，2018年，格兰仕微波炉在线上的销售份额达到了47.2%，线下销售份额达到了54.97%，在世界上处于绝对领先地位。

2019年年初，中国品牌力指数（C-BPI）正式发布。格兰仕凭借605.8的高分击败了美的、松下和海尔，连续9年占据微波炉品牌的榜首。在过去的20年里，格兰仕一直保持着行业领先的地位，2018年"双十一"当天，其微波炉总销售额突破了2.5亿元，平均每秒售出6台。

家用电器是中国最具国际竞争力的行业之一，而格兰仕在其中扮演着十分重要的角色。创始人梁庆德曾一手将微波炉系列产品从高不可攀的售价拉回到了国民平均消费线，在一定程度

上促进了家电产品的市场价格集体回归到其使用价值。

【思政点评】中国人埋头苦干，攻坚克难，勠力同心，砥砺奋进。在工业制造领域；很多的产品设计、制造、销售从跟跑到并肩，直至领跑。我们对中华民族的伟大复兴充满了信心。

2. 微波炉的工作原理

微波炉的工作过程是，接通电源后，微波炉中的磁控管开始工作，输出微波能量，并经过矩形波导传输，由微波炉炉腔侧壁的波导口在炉腔内激起复杂的微波电磁场分布，当把食物置于该微波电磁场中时，其极性分子在微波的作用下，以每秒几十亿次的速度来回振荡摆动，并且摩擦产生高热，这样就达到了加热食物的目的。食物被放在旋转工作台的转盘上，以缓慢的速度绕炉腔中心轴旋转，这样才能均匀加热。

微波加热是在微波电磁场的作用下，使食物中的分子反复摆动，因此，其能使食品内部和外表同时加热，加热过程基本与热传导无关。虽然如此，普通微波炉却很难烹制表面为金黄色和焦香的烧烤食物。烧烤型微波炉可以弥补这一缺陷。烧烤型微波炉的基本结构与工作原理和普通型相同，不同之处是其顶部安装了石英电热管和反射板，并给用户提供烧烤用的高低烧烤架和功能选择开关。

3. 微波炉的种类

（1）按工作频率分类。微波炉可分为商用大型微波炉和家用微波炉。商用大型微波炉的工作频率为 912 MHz，家用微波炉的工作频率为 2 450 MHz。

（2）按功能分类。微波炉可分为单一微波加热型和多功能组合型两大类，也称为普通型和复合型。普通型是指微波炉仅具有微波加热一种功能；复合型是指微波炉除具有微波加热功外，还有烘烤、蒸汽等加热功能。

（3）按结构分类。微波炉可分为箱柜式和轻便式两大类。箱柜式容量大，微波功率也大，一般是商用微波炉所采用的结构。轻便式微波炉容量小，微波功率一般在 1 000 W 以下，既可以放在灶台上，也可以嵌入橱柜或壁柜中。家用微波炉多为轻便式。

（4）按控制方式分类。微波炉可分为机械控制式和微电脑控制式两类。机械控制式微波炉定器、功率选择开关由机械装置控制。微电脑控制式微波炉则由单片微处理器进行控制，能预先设置程序完成加热、烘烤、解冻和保温等各种操作。与此同时，微电脑控制式微波炉还能将工作状态显示在操作板上方的显示屏上，让用户使用起来更为方便。

（5）按功率分类。微波炉可分为大功率（1 500 W 以上）、中功率（1 000～1 500 W）、小功率（1 000 W 以下）三种。国内常见的微波炉有 600 W、700 W、1 000 W、1 500 W 等数种。

4. 微波炉的使用注意事项

在微波炉中所使用的烹调器皿必须是由非金属材料制成的，应符合以下几个条件：微波透射性能好；耐热性能好；加热中无有害物质析出等，如玻璃器皿、没有金银饰边的陶瓷器皿、耐热塑料器皿等。特别注意，绝对不可以使用金属器皿，如铝盆、不锈钢锅等。选择好烹调器皿后，在使用微波炉时还应注意以下事项。

（1）仔细阅读使用说明书，熟悉操作面板上各开关式控制键的功能、使用方法，掌握烹调操作的基本技巧。

（2）微波炉应放在牢固的平台上使用，其顶部及左、右、后部应占用 10 cm 以上的空间，以保证通风良好。

（3）使用微波炉前应检查炉门安全锁是否完好无损，若有损坏，绝不能使用微波炉。

（4）炉内没有食物，不可启动使用，以免由于空载运行而损坏磁控管。

8.1.3　取暖器具

家用取暖器具是通过电热元件使电能转换为热能，供人们取暖的器具。常见的有储能式电热取暖器、浴霸、充油式电暖器、暖风器、电热毯等。下面介绍两种主要的家用取暖器具。

1. 充油式电暖器

1）充油式电暖器的特点

充油式电暖器（见图 8.3）又称为电热油汀，是以对流形式工作的一种十分安全的电热取暖器具。它无外露的电热元件，散热面积大，因此在使用过程中，其表面温度始终较低，不会造成烫伤事故。它不会产生有害气体，无任何噪声，特别适合于人体有可能直接触碰到的场所的取暖，如卧室、浴室、办公室等。如果装上配套的烘衣架，在潮湿多雨时节，充油式电暖器还可兼做干衣之用。

图 8.3　充油式电暖器

2）充油式电暖器的种类

充油式电暖器按照其散热片数量不同，一般有 7 片、9 片、10 片、11 片、13 片等。

3）充油式电暖器使用注意事项

（1）应在额定电压下使用，接地须可靠。须选用额定电流在 10 A 以上的保险丝。室内布线应选用截面积在 1.5 mm^2 以上的铜芯线或护套线。

（2）使用时要保持直立状态，不能倾斜或放倒使用。

（3）不可将水泼入机内，以防因漏电而发生触电事故。

（4）使用时应距离家具等易燃物品 30 cm 以上。湿衣裤不可直接搭盖在机身上烘烤。若需烘烤衣服，应安装专用的烘烤衣架。

2. 浴霸

浴霸用于浴室取暖和照明，是一种新型多功能取暖器具。它一般安装在浴室顶部，即开即热，具有快热、省电、安全、使用简便、不占地面等优点。

浴霸的种类分为以下几种。

（1）标准型浴霸，又称二合一型浴霸，具有取暖和照明两种功能。它利用红外灯泡把电能转化为近、中红外光，通过直接辐射人体来取暖。

图 8.4　三合一型浴霸

（2）排气型浴霸，又称三合一型浴霸（见图 8.4）。它在标准型浴霸基础上增加了吸气、排气功能，能够净化室内空气。

（3）热风型浴霸。热风型浴霸在标准型浴霸的基础上增设了一台暖风机。暖风机由一台低噪声小型交流风机和一块装在风扇前的蜂窝状 PTC 发热元件构成，这样，除红外灯泡直接发出向下的红外辐射外，还增加了热空气对流供暖的功能，从而使人的全身受热均匀。

案例分析

一起由电暖器引发的火灾事故

2013 年 2 月 28 日 11 时 35 分许，位于承德市避暑山庄北侧的普陀宗乘之庙（又称小布达拉宫）东罳殿发生火灾，大货烧毁殿内木结构梁柱，以及室内装修佛像、佛龛等物品，过火面积 104 平方米，无人员伤亡，直接财产损失 18 万余元。承德普陀宗乘之庙，为国家 5 级重点文物保护单位，建于 1771 年，为藏族佛教建筑风格。起火建筑为东罳殿，砖木结构，20 世纪 80 年代按原址修复，起火前出租给某公司作为观音文化展厅引用，用于出售旅游工艺品使用。由于冬季为旅游淡季，室内作为员工更换衣服、休息、吃饭使用。

据公司员工刘某讲述，2 月 28 日上午 9 时许，刘某与韩某、王某（均为女性）进入东罳殿，刘某将殿内西侧柜台内的微波炉电源插通并热饭。三人吃完饭后，王某将微波炉电源拔掉。9 时 40 许，四人相继离开，发现殿内着火。据三名员工讲，当日上午殿内无人存在吸烟、点蜡、添香油等行为。

对当事人刘某再次询问时，刘某承认自己在插微波炉电源时，第一次误插了电暖器电源，按通电后发现微波炉未运行，又插了一次微波炉电源，而王某离开时，仅拔掉了微波炉电源，没有拔掉电暖器电源，导致电暖器长时间通电。

这起火灾主要是由于电暖器长时间运行且距离可燃物过近，温度升高导致可燃物燃烧引起的。

【案例问题】

1. 结合教材内容，简述电热器具的特性。
2. 谈谈建立电暖器管理规章制度的必要性。

任务 8.2　电风扇

案例引入

电风扇的发展史

电风扇究竟是谁发明的？据说，1882 年，位于美国纽约的克罗卡日卡齐斯发动机厂的主任技师休伊·斯卡茨·霍伊拉最早发明了商品化的电风扇。第二年，该厂开始批量生产电风扇，当时市场上出售的电风扇是只有两片扇叶的台式电风扇。1908 年，美国的埃克发动机及电气公司，成功研制了世界上最早的齿轮驱动的能够左右摇头的电风扇。这种电风扇取消了不必要的 360° 转头送风功能，成为日后销售的主流。

1916 年，中国生产出第一台电风扇，制造者杨济川在上海四川路横浜桥开办了一个生产变压器的工厂，以"中华民族更生"之意，将其取名为华生电器制造厂，至 1925 年，华生电扇正式投产，很快成为著名品牌。

　　从此以后，电风扇的品种开始日益丰富，包括台扇、地扇、吊扇、壁扇等，根据不同场合的需求，电风扇从外型到控制方式都有了不少改变。例如，从最开始的旋钮、按钮控制方式到之后的触摸式操作。另外，扇页材质也从最开始的金属换成了塑料。

　　最初的电风扇在控制方面相当呆板，因此不久之后，一种只需要设置好工作时间，就会根据设置按时开、按时关的定时电风扇出现并且风靡一时。定时电风扇的操作方式也从旋钮、按键升级为触摸式，适用于夏季外出或是身边没有纳凉工具之时。

　　虽然解决了操作方面的问题，但是传统电风扇的风力比较强劲，不适合长时间使用，因此塔扇便被推向市场。

　　塔扇又名对流扇。塔扇根据气流学原理，让室内与室外空气形成立体交换系统，类似于灶膛吹风的鼓风机，即使没有扇页也可以送风，适合有老人和小孩的家庭使用。塔扇具有360°全方位送风功能，让房间无送风死角，让人感觉十分舒适。

　　近年来最为火爆的应该算是空调扇，其结合了空调与电扇的优点，是一种全新概念的电风扇，兼具送风、制冷、取暖和净化空气、加湿等多功能于一身，以水为介质，可送出低于室温的冷风，也可送出温暖湿润的风。与电风扇相比，空调扇更有清新空气、清除异味的功能，且功率只有 60～80 W，价格也更加便宜。

8.2.1　电风扇的分类

1. 按外部形状和主要结构分类

　　可分为台扇、台地扇、落地扇、壁扇、顶扇、吊扇、箱形风扇（又称转页扇或鸿运扇）、排气扇等。

2. 按功能分类

　　可分为普通型和豪华型。普通型电风扇一般有定时、定向摇头、调节速度等功能。豪华型电风扇在普通型电风扇的基础上，又增加了微风、模拟自然风、电脑定时、睡眠定时等功能。

3. 按电动机的类型分类

　　可分为单相罩极式、单相电容式、三相感应式、直流和交直流串激整流子式四种。

　　（1）单相罩极式风扇。此类电风扇使用的电动机是罩极式感应电动机，罩极式感应电动机结构简单、造价低，但转矩小、效率低，且过载能力较小，仅适用于安装在直径 250 mm 以下的小型电风扇中。

　　（2）单相电容式风扇。此类电风扇所使用的电动机是单相电容运转感应电动机。该电动机的启动能力小、转矩大，且功率因数高，过载能力强，使用起来省电。适用于安装在直径 300 mm 以上大型电风扇中。

　　（3）三相感应式风扇。此类风扇使用的是三相感应式电动机，直径 400 mm 以上的大型电风扇均采用这种电动机。

　　（4）直流和交直流串激整流子式风扇。采用的是直流和交直流串激整流子电动机，这种风扇大多使用在车辆和船舶上。

　　另外，还可按使用电源的不同将电风扇分为交流式、直流式及交直流两用式三种。在家庭中多用交流式，交通工具中多用直流式或交直流两用式。

8.2.2 电风扇的规格、型号及质量指标

※拓展阅读※
无叶电风扇的发展历史

1. 电风扇的规格

电风扇的规格用扇叶的直径表示。台扇有 200 mm、300 mm、350 mm、400 mm 等规格；落地扇有 300 mm、350 mm、400 mm、500 mm、600 mm 等规格；吊扇有 900 mm、1 050 mm、1 200 mm、1 400 mm、1 500 mm、1 800 mm 等规格。

2. 电风扇的型号

当前常用的电风扇编号方法是用英文和阿拉伯数字表示。第一个英文字母表示电风扇类（用 F 表示），第二个英文字母表示电动机的形式，由于绝大多数都采用电容式电动机，一般都把第二个字母省去。第三个英文字母表示电风扇的类别（C 表示吊扇，D 表示顶扇，S 或 L 表示落地扇，T 表示墙扇，Y 表示转页扇）。字母后的第一位阿拉伯数字表示制造厂的设计序号，最后的阿拉伯数字表示电风扇的规格，即扇叶直径。

例如，FS5—40 型中的"F"是电风扇代号，"S"是指落地扇，"5"表示制造厂第五代设计产品，"40"表示规格为 400 mm。

3. 电风扇的质量要求

（1）输出风量。它是在额定电压下以最高转速挡位运转时，在专用的风量试验室内距离电风扇三倍扇叶直径的距离处，通过测量单位面积的圆环中的风速，换算而得出输出风量。

（2）使用值。它是指电风扇在额定电压额定功率的条件下，以最高转速运转时产生的风量除以输入功率值，使用值越大，说明该电扇越省电、效率高，可以消耗较小的功率而获得较大的风量。

（3）调速比。它是指在额定电压和额定频率下，稳定运行 1 小时后，所测得的最低挡转速与最高挡转速之比。调速比越小，调整范围越大，使用起来越方便，可以获得各种不同场合所需要的风量。各类电风扇的调速比均不应大于 70%。

（4）噪声。直径 300 mm、350 mm、400 mm 的台扇、壁扇、台地扇、落地扇的噪声分别不大于63 dB、65 dB、67 dB。

（5）摇头角度。电风扇的摇头机构应能使风向自动并连续变动，同时还应平稳而无阻滞和震颤的现象。直径 250 mm 及以下的电风扇的摆头角度应不小于 60°；直径 300 mm 及以下的电风扇的摇头角度应不小于 80°。

（6）最高速挡摇头次数。电风扇每分钟的摇头次数不少于 4 次。

（7）仰俯角。台扇、台地扇的仰角不小于 20°，其俯角不小于 15°；壁扇机头角度调节范围不小于 40°；落地扇的俯角不小于 15°。

8.2.3 电风扇的使用与维护

电风扇在使用和维护时应注意以下几点。

（1）电风扇在使用前，应首先核对供电电压，对于有接地线的电风扇，应按规定接好地线。

（2）电风扇在长时间运行时，应注意电动机的温度不可太高。一般电动机铁壳表面温度不

应高于 75 ℃，即不能有烫手的感觉。

（3）每年将电风扇收拾起来之前，应做一次比较彻底的清洁，在转轴外露部分和镀铬网罩表面涂上一层机油，在扇头加油孔内注入少许轻油（或缝纫机油），用干净的布包好，放在干燥通风处，切勿放在床底易回潮的水泥地面上，更要避免叠压和碰撞。

案例分析

引发围观的"中国电风扇"到底是个啥？

2012 年，毕业于东南大学的"90 后"小伙子周全，做了一个类似电风扇的物品，被外国网友们围观了。它在叶片转动的同时还能够展现出一幅幅 3D 影像，这么炫酷的高科技产品到底是个啥？我们一起来了解一下。

一段由外国网友拍摄的视频，网络点击量早已超过 2 000 万。不少外国网友认为，中国的电扇太炫酷了。今天，记者在南京一家工作室，见到了这台设备的创作团队。团队的核心人物周全告诉记者，这叫作全息 3D 智能炫屏，是一个外形类似电风扇的视频载体。

在静止状态下，炫屏看起来很简单。打开设备后，随着叶片越转越快，LED 灯亮起，渐渐就形成了一块屏幕，图像也越来越清晰稳定。大约 30 秒后，图像开始变化，看起来仿佛飘浮在空中，左右移动都不影响视觉感官。

周全表示，现在很多店家门口的广告都是 2D 的，这个可以呈现 3D 效果的"炫屏"，现在市场接受度还是不错的。周全的团队成员都是刚毕业不久的大学生，大家克服了种种困难，最终研制出了这款全息 3D 智能炫屏。

【案例问题】

1. 结合教材内容，谈谈电风扇的分类、工作原理及特性。
2. 查阅课外资料，展望电风扇这类产品的未来发展趋势。

任务 8.3　空调器

案例引入

格力：从"好空调、格力造"到"科技改变生活"

从"好空调、格力造"，到"掌握核心科技"，再到"让天空更蓝、大地更绿""科技改变生活"，格力走过的是一条漫长而艰辛的创新之路。

2017 年 6 月初，珠海格力电器股份有限公司（以下简称"格力"）召开股东大会，勾勒出格力未来发展革新的路径——着力自主创新，依靠核心技术，走专业化技术和多元化品类发展之路，到 2018 年谋求实现营业收入达 2 000 亿元的目标。

作为中国家电行业中唯一凭单品类营收超过千亿元的企业、唯一利税双双突破百亿的企业，格力已初步完成了空调、冰箱、小家电等产品矩阵的初步布局。随着智能环保家居系统的打造升级，格力在移动互联时代又形成了新的创新增长点。

最初，格力与中国大多数家电企业一样，产能虽大，却以组装、贴牌加工为主，处于全球产业链的末端。那时，靠贴牌生产，日子虽过得还算滋润，但残酷的事实告诉格力人，贴牌"打零工"或是"肉搏"打价格战，虽能抢得一定的市场份额，但只是短期行为，一个没有核心科技的企业是走不长远的，更是没有脊梁的。

格力曾远赴重洋去"取经"。然而，核心技术永远是买不来的。2001年，格力与日本企业洽谈购买多联式中央空调技术，遭到对方的明确拒绝。

要想打破国外的技术垄断，唯有依靠自主研发和创新突破。格力把市场推广计划暂时放在一边，转而把大量人力和财力投入到核心技术攻坚。

走进如今的格力，全球最大的空调器研发中心矗立在眼前。这里拥有中国制冷行业唯一的国家节能环保制冷设备工程技术研究中心。此外，6个研究院、52个研究所、570多个实验室涉及各个领域，在世界空调制造行业中首屈一指。

在这里，格力攻下一连串顶尖技术难关：每台每年可节电440度的1Hz变频空调、摆脱了氟利昂依赖的R290环保冷媒空调、改变了北方传统供暖模式的双级变频压缩机、无稀土磁阻变频压缩机……截至2015年5月31日，格力累计申请技术专利15 600多项，是2001年的70多倍，其中发明专利近5 000项。仅2014年，格力就申请技术专利4 100多项，平均每天有11项专利问世。2015年，格力"基于掌握核心科技的自主创新工程体系建设"项目荣获国家科学技术进步奖，这是格力第三次获得我国科技领域的最高荣誉，也是格力首次以创新体系而非单一技术获奖。

创新突破的颠覆性技术，不但成就了格力自身在中国乃至全球空调行业的领导地位，也改写了空调业的百年历史。中国制冷空调工业协会秘书长张朝晖告诉记者，制冷技术起源于美国，已有100多年历史，而我国是在改革开放后才起步，一直处于追赶者的地位。如今，中国空调行业实现了跨越式发展，不仅产值规模全球最大，自主研发能力与核心技术也已实现了飞跃，在一些领域领先世界。

截至2015年年底，格力在全球拥有9大生产基地，自主研发生产20大类、400个系列、12 700多个品种规格的产品，占据全球30%的空调市场份额，在世界高端市场中收获良好口碑。在《福布斯》杂志日前公布的"全球企业2 000强榜单"中，格力首度进入前500强，位居第385位，在家用电器类榜单上位居全球第一。

空调器行业竞争激烈，技术进步永无止境。若要实现领先并永远保持领先地位，只有突破自我。

8.3.1 空调器的分类

1. 按结构分类

1）整体式空调器

整体式空调器又称为窗式空调器，根据长宽比例不同，又可分为卧式和竖式两种。

2）分体式空调器

分体式空调器由室内机和室外机两部分组成。根据室内机安装方式不同，又可分为壁挂式、落地式、柜式、吊顶式、嵌入式等。

2. 按功能分类

1）单冷式空调器

单冷式空调器又称冷风型空调器，是只具备制冷功能而不具备制热功能的家用空调器。带电脑控制的遥控式单冷型空调器还具备除湿和通风功能。单冷型空调器是房间空调器的基本类型，其结构简单、功能单一、操作简便、运行可靠、价格便宜。

2）冷热式空调器

冷热式空调器具有制冷、制热、除湿功能，夏季可用来降温，冬季可用来升温。冷热式空调器有下列几种类型。

（1）热泵型空调器，也称冷暖两用空调器，是在普通型空调器的制冷系统中增设电磁换向阀，使蒸发器与冷凝器工作换向，这样，室内的蒸发器变为冷凝器，向室内供热；同时，在控制系统和保护措施上也相应增加了一些零件，因此，热泵型空调器的结构相对为复杂，操作也较复杂，但其功能较为齐全，普遍制成分体式。热泵型空调器适用的环境温度一般为 5 ℃～43 ℃，带有除霜装置的空调器适用的环境温度为 −7 ℃～43 ℃。其最大优点是在制热运行时制热效率高，而最大缺点是在制热运行时，当室外环境温度低于 −7 ℃时，一般不能制热运行。所以，这种空调器较适合在温带地区使用。

（2）电热型空调器。它是在单冷型空调器的基础上增加电热元件来实现制热的房间空调器。它在制冷运行时与单冷型空调器完全相同，制热时压缩机停止工作，电热元件通电发热，由电风扇将热量送往室内。电热型空调器的使用不受地区限制，只要环境温度低于 43 ℃都可以使用。尤其是在寒冷地区，在温度在 0 ℃以下时仍然可以供热，这是电热型空调器的最大优点。其最大的缺点是耗电量大、安全性差，尤其是在使用电热管时，当风扇出现故障而通风不畅，还会引起火灾。因此，在使用时需要特别注意。

（3）热泵辅助电热型空调器。它是在热泵型空调器的基础上，增加了起辅助作用的电加热器，从而使热效果更佳。辅助电加热器可以弥补寒冷季节热泵制热量的不足，一般在 5 ℃以上时仅启动热泵制热，在 5 ℃以下时才启动辅助电加热器，此时不仅弥补热泵制热效果下降，还可以在化霜工作时补充制热量，这就大大减轻了由于化霜运行而引起的人的不舒适感，所以，它是空调器中最能使环境舒适的一种类型。它功的能最齐全，因此结构更为复杂，控制方式也更为先进，通常采用电脑控制。

3. 按空气处理方式分类

按照空气处理方式分类，空调器可分为集中式（中央）空调、半集中式空调、局部式空调。

1）集中式（中央）空调

它是一种空气处理设备集中在中央空调室里，处理过的空气通过风管送至各房间的空调系统。它适用于面积大、房间集中、各房间热湿负荷比较接近的场所，如宾馆、办公楼、船舶、工厂等。另外，系统维修管理方便，设备的消声隔振问题比较容易解决。

2）半集中式空调

它是既有中央空调又有处理空气的末端装置的空调系统。这种系统比较复杂，可以达到较高的调节精度。适用于对空气精度有较高要求的车间和实验室等。

3）局部式空调

它是指每个房间都有各自的设备处理空气的空调。空调器可直接装在房间里或装在邻近房间里，就地处理空气。它适用于面积小、房间分散、热湿负荷相差大的场合，如办公室、机房、住宅等。其设备可以是单台独立式空调机组，如窗式、分体式空调器等，也可以是由管道集中给冷热水的风机盘管式空调器组成的系统，各房间按需要调节本室的温度。

4. 按操作方式分类

按操作方式，空调器可分为普通式、线控式与遥控式三种。普通式空调器用直接操作面板上的各旋钮或开关，实现对空调器的控制。线控式空调器与遥控式空调器都是用遥控器对空调器进行控制，但线控式空调器的遥控器用导线与空调器连接；而遥控式空调器则通过遥控器上发射的红外线对空调器进行控制。分体式空调器都为遥控式，一些新型窗式空调器也采用了遥控式。

5. 其他分类方式

按室内机数量，空调器可分为"一拖二""一拖三"空调器，即一台室外机分别带二台、三台室内机。按固定方式，空调器可分为固定安装式和可移动式两大类。按适用的气候环境，空调器可分为"T1 型""T2 型""T3 型"，我国一般采用"T1 型"空调器。按防触电保护方式，空调器可分为0Ⅰ类、Ⅰ类和Ⅱ类，我国一般采用Ⅰ类空调器。

8.3.2　空调器的结构和工作原理

1. 家用空调器的基本结构

空调器虽然品种繁多、形式各异，但其基本结构是一样的，由制冷系统、通风系统、电气控制系统和箱体系统四部分组成。

制冷系统是空调器最基本的系统，它是实现空调器制冷或制热功能的主要部分。通风系统是实现热交换的部分，它把制冷系统所产生的冷量送到室内，并把冷凝器中的热量送到室外。电气控制系统是空调器的操作系统，有机械式控制和电子式控制两种方式，有了它，空调器才能按照人们的意愿工作。箱体系统是空调器的支撑基架，各种零部件都安装在它的上面。四部分按照其各自的功能组成一个整体，成了一台完整的空调器。

2. 空调器的工作原理

制冷是空调器最基本的功能，因此制冷原理也就是空调器最基本的工作原理。空调器是利用制冷剂液化放热、气化吸热的相变循环达到制冷目的的。

空调器的相变循环也称为蒸汽压缩制冷循环，是在制冷系统的四个主要零件，即压缩机、冷凝器、毛细管及蒸发器之间进行的。

（1）压缩过程。从蒸发器出来的低温低压制冷剂气体进入压缩机后，被压缩成高温高压制冷剂气体。

（2）冷凝过程。从压缩机出来的高温高压的制冷剂气体进入冷凝器后，经冷却风扇的热交换作用，降低了温度，并凝结成液态制冷剂，即低温高压的制冷剂液体。

（3）节流过程。从冷凝器出来的低温高压的制冷剂液体，流经毛细管后，流量减小，压力大大下降。

（4）蒸发过程。从毛细管出来的低温低压的制冷剂液体，进入蒸发器后，经室内风扇的热交换作用，吸收了热量，从而由液态蒸发成气态。

由于压缩机做功，制冷剂不断地在液态—气态间转变，从而不断把室内的热量转移到室外，从而使室内温度降低。

如果有办法使压缩机出来的制冷剂气体先到蒸发器放热，再流经毛细管后到室外冷凝器去吸热，让蒸发器变成冷凝器，而让冷凝器变为蒸发器，此时制冷剂是从室外吸收热量再向室内放出热量，从而使室内温度升高，这就是热泵空调器制热的原理。

空调器中能使制冷剂改变流向的部件称四通换向阀。当它通电时，管路改变走向，从而使制冷剂从压缩机出来后不去冷凝器而先去蒸发器，此时蒸发器却起到了冷凝器的作用，而冷凝器起到了蒸发器的作用，它们互相交换了"角色"。

微课资源：
8.3　空调器是怎样工作的？

8.3.3　空调器的规格及型号

1. 空调器的规格

空调器的规格是按制冷量或制热量划分的。制冷量是指空调器在制冷运行时，单位时间内从房间内或某个区域内吸收并转移到其他区域的热量。国家标准规定，计量单位是"瓦"或"千瓦"，符号为"W"或"kW"。

目前，市场上部分厂家或消费者也有采用"匹"来表示空调器规格的，称为"一匹机""二匹机"等。"匹"（又名马力）是以前所使用的一种功率单位，它和"瓦"的换算关系是 1 马力≈735 瓦。

2. 空调器的型号

根据《房间空气调节器》（GB/T 7725—2004）的规定，空调器的型号含义表示如下：

（1）第一位表示产品代号，用拼音字母表示。家用空调器用"K"表示，是"空"字的第一个拼音字母。

（2）第二位表示气候类型代号。气候类型代号有三种，即 T1、T2、T3，它们分别代表所使用的不同环境温度。气候类型是 T1 时，此代号可以省略。

（3）第三位表示结构形式代号，用拼音字母表示。整体式代号为 C，分体式代号为 F。

（4）第四位表示功能代号，用拼音字母表示。冷风型（单冷型）的代号省略，热泵型代号为 R，电热型代号为 D。

（5）第五位是规格代号，用阿拉伯数字表示。它表明了该空调器的额定制冷量，其值为制冷量百位数或百位以上的数。

（6）第六位是整体式结构分类代号或分体式室内机组结构分类代号，用拼音字母表示。整体式结构分类为：穿墙式代号为 C，移动式代号为 Y。分体式室内机组结构分类为：吊顶式代号为 D，挂壁式代号为 G，落地式代号为 L，天井式代号为 T，嵌入式代号为 Q。

（7）第七位是室外机组结构代号，用拼音字母表示。室外机组代号为 W。

（8）第八位及其以后的号码是工厂的设计序号和特殊功能代号，有的企业也称其为货号，往往用一个拼音字母加三位阿拉伯数字表示。如 Y 代表遥控式，M 代表面板控制式，Q 代表强电控制，F 代表模糊控制，P 代表变频控制等；三位阿拉伯数字可表示设计的年号和序号及功能类型等。

空调器的型号是非常重要的，因为型号的各个字母和数字已经简明扼要地描述了空调器的性能特点等参数。例如：

（1）KC—25/Y443，表示冷风型窗式房间空调器，T1 气候类型，额定制冷量 2 500 W，遥控式，1994 年设计序号为 43。

（2）KFR—35GW/Y614，表示热泵型分体挂壁式房间空调器，T1 气候类型，额定制冷量为3 500 W，遥控式，1996 年设计序号为 14。

8.3.4　空调器的质量要求

空调器的性能和安全要求应符合国家标准，其主要技术要求如下。

1. 制冷剂泄漏

制冷系统各部分不应有制冷剂泄漏。

2. 制冷量

制冷量实测值不应小于额定制冷量的 95%。热泵制热量不应小于额定制热量的 95%。制冷（热）量是指空调器在进行制冷（热）运转时，单位时间内从密闭空间中除去（增加）的热量，制冷量的法定计量单位为瓦。

3. 制冷消耗功率

制冷消耗功率不应大于额定制冷消耗功率的 110%。热泵消耗功率不应大于额定制热消耗功率的 110%。对电热型空调器，电热装置额定消耗功率小于等于 100 W 的，允许误差 ±10%；额定消耗功率在 100 W 以上的，允许误差 −10% ~ +5%。

4. 能效比

能效比指空调器制冷运转时，每小时消耗 1 J 电能所产生的冷量数，即空调器的制冷量与制冷功率之比，又称为性能系数。它是衡量空调器耗能性能的一个重要参数效能，比高的空调器产生同等制冷量时所消耗的电能更少。

5. 噪声

空调器运转时产生的噪声主要由内部的蒸发机和外部的冷凝机所产生。国家规定，制冷量在 2 000 W 以下的空调器室内机噪声不应大于 45 dB，室外机不大于 55 dB；2 500 W ~ 4 500 W 的分体式空调器室内机噪声不大于 48 dB，室外机不大于 48 dB。

6. 泄漏电流

属 Ⅰ 类电器的空调器的泄漏电流不超过 1.5 mA；属 Ⅱ 类电器的空调器的泄漏电流则不超过0.25 mA。

7. 绝缘电阻

绝缘电阻的阻值应不小于 2MΩ。接地端子在空调器上的接地触点与和它连接在一起的其他部件的电阻值应不大于 0.1Ω。

案例分析

董明珠：正在研发空调器发电技术，家庭照明不花电费

在 2021 中国新消费品牌器增长峰会上，格力电器股份有限公司（以下简称"格力"）董事

长兼总裁董明珠称，她们公司在研发一种新技术，可把光能、储能和空调器结合起来，空调器就成为一个发电站。

她表示，这种技术不需要通过城市电网，也不需要远程输送，把足够的能源聚集起来通过空调器发电，在保证空调器降温或制热的同时，还能把多余的电能储存起来，家里的所有照明将不用花一分钱电费。

她指出，若该技术在全球得到全部应用，全球温度可降0.5 ℃。

【案例问题】

1. 查询相关资料，了解格力公司及其产品情况。
2. 查询相关资料，针对董明珠所说的把光能、储能和空调结合起来的产品构思展开讨论。

任务8.4 洗衣机

案例引入

中国的洗衣机市场

洗衣机是利用电能产生机械作用来洗涤衣物的清洁电器，中国规定洗涤容量在6 kg以下的属于家用洗衣机。家用洗衣机主要由箱体、洗涤脱水桶（有的洗涤和脱水分开）、传动和控制系统等组成，有的还装有加热装置。

从全国范围来看，目前我国洗衣机市场普及程度已经超过了76%，其中城镇市场已经超过96%，农村市场也已经超过了53%；随着家电下乡、扩大内需政策的推动，洗衣机企业将目光投向了拥有较大消费潜力的农村市场。未来，我国洗衣机市场需求增长空间将主要来自以城镇化和农村市场为主的首次需求，以及以城镇市场消费升级为主的更新需求、整个洗衣机市场需求在未来几年将继续保持温和增长态势。

2010年，我国洗衣机总销量约5 000万台，同比增长接近30%，增长幅度创历史新高；其中内销超过3 300多万台，同比增长约28%，出口超过1 600万台，同比增长超过30%，均创历史最高纪录。

从不同产品来看，2010年我国滚筒洗衣机总销量超过1 100万台，同比增长50%以上，占洗衣机市场销量比重由上年的不足20%上升至超过20%。其中，第四季度各月销量均超过110万台，所占洗衣机市场总销量的份额均超过21%。

节水将为成洗衣机未来重点发展方向，洗衣机产业目标主要涵盖节电节水、产品功能、绿色设计三大方向。

8.4.1 洗衣机的类型

1. 按自动化程度分类

（1）普通型洗衣机。其洗净、漂洗、脱水各功能的操作需要手工转换。这类洗衣机结构简单、价格便宜、使用方便、占地面积小、易搬动，装有定时器，可根据衣物的脏污程度选定洗净时间，洗完后可以自动停机。

（2）半自动洗衣机。在洗净、漂洗、脱水各功能中，任意两个功能的转换不用手工操作，可自动进行，一般由洗衣和脱水两个功能组成。在洗衣桶中可以按预定时间完成洗净和漂洗程序，但不能自动脱水，需要人工将衣物从洗衣桶中取出，放入离心脱水桶中脱水。有的半自动洗衣机可以连续完成洗净与漂洗程序，而没有脱水功能，需要人工将衣物取出并拧干。

（3）全自动型洗衣机。其洗净、漂洗、脱水各功能转换均不用手工操作，可自动进行。衣物放入洗衣桶后能自动完成洗净、漂洗和脱水全部程序，当衣物甩干后，蜂鸣器发出声音。全自动型洗衣机分为电动程控器控制和微电脑控制两种，其中微电脑控制现已发展为先进的模糊控制全自动洗衣机，它应用先进的模糊控制理论，实现了洗衣机智能化，使洗衣机能自动选择洗涤时间、水位、水流，自动识别衣物种类、衣量、脏污程度等，不但节水节电、省时省力，而且方便用户使用。

2. 按洗涤方式和结构特点分类

（1）波轮式洗衣机（见图8.5），它是日本人发明的，在亚洲国家使用得较多。波轮式洗衣机洗衣桶底部中心线或略微偏心处装有波轮，当电动机经传动机构带动波轮旋转时，便产生强烈的涡旋，带动衣物在水中翻搅、撞击、摩擦，产生很强的洗涤作用。

其特点是结构简单、体积小、洗净度高、耗电较少，但对衣物的磨损较大，洗涤均匀性不佳。

（2）滚筒式洗衣机（见图8.6），又称为欧洲式，欧洲国家大都使用此类洗衣机。在一水平放置的洗涤桶中，套装一稍小的圆桶（滚筒），它可绕水平轴旋转，滚筒壁上有许多小孔，洗涤液可自动进出，当滚筒旋转时，这些凸缘将衣物带动升高，当到达一定高度时，衣物便自动落入水中，此时，洗衣机便可凭借摔击和翻搅将衣物洗净。

图8.5　波轮式洗衣机　　　　图8.6　滚筒式洗衣机

其特点是对衣物的磨损小、噪声低、洗涤容量大、不会使衣物绞结，能洗涤各类衣物，但结构复杂、体积较大、耗电量较大。

（3）搅拌式洗衣机，又称为美国式洗衣机，南美洲、北美洲国家使用较多。该机洗衣桶为立式圆桶，其中心处有一立轴，轴上装有3～4片搅拌翼。电动机旋转带动搅拌翼做120°～180°的反正回转运动。翼片带动衣物在洗涤液中不断进行强烈的搅拌，从而实现洗净的目的。

其特点是洗净率高、衣物磨损率小、洗涤均匀性较好，但机体大而重、结构复杂、制造困难、噪声较大。

思政拾萃

海尔洗衣机靠创新领航世界

海尔洗衣机一直是世界家电业持续创新的践行者。世界权威市场调查机构欧睿国际发布最新的全球洗衣机市场调查结果显示，海尔洗衣机 2011 年品牌零售量占全球市场的 10.9%，第三次蝉联全球第一。专家分析认为，作为世界上家电业成长最快的第一品牌，海尔洗衣机实现全球领先的竞争力在于其持续创新的全球体系。

"领袖和跟风者的区别就在于创新。"海尔洗衣机的创新实践对此做出了最佳诠释。1995 年，在当时大多数国内企业尚在模仿、摸索阶段时，海尔已经前瞻性地意识到创新的重要性，并通过提前调研市场，发现了夏季洗衣机市场一个巨大的空白点，开发出了世界上首台微型全自动洗衣机——"小小神童"。从此之后，海尔洗衣机走上了寻找不同消费需求的自主创新之路。

据记者了解，海尔此后相继推出了满足高效洗衣需求的世界第四种洗衣机"双动力"洗衣机，满足健康环保需求的第一台不用洗衣粉的洗衣机，首创智能"洗净即停"技术的"净界"和"LUXURII"系列洗衣机，以及静音节能的"零碳芯变频"技术洗衣机，这些产品都被视为海尔洗衣机对"消费需求驱动创新"的最佳诠释，并在市场上取得了巨大的成功。

伴随着十几年的市场开拓和数不清的产品更新换代，创新已经植入海尔洗衣机的血液，浇灌其生存发展的土壤。在坐稳国内第一品牌之后，海尔洗衣机又开始向着更高端、更具挑战的世界顶尖技术发起进攻。

2009 年，海尔高端品牌卡萨帝的复式滚筒洗衣机问世，凭借 1.2 米的高度设计颠覆了滚筒式洗衣机传统高度，大大减轻了用户腰部的负担。其采用全球首创的"S-e 复式平衡环"技术，首次打破了滚筒洗衣机配重块防震模式，真正保持 1.2 米高的机体平稳运转。卡萨帝复式滚筒开创了真正意义上的高端滚筒时代。

2010 年，海尔洗衣机与世界家电巨头 FPA（斐雪派克）合作推出了"匀动力"高端波轮洗衣机，又一次颠覆了行业技术，彻底解决了洗衣机普遍存在的衣物缠绕、磨损大等行业难题，在高洗净比、高均匀度、低磨损、低噪声、省水电等方面实现创新突破，满足了消费者日益凸显的个性化洗衣需求。

正是因为海尔洗衣机能够针对不同消费者的差异化需求，不断地创新，才拥有了其世界第一品牌的地位。2009—2011 年，海尔洗衣机连续三年被评为"全球第一"，并且据权威统计机构显示，海尔洗衣机在保持国内市场占有率第一的情况下，海外市场的上升势头也十分强劲。

此外，据不完全统计，截至 2011 年年底，海尔洗衣机新产品、新技术及专利申报量已占中国洗衣机行业的 60%，世界洗衣机质量和技术方面的重大进展几乎 50% 以上均来自海尔。可以说，海尔的创新技术已成为洗衣机全球行业前进的风向标。

业内专家表示，在当今全球化的竞争环境下，创新已成为衡量企业竞争力的重要标准，海尔洗衣机通过对用户需求的精确把握和领先的创新机制，已经掌握了全球洗衣机发展趋势的主动权，走在了全球同行的最前列。

【思政点评】创新并不仅仅是简单的产品技术研发，而是面向全球市场的以消费需求为导向的颠覆性创造，只有抓住了这一点，各企业才可以像海尔一样创造发展的奇迹。

8.4.2 洗衣机使用时的注意事项

洗衣机使用时的注意事项如下。

（1）进水管要连接牢固，接头处不得漏水。排水管要摆放好，防止脚踏上去使排水管破裂。

（2）需要用温水洗涤时，应先放冷水于洗衣机桶内，再加热水，或将冷、热水调好再倒入桶内。不得把热水直接倒入桶内，以防桶变形。高档洗衣机上有电热装置，可根据衣物的类型及脏污程度，选择合适的水温，但一般水温以40 ℃～60 ℃为好。

（3）洗衣物前，应清理衣物口袋内的硬物、杂物，有金属拉链或金属纽扣的衣物应将拉链拉上或扣上纽扣，并翻转或里朝外，以免损坏洗衣机桶壁或损坏衣物，毛物应装在网袋内后再放入桶内洗涤，以防缠绕波轮或互相缠绕。

（4）衣物应按颜色深浅分类后分别洗涤，以防浅颜色的衣物被"染色"。牢度不同的衣物最好也分开洗涤，以免疏松的衣物受损。

（5）使用漂白剂时应先将其充分稀释，再从漂白剂注入口慢慢倒入洗衣机桶内。未经稀释的漂白剂不可直接倒入桶内。漂白洗涤完毕，应立即排水，并用清水将桶冲干净，以防腐蚀洗衣机桶内壁。

（6）衣物放入脱水桶时，衣物在桶内一定要放置均匀、紧实，不可偏向，衣物上一定要加安全压板。脱水过程中，洗衣机若发出巨大的振动声，说明衣物未放好，应立即停机，把衣物重新放好后再脱水。脱水过程不要打开脱水桶盖，脱水结束后，应等脱水桶桶停转后，再打开桶盖取衣物，这样既安全，又可避免脱水刹车机构由于经常使用而失灵。

（7）全自动洗衣机使用脱水程序时，要先排完水再脱水，否则残余的水会使脱水桶转动阻力增大，电动机可能因超负荷运行而烧毁。

（8）在洗衣机使用过程中，严禁用手或他物碰触转动部分，以防止人受伤或洗衣机有关零部件受损。

（9）严禁用挥发性溶剂（香蕉水、汽油等）洗涤衣物，也不能洗涤或脱水带有挥发性溶剂与易燃物质的衣物，否则会引起燃烧，甚至爆炸。

（10）在洗涤过程中，如果停电，应及时切断电源，待通电后，再重新操作洗衣机开始洗涤。

（11）洗涤过程中，如果发现漏水、漏电、异响或其他不正常现象，不可勉强使用，应立即停机检查，自己解决不了的问题应请维修部人员处理。

8.4.3 洗衣机的日常维护保养

洗衣机的日常维护保养应注意以下几点。

（1）洗衣机不用时，应放于干燥、通风的地方，以免其受潮和生锈，以致于降低电器元件的绝缘强度。

（2）洗衣机的放置地点应远离火源，应无腐蚀性气体、强酸、强碱的侵蚀。

（3）洗衣桶在无水状态下，不要通电开机运行，以免磨损密封圈。

（4）洗衣机长期放置时，应定期（2～3个月）开机（短时间通电），以驱散潮气，防止洗衣机受潮和生锈。

案例分析

2020 年中国家用洗衣机累计产量突破 8 000 万台

据国家统计局数据，2019 年中国洗衣机产量达到了 7 433 万台，累计增长 9.8%。截至 2020 年 12 月，中国家用洗衣机产量为 806.4 万台，同比增长 5.1%。2020 年中国家用洗衣机累计产量达到 8 041.9 万台，累计增长 3.9%。

据中国海关总署统计，2019 年全年中国洗衣机出口量达到了 2 595 万台，累计增长 9%。截至 2020 年 12 月，中国洗衣机出口量为 195 万台，同比增长 3.1%。2020 年中国洗衣机累计出口量达到 2 154 万台，累计下降 2.2%。

在出口金额方面，2019 年全年中国洗衣机出口金额达到了 3 459.16 百万美元（3 459 160 千美元），累计增长 7%。截至 2020 年 12 月，中国洗衣机出口金额为 245 767 千美元（245.77 百万美元），同比增长 5%。

2020 年中国洗衣机累计出口金额达到 2 669 411 千美元（2 669.41 百万美元），累计下降 1.9%。2020 年全年中国洗衣机出口均价达到 1 239.28 千美元/万台。

【案例问题】

1. 结合教材内容，简述洗衣机的工作原理、产品分类以及特性。

2. 查询相关资料，谈谈中国洗衣机的市场情况，讨论一下现在为什么几乎看不到市场上出售国外品牌了的洗衣机？

任务 8.5　电冰箱

案例引入

电冰箱打响"保鲜"大战　行业面临新分水岭

2018 年，国内电冰箱行业的竞争出现了新变化，一场"保鲜"战役正在打响。

继美菱、海尔、容声等冰箱企业相继发布全新电冰箱保鲜技术后，6 月 12 日晚，美的集团冰箱事业部对外全球首发售价万元以上的微晶系列电冰箱，该系列产品搭载"微晶一周鲜技术"。至此，电冰箱巨头掀起的"保鲜"大战趋于白热化。

《每日经济新闻》表示，"保鲜"将成为电冰箱行业的下一个分水岭。美的电冰箱产品企划部负责人表示，智能电冰箱不进行创新，是没有出路的。行业集中度肯定会越来越高，约 3—5 年后会形成一个较稳定的局面。

之前，国内电冰箱还在紧盯风冷、多门、变频等方面发力，使尽浑身解数争夺电冰箱存量市场。但是进入 2018 年，电冰箱企业却纷纷回归冰箱本质，开始重新探讨食品的保鲜。

各家电冰箱企业迫不及待发布各自的保鲜技术。2017 年 12 月底，美菱率先对外发布"水分子激活保鲜技术"。进入 2018 年，海尔也发布了自己的"冷藏冷冻全空间保鲜技术"，容声推出了"全生态养鲜技术"，美的也对外发布了"微晶一周鲜技术"。

6 月 12 日晚，美的电冰箱事业部在厦门全球首发搭载"微晶一周鲜技术"的智能保鲜电冰箱——微晶系列电冰箱。《每日经济新闻》记者在现场了解到，该系列电冰箱的售价为 13 999～34 999 元不等，剑指高端冰箱市场。

未来，"微晶一周鲜技术"将会是美的电冰箱的核心产品特色，美的也将以此为基础拓宽智能电冰箱的产品线。保鲜其实是电冰箱的基本功能，并不是现在才首次提出。目前行业各个品牌讲保鲜都是泛泛地谈，在用户痛点解决和场景关注上做得并不够，美的的智能保鲜创新不是噱头。

电冰箱门体已经从差异化迅速走向了同质化，门体难再有创新；而且风冷、变频等各项技术也得到迅速推广和普及，在这样的背景下，"保鲜"技术将成为电冰箱行业的下一个分水岭。

电冰箱"保鲜"大战的背后是国内电冰箱行业已经非常成熟，市场的需求基本来自更新换代。裴东敏表示，企业不断推出保鲜技术、保鲜产品，一方面是自身产品技术的凸显；另一方面也是在产品高度同质化的情况下力创差异化。

国内的电冰箱行业在经历了产品普及、以旧换新后，目前已经进入消费升级阶段。在这个过程中，电冰箱行业的市场集中度逐渐提高。

相关数据显示，2014 年电冰箱行业 TOP5 品牌零售额份额为 66.3%，而截至 2018 第一季度，TOP5 品牌的零售额份额已经上升至 77.6%。在冰箱行业，不创新是没有出路的。电冰箱的品牌集中度肯定会越来越高，未来三五年后，行业局面就会相对稳定下来。

在白色家电行业中，冰箱不同于洗衣机和空调的是，其结构远比洗衣机和空调复杂。对于中小企业来说，产品布局能力已经略逊一筹。此外，产品同质化严重，主流企业在差异化产品布局、创新技术的推广上都更具优势。加之品牌影响力对品牌份额也有正向促进作用，这些因素都在支撑冰箱市场集中度的提升。

8.5.1 家用电冰箱的分类

1. 按制冷方式分类

按制冷方式，电冰箱可分为电动机压缩式、吸收式、电磁振荡式三种。

（1）电动机压缩式电冰箱。全称为全封闭电动机驱动蒸汽压缩式电冰箱。它具有制冷效率高、省电、冷冻速度快、制冷量大、使用寿命长等特点。目前国内外生产的电冰箱绝大多数为此类电冰箱。

（2）吸收式电冰箱。它又称连续吸收扩散式电冰箱。这种冰箱除可以用电能制冷外，还可以用煤油、煤气、液化气、汽油等作为能源。它具有结构简单、成本低、无噪声等优点，但其制冷速度慢、效率低，适用于无电地区使用。

（3）电磁振荡式电冰箱。它又称为电磁振荡压缩式电冰箱。这种电冰箱加工容易、成本低，但耗电量大，仅适合生产容积 50 L 左右的小型电冰箱。

此外，还有半导体式电冰箱等。

2. 按冷气传递方式分类

按冷气传递方式，电冰箱有直冷式和间冷式两种。

（1）直冷式电冰箱，又称有霜电冰箱。冰箱箱体内部冷却食品的过程是借助传导和自然对流的方式进行的。它的冷冻室和冷藏室分别装有蒸发器，这些蒸发器与所储存的食品之间的热交换都是利用热传导和空气自然对流的方式进行的。一般在直冷式电冰箱冷冻室的除霜方式是手动的，而其他储藏室的除霜方式是自动进行的，冷冻室在每使用 3～4 个月要除霜一次，这种形式的电冰箱是我国目前生产和销售的主流。它具有耗电低、噪声小、维修方便、冻结速度快、寿命长、储存食品的干耗现象较间冷式的小等优点。

（2）间冷式电冰箱，又称为风冷式电冰箱、无霜式电冰箱或空气强制循环冷却式电冰箱。这种冰箱箱体内部冷却食品的过程是借助强制对流的方式进行的。间冷式电冰箱各个食品储藏室一般是共用一个蒸发器，而各储藏室的温度是借助调节风门控制的。在蒸发器的一侧装有一个小电动机带动的轴流风扇，空气在这个风扇的作用下，强制通过蒸发器，使空气强制循环。它具有储藏室内的温度分布比较均匀、不结霜、冷却速度快的优点，但这种电冰箱的结构较直冷式电冰箱复杂，耗电量也较大、噪声较大，存储食品的干耗也较大。

3. 按形状结构分类

按形状结构，电冰箱可分为双门式以及三门式、四门式、多门式两种。

（1）双门式电冰箱。它具有两个储藏室，其中一个为冷冻室。两个储藏室内的温度不同。这种冰箱不会产生两个储藏室储存食品的串味现象。目前国内大多数冰箱为这种形式。

（2）三门式、四门式、多门式电冰箱。三门式、四门式、多门式电冰箱在双门式电冰箱的基础上增加了功能转换室或果菜室，功能转换室可转换为保鲜室、冷藏室或冷冻室，使电冰箱具有多个食品冷冻和冷藏室，而且各室之间是独立控制温度的。这种电冰箱容积一般较大，使用很方便，外观豪华。

4. 按使用时的气候环境温度分类

按使用时的气候环境温度，电冰箱可分为亚温带型、温带型、亚热带型和热带型。

（1）亚温带型。气候环境温度为 10 ℃～32 ℃。

（2）温带型。气候环境温度为 16 ℃～32 ℃。

（3）亚热带型。气候环境温度为 18 ℃～38 ℃。

（4）热带型。气候环境温度为 18 ℃～43 ℃。

此外，电冰箱按功能还可以分为冷藏电冰箱、冷冻电冰箱和冷藏冷冻电冰箱三类。冷藏电冰箱的箱内温度为 2 ℃～10 ℃，适用于冷藏食品、饮料等。冷冻电冰箱的箱内温度低于 －18 ℃，适用于长时间储存食品。冷藏冷冻电冰箱兼具以上两种电冰箱的功能。

思政拾萃

创新为冰箱市场注入新活力　智能电冰箱成潮流

2017 年上半年，受原材料价格上涨、能效标准升级、产品技术快速更新迭代、房地产市场调控频繁等因素影响，电冰箱行业延续 2016 年的局面，依然面临多重压力。据中怡康公布的 2017 上半年电冰箱市场销售数据，行业整体零售额负增长 1.2%。有业内人士表示，"目前市场上的电冰箱产品同质化、功能单一化现象严重，急需制造满足消费者需求的差异化创新产品。"

消费者需求推进产品升级

随着生活水平的提高，消费者对电冰箱产品的需求发生变化，催生企业向更新换代型的消费方向转变。据奥维云网检测数据，2017 年电冰箱市场的更新需求占整体市场的 74%。业内专家表示，这一调查数据从侧面反映了当前市场上的电冰箱已经不能满足消费者日趋更新的消费需求，同时也向整个行业释放出了以革新求发展的信号。

记者在郑州各大卖场走访之后发现，目前市场上的电冰箱主要以多门、对开门为主。中怡康数据显示，近年来，多门、对开门电冰箱的零售份额已经达到整体多门电冰箱的 60%。其中，作为后起之秀的十字对开门电冰箱已经占据整体多门冰箱份额的 44.8%。

据第三方机构监测数据，2017 年上半年，十字对开门电冰箱线上零售额占整体零售额的 27.3%，同比上涨 2.8%，线下销售额为 25.2%，同比上涨 1.5%。在"80 后""90 后"成为消费主体的时代，独具特色的审美推动着电冰箱行业向着高端、大容量、智能、美观、环保、健康的方向发展。

大容量智能电冰箱成潮流

据线下监测数据，随着整体市场走势的大容积化，电冰箱产品的平均容积已经从 2013 年的 250 L 提高到了 2016 年的 321 L。400 L 以上产品占比也从 2013 年的 27.65% 上升到了 2016 年的 53.5%。此外，风冷、变频、智能冰箱的渗透率也在继续攀升，分别达到了 80.8%、53.9% 和 10.8%，同比增长 13.5%、8.3% 和 7.2%。

在新一代更新需求中，消费者对健康化的需求已经不仅是通过冷冻冷藏延长食物储藏时间。行业人士分析认为，如何优化存储过程、保证食材营养最小程度的流失、增加对电冰箱内部存储环境的监控将成为下一个需求点。

虽然电冰箱智能化转型还存在着发展缓慢、落地困难等一系列问题，但是在许多家电行业人士看来，电冰箱市场未来的拓展在于围绕消费者体验的提升进行智能化的升级，依托健康食材打造一体化的家庭食品生态链。

专家分析，智能电冰箱之所以处于增长期，是因为它的智能功能可以为消费者带来更高级的消费体验，满足消费者不同的消费诉求。

技术创新满足差异化需求

"创新"一直是各行各业持续发展的灵魂所在。中国家用电器协会副理事长王雷表示，"消费升级是今后相当长时间内电冰箱市场增长的最大动力，企业如果能够把握住消费升级的潮流，密切关注差异化市场，开发出可以满足消费者需求的差异化产品，就能平稳度过市场盘整期。"

中国家电网总编吕盛华则表示，无论是技术突围还是模式变革，都应该是企业在保证冰箱品质前提下，不断满足消费者需求、提升消费体验。另外，技术迭代和渠道变革给电冰箱行业带来的影响还会进一步凸显，竞争也将进入到一个新的进程。

新国标推动行业发展

《家用和类似用途制冷器具》（GB/T 8059—2016）（以下简称"新国标"）已于 2017 年 7 月正式实施，服役超过 20 年的现行电冰箱性能标准退出历史舞台。

新国标在容量、能耗、质量等方面进行了调整，如取消 500 L 及封闭式电机驱动压缩式器具的限制；采用年耗电量代替原来的日耗电量，并增加装载耗电量测试方法；新增降温与冷却能力试验项目等。

业内人士表示,"新的能耗标准实施后,对大品牌来说,其产品技术优势能让其更好适应,但一些落后的产品技术终将被淘汰。"

【思政点评】 技术创新满足差异化需求,新国标推动行业发展。

8.5.2 电冰箱的规格、星级及型号

1. 电冰箱的规格

电冰箱的规格是按容积来划分的,如 185 L、220 L 等。

2. 电冰箱的星级

在国家标准中,明确规定了电冰箱冷冻室的温度级别,即星级。

电冰箱国家标准中规定四星级冰箱冷冻室温度为 - 24 ℃,标有四星级标志的电冰箱,第一颗大星号是速冻能力的标志,也是四星级电冰箱特有的功能。显然,电冰箱冷冻室的温度越低,它具有的冷冻能力就越强,冷冻食物的速度就越快,保存食品的时间就越长。

3. 电冰箱的型号含义

国产电冰箱型号的组成及含义表示如下。

(1)第一部分是家用电冰箱代号,用"B"表示。

(2)第二部分是用途分类代号,用汉语拼音字母表示,C 表示冷藏箱,CD 表示冷藏冷冻箱,D 表示冷冻箱。

(3)第三部分是用数字表示的规格代号,即电冰箱的有效容积单位为"升"。

(4)第四部分是用字母表示的电冰箱的冷气传递方式代号,直冷式电冰箱不用字母表示,无霜型电冰箱用汉语拼音字母"W"表示。

(5)最后一部分是改进设计序号,用英文字母顺序表示。

例如,BD—180 表示 180 L 家用直冷式冷冻箱;BCD—220 WA 表示第一次改进设计的 220 L 无霜式家用冷藏冷冻箱。

8.5.3 电冰箱的使用注意事项

正确地使用和维护电冰箱,可延长其使用寿命,减小耗电量,且有利于食物的冷藏保鲜。故消费者在使用前除应仔细阅读使用说明书外,还应注意以下几点:

(1)电冰箱应放在通风良好、干燥、远离热源、避免阳光直晒的地方,背部冷凝器与墙壁的距离应在 10 cm 以上,以保证其正常散热。放置的地面应平整坚实,电冰箱不得晃动。

(2)搬运电冰箱时,应从底部抬起,轻搬轻放;搬运过程中不能使电冰箱倒置或倾斜角度过大,避免其受到强烈的振动,堆码不得超过两层。

(3)要配备专用的电源插座。

(4)电冰箱内存放的食物不应放得过紧、过满,放入的食物之间要留出一定空隙,以利于冷气的循环。

(5)正确使用温度控制器。温度控制器上的数字表示控制温度高低的程度,数字小表示控制温度高,数字大则表示控制温度低。

（6）电冰箱箱体内外应经常保持清洁，要定期清洗。

（7）定期除霜。霜层会降低蒸发器表面的热交换能力从而影响制冷效果，因此，当电冰箱内霜层达到一定厚度时，应立即进行除霜工作。

（8）电冰箱不应频繁地、间断地使用，应连续使用，以延长其使用寿命。

案例分析

电冰箱发展的五大趋势

在经历了近 20 年的高速发展后，电冰箱产业正逐步进入产业成熟期，有经济专家分析指出，截至 2007 年，国内至少有 300 万台电冰箱面临更新换代，未来几年将是电冰箱业发展的新一轮高峰期。据业内人士预测，21 世纪我国电冰箱工业技术发展趋势将呈现如下特点：

无氟环保。随着人们环保意识的提高，有氟电冰箱正日益被人们疏远。我国承诺到 2005 年全面停止有氟电冰箱的生产和销售，有氟电冰箱生产线在此之前将被强行淘汰，无氟电冰箱成为电冰箱业发展的必然方向。

节能省电有关专家分析指出，21 世纪很可能出现世界性的能源危机，因此，我国对电冰箱产品能耗标准的规定也在不断更新，降低能耗已成为众多电冰箱厂家共同关注的焦点。

低噪声。由于电冰箱一般放在居室中，噪声成为衡量其优劣的重要指标之一，也是消费者在购买电冰箱时特别关注的方面。20 世纪 80 年代初期出现的第一代电冰箱一般不注重静音设计，巨大的噪声让现代人再也无法忍受。随着人们对生活质量要求的日益提升，懂得"沉默是金"的电冰箱将大受消费者青睐。

便捷式设计。随着生活水平的提高，人们购买电冰箱时已不再把目光局限于冷藏和保鲜功能，开始更为关注它的方便性。左右互换门，可供电冰箱自由拖动的脚轮、开门止挡、关门自锁、外表易清洁等细节上的便捷设计将是消费者的首选。

4. 新颖外观

根据中国人的居住条件和房屋布局习惯，电冰箱常放在客厅或厨房，由于电冰箱体积庞大引人注目，人们在实用的基础上更希望电冰箱在居室内能成为一种装饰。漂亮大方易擦洗的平背式、简洁强劲的整板折弯箱体、新颖独特的门体造型等外观设计将成为电冰箱技术发展的又一趋势。

除此之外，电冰箱在长寿命、大容量、多功能等方面的全面发展也将代替单一的冷藏功能而成为主流趋势。

【案例问题】

1. 结合教材内容，简述电冰箱的工作原理、分类及特性。

2. 查询相关资料，谈谈未来电冰箱的发展趋势。

模块考核

一、填空题

1. 按电冰箱使用时的气候环境温度分类有亚温带型、温带型、亚热带型和热带型。其中亚温带型的气候环境温度为_____℃。

2. 当微波炉内没有_____时，不可启动使用，以免其由于空载运行而损坏_____。

3. 电饭锅不宜煮_____的食物；不宜在_____的环境中使用。

4. 冰箱内存放的食物不应放的_____，放入的食品之间要有一定的_____，以利于_____。

5. 电风扇按电动机的类型分类；可分为_____、_____、_____和_____四种。

二、单项选择题

1. 有时候用"匹"来表示空调器规格，它和"瓦"的换算关系是（　　　）。

    A. 1 马力 ≈ 735 瓦　　　B. 1 马力 ≈ 435 瓦　　　C. 1 马力 ≈ 1 000 瓦　　　D. 1 马力 ≈ 500 瓦

2. BCD—220 WA 代表的含义是（　　　）。

    A. 180 L 家用直冷式冷冻箱　　　　　　　　B. 220 L 家用直冷式冷藏冷冻箱

    C. 220 L 无霜式家用冷藏冷冻箱　　　　　　D. 180 L 无霜式家用冷藏箱

3. 按制冷方式对电冰箱进行分类的是（　　　）。

    A. 电磁振荡式　　　B. 直冷式　　　　　C. 冷冻式　　　　　D. 间冷式

    E. 冷藏电冰箱

4. 按时间控制方式对电饭锅进行分类的是（　　　）。

    A. 保温式电饭锅　　　　　　　　　　　　B. 电脑控制式电饭锅

    C. 双层保温外壳电饭锅　　　　　　　　　D. 可调节功率型电饭锅

    E. 不粘锅底电饭锅

5. 搬运电冰箱时，应从底部抬起，轻搬轻放，搬运过程中不能使冰箱倒置或倾斜角度过大，避免受强烈的振动，堆码不得超过（　　　）。

    A. 一层　　　　　　B. 两层　　　　　　C. 三层　　　　　　D. 四层

三、多项选择题

1. 按电动机的类型分类，电风扇可分为（　　　）。

    A. 单相罩极式　　　B. 落地扇　　　　　C. 壁扇　　　　　　D. 单相电容式

    E. 三相感应式

2. 空调器的制冷工作包括（　　　）。

    A. 压缩过程　　　　B. 冷凝过程　　　　C. 节流过程　　　　D. 蒸发过程

3. 家用微波炉的主要优点有（　　　）。

    A. 加热效率高　　　　　　　　　　　　　B. 二次加热效果好

    C. 节省电能　　　　　　　　　　　　　　D. 保持食物原有的营养成分

    E. 安全卫生，不污染环境

4. 电饭锅的种类很多，可以分为（　　　）。

    A. 组合式电饭锅　　　　　　　　　　　　B. 常压电饭锅

    C. 多发热盘式电饭锅　　　　　　　　　　D. 定时启动型自动电饭锅

    E. 不粘锅底电饭锅

5. 按使用时的气候环境温度分类，电冰箱可分为（　　　）。

    A. 亚温带型　　　　B. 直冷式　　　　　C. 温带型　　　　　D. 亚热带型

  E. 冷式电冰箱　　　F. 热带型

四、判断题

1. 使用洗衣机时，需要经常用手或其他物品碰触其转动部分，以防衣物缠绕或者转动部位卡死。
　　　　　　　　　　　　　　　　　　　　　　　　　　　　　　　　　（　　）

2. 无霜式电冰箱的箱体内部冷却食品的过程是借助于传导和自然对流的方式进行的。　（　　）

3. 直径 300 mm、350 mm、400 mm 的台扇、壁扇、台地扇、落地扇的噪声分别不大于 63 dB、
   65 dB、67 dB。　　　　　　　　　　　　　　　　　　　　　　　　　（　　）

4. 热泵型空调器最大的优点是在制热运行时制热效率高；最大的缺点是在制热运行时，当室外
   环境温度低于 −7 ℃时，一般不能制热运行。所以，这种空调器较适合在温带地区使用。
   　　　　　　　　　　　　　　　　　　　　　　　　　　　　　　　　（　　）

5. 波轮式洗衣机是日本人发明的。　　　　　　　　　　　　　　　　　　（　　）

五、问答题

1. 微波炉的工作过程是怎样的？烧烤型微波炉和普通微波炉有什么区别？

2. 电饭锅是如何分类的？

3. 微波炉具有哪些功能？

4. 空调器的性能指标有哪些？

5. 洗衣机的日常维护保养方法有哪些？

模块 9

散装类货物

内容导读

　　本模块主要介绍石油及其产品、散装液化气、矿石和煤炭等散装类货物的相关知识。掌握这些知识，对于进一步了解散装类货物相关情况有十分重要的意义。

学习目标

　　[知识目标]

　　◎掌握石油原油、成品油的特性、危害性，以及原油及其产品的储存和安全运输知识。

　　◎掌握散装液化气的特性和危害性，以及散装液化气的安全运输知识。

　　◎掌握矿石的种类、成分和性质，以及矿石的运输与保管相关知识。

　　◎掌握煤炭的种类、成分、性质，以及运输与保管相关知识。

　　[能力目标]

　　◎能够运用所学知识了解石油原油、成品油的特性、危害性，以及原油及其产品和安全运输过程。

　　◎能够运用所学知识了解散装液化气、特性和危害性以及散装液化气的安全运输过程。

　　◎能够运用所学知识了解矿石的种类、成分和性质，并可以完成矿石的运输与保管任务。

　　◎能够运用所学知识了解煤炭的种类、成分和性质，并可以完成煤炭的运输与保管任务。

　　[思政目标]

　　◎了解国家发展战略物资布局的重要性。

　　◎深刻领悟我国在复杂国际环境和多变的经济形势中为什么一定要"保持定力，行稳致远"。

任务9.1　石油及其产品

世界石油运输最繁忙的海峡：霍尔木兹海峡

在国际石油运输中，很多海峡是必经之路，其中最繁忙的是霍尔木兹海峡。

霍尔木兹海峡（Hormuz Strait）位于亚洲西南部，在伊朗与阿拉伯半岛之间，东接阿曼湾，西连波斯湾（阿拉伯人称为阿拉伯湾），呈人字形。霍尔木兹海峡是海湾地区与印度洋之间的必经之地。

霍尔木兹海峡，长约150 km，最窄处38.9 km，是中东从海上输出石油的主要航道，每年石油运量为68亿吨。这里平均每5 min就有一艘油轮驶过，油轮往往首尾相连，形成浩浩荡荡的船流，有石油通道的咽喉、生命线等之称。

有"海湾咽喉"之称的霍尔木兹海峡具有十分重要的战略和航运地位。海湾沿岸产油国的石油绝大部分通过这一海峡输往西欧、澳大利亚、日本和美国等地，合计承担着西方石油消费国60%的供应量，西方国家把霍尔木兹海峡视为"生命线"。

石油是"工业的血液"。它不仅是飞机、轮船、汽车、拖拉机等的动力燃料，而且在化学工业、农业、科学技术、医药卫生、国防工业等方面得到了广泛运用，石油已经进入人类生活的很多领域。石油在国民经济中起着十分重要的作用，按加工程度可分为原油和成品油。

9.1.1　原油

原油是指从油井中开采出来的一种有特殊气味的褐色或黑色黏稠的液体矿物，是未经加工的石油，主要是由碳和氢两种元素组成的多种碳氢化合物构成，其平均含碳量为84%～87%，氢含量为11%～14%。原油中还有硫、氧、氮和微量的氯、碘、钾、钠、铁等。不同产地的原油各成分的含量各不相同。原油经加工可以制成汽油、煤油、柴油等产品，以及各种润滑油和其他化工产品。

9.1.2　成品油

成品油是指原油经直接蒸馏、裂化、精制等加工后制成的石油产品及以油母页岩、煤等为原料，经干馏、高压强氢和合成反应而获得的各种人造石油产品。这类产品种类繁多，主要有以下几类。

1. 燃料油类

（1）汽油。汽油分航空用、车用和溶剂汽油等多种。车用汽油是石油产品中相对密度最小、最易挥发的油品。汽油含辛烷值越高，它在发动机内燃烧时越不易产生敲击气缸的爆震现象，也就是抗爆性能越好。目前，提高汽油中辛烷含量的办法多数是加入四乙基铅和二溴乙烷等的混合液，这种汽油称为含铅汽油，由于四乙基铅有毒，通常将含铅汽油染成一定的颜色（天蓝色、粉红色、黄色等），以示有毒，以便注意安全。溶剂汽油主要用于工业上洗涤机件、杀虫制药工业、制造轮胎、胶鞋、油漆工业的稀释剂等。

（2）煤油。煤油分为灯用煤油、动力煤油和矿灯煤油。

（3）柴油。柴油分为轻柴油和重柴油。轻柴油供各种高速柴油机（如柴油汽车、柴油拖拉机、柴油发电机、柴油抽水机等）作燃料使用，也可作化学工业中洗涤和吸着剂，以及金属加工时用的润滑冷却剂使用。重柴油供中速和低速柴油机作燃料使用。

（4）燃料油。燃料油又称为重油或锅炉油，供船舶工业和工厂锅炉作燃料用。

2. 润滑油类

（1）润滑油。润滑油是用提取汽油、煤油、柴油后剩下的重质油，主要用于机械设备的摩擦部位，起润滑作用，有些润滑油还被用于冷却、密封、淬火、防锈、电气绝缘等。

（2）润滑脂。润滑脂是一种半固体的膏状物，是由合适的润滑油和稠化剂（如金属皂、石蜡、树脂等）调制而成的黏稠状油蜡，用于机械的摩擦部位，不仅起润滑和密封作用，还能涂抹在金属表面用来防锈。

（3）化工油类。化工油类主要有纯苯、甲苯、石蜡、地蜡等产品。

（4）建筑油类。建筑油类主要有液体沥青、硬沥青等产品。

※拓展阅读※
石油输出国组织（OPEC）

9.1.3 原油及其产品的特性

原油及其产品与运输有关的主要特性包括以下几个方面。

（1）挥发性。大部分原油及其产品都含有易挥发的碳氢化合物，所以它们具有易挥发性。《国际油船和油码头安全作业指南》一书将闭杯闪点低于 60 ℃的油品列为挥发性油品。石油产品的挥发不但会使其数量减少，而且由于其挥发部分多是轻质馏分，质量也降低，同时，还为燃烧、爆炸提供了石油蒸气。其挥发速度的快慢取决于温度的高低、压力的大小、表面积的大小、气流速度的快慢以及油品密度的大小。

（2）易燃性。原油及其产品具有遇火燃烧的特性。原油及其产品的燃烧是其蒸气的燃烧，所以越易挥发的油品（如汽油、煤油）越易引起燃烧。它可以用闪点的高低来衡量，即闭杯闪点低于 60 ℃的油品具有易燃的危险性。

（3）爆炸性。原油及其产品所挥发的油气与空气混合，在一定的浓度范围内，遇有火花即可能发生爆炸。油气混合气能发生爆炸的下限和上限的浓度称为爆炸极限。油气的爆炸下限较低，即油气浓度低的时候特别容易爆炸。

（4）易感静电性。原油及其产品在管道内以一定速度流动或在容器内动荡，会因与管壁或容器壁相摩擦而带电，当带电量较多时，静电荷能在绝缘装备和接地物体之间放电。这时，如果接触到周围的油气与空气的混合气，则有可能引起燃烧或爆炸。

（5）黏结性。原油及重油、柴油等不透明的石油产品在低温时，流动性减小而黏结成糊状或块状的特性。一般用凝固点和黏度来表示。

（6）毒害性。原油及其产品挥发出的气体对人体健康有害，尤其是含硫较多的石油气。另外，某些产品（如汽油）含有四乙基铅，更具毒性。

（7）胀缩性。原油及其产品的体积随温度胀缩性的变化而膨胀或收缩的性质，称为胀缩性。不同的品种和在不同的温度条件下其胀缩程度不一。可由石油的体积温度系数决定。

（8）污染性。原油及其产品除大量挥发能造成空气污染外，液体的滴、漏及污水排放也能造成水域、陆域环境的污染。

9.1.4　原油及其产品的危害性

1. 安全危害

（1）燃烧爆炸。油类能够燃烧起火，但在一定条件下才会发生，需具备的燃烧三个要素包括：可燃物——货油挥发出的石油气或烃气；助燃物——货油周围的空气；热源——足以点燃石油气的火焰、电火化或静电火花、热加工等。

（2）易感静电。两种物质相互接触时，在它们的界面会产生双电层，使两种物质的接触面各带上相反的电荷。当这两种物质进行相对运动或摩擦时，带电荷现象就更为明显，这种电荷叫作静电。

2. 对人体健康的危害

石油及石油产品对人体健康造成的危害，主要是由于石油及石油气中的有毒成分。人员中毒几乎都是因为接触了各种石油和石油气而发生的。接触的主要途径有吞入、皮肤直接接触和吸入。

（1）吞入。一般情况下，吞入大量石油的情况是很少见的。吞入石油会引起剧烈的难受和恶心呕吐。在呕吐时，就有可能将液态石油带入肺中，从而造成严重后果，特别是吞入汽油和煤油这类高挥发性石油产品时，情况则更为严重。

（2）皮肤直接接触。多种石油产品（尤其是挥发性较高的石油产品）对皮肤均有刺激。石油对眼睛的刺激也很大。为了避免或减少与石油直接接触，应佩戴手套和护目镜等防护用品。

（3）吸入。石油气对人体的主要中毒反应是恶心。其症状包括头痛、眼睛发炎，并有反应迟钝、像醉酒般的头晕目眩。高浓度的石油气还能导致人丧失知觉、瘫痪，甚至死亡。

在进入货油舱之前，一定要彻底通风，待确保油气浓度低于中毒临界值后，人员方可进入。

3. 对海洋的污染

（1）对海洋生物资源的危害。进入海洋的石油，在氧化和溶解过程中能导致海水的氧含量急剧下降，使二氧化碳和有机物的含量增高，其他一些化学性质也会产生一定变化。大面积海洋污染导致海水严重缺氧，能对海洋生物造成严重危害。油污染对海洋生物资源的危害可分为短期和长期两种。

①短期危害是指油污染事件发生后，在短期内造成并能察觉到的危害。包括对海鸟的危害、对鱼虾的危害、对海藻的危害、对贝类的危害等。

②长期危害对海洋生物与短期危害相比更为严重，往往需要几年甚至几十年才能显现。各种结构的烃一旦被某种海洋生物吸收，性质将变得十分稳定，在食物链中循环，不会再被分解。油污染对海洋生物最大的威胁还在于它可能改变或破坏海洋中正常的生态平衡。当海面漂浮着大片油膜时，表层海水中的日光辐射量降低，这样会使浮游植物和微生物的数量减少。浮游植物和微生物是海洋食物链中最低级的一环，它们的数量减少，势必会导致处于海洋食物链中其他更高环节的生物数量相应减少，从而导致整个海洋生物群落的衰竭和死亡。由于石油在海洋中溶解以及被氧化吸收时，需要消耗海水中的大量氧分，致使海洋生态恶化，这将对人类赖以生存的海洋生物带来重大的危害。

（2）对海滨和海岸自然环境的危害。气候宜人的海滨和海岸通常是娱乐和疗养的圣地，也是天然的浴场。然而发生油污染后，海洋上漂浮的油类在风浪潮的作用下，漂上海岸或海滩，令人产生厌恶感，或失去游乐的兴趣，从而降低海滨的使用价值，毁坏海岸自然景观。如果海洋植物遭受到石油污染侵害，则会使其枯死，造成海岸带侵蚀。

9.1.5　原油及其产品的储存

原油及其产品除少量注入包装容器储存外，大量的是利用大容量的储油罐（见图 9.1）储存，其可分为土罐、混凝土罐、钢罐等多种，目前通常采用的是钢罐。

图 9.1　储油罐

（1）土油罐（油池）是由涂敷 0.5 ~ 0.7 m 厚的油性黏土层所形成的土坑，储油可达 160 t 以上。土油罐用于短期储存原油和重油。为防止油品渗漏，罐底经常保持一层水。

（2）钢筋混凝土油罐，可筑成矩形或圆形，其储油量为 500 ~ 7 500 t。钢筋混凝土油罐主要用于储存原油、重油和柴油。

（3）钢制油罐可供储存原油和各种液体成品油。它有立式、卧式、球形和扁球形等多种形状，已形成标准的油罐有容量为 100 ~ 4 600 m^3 的焊接立式圆筒罐；容量为 750 ~ 10 000 m^3 或 15 000 m^3 的按特别设计的焊接式圆筒钢罐；容量为 5 500 m^3 和 10 500 m^3 的铆接立式圆钢罐等。

储存原油及其产品的油罐（以及储存桶装油品的油库）可建造在地面、半地下或地下。地面油罐的罐底和地平面在同一水平或高于地面；半地下油罐的罐底在地面下的深度应至少为油罐高度的一半，同时罐内油品的最高液面应不超出地面 2 m；地下油罐内最大限度储存油品时，油品液面应至少低于地面 0.2 m。利用地下油罐储存油品，油品的挥发远比地面和半地下油罐储存时要少。

储存原油及其产品的油罐，应有专门的装备。例如使空气进入和罐内混合气体排出的自动调节阀，完整有效的灭火装置，为减轻油品挥发程度而安装的可浮式或不透气顶盖。较先进的油罐还装有挥发油气收集器，以及设置在钢制油罐外壳上的用以防止静电积聚的接地装置等。

9.1.6　油船

1. 油船的种类

油船（见图 9.2）是用来运输石油的船舶，可分为原油油船和成品油油船，而在实际营运中，由于受到诸多客观因素的影响，并没有严格地按原油油船和成品油油船划分，往往经常变换油种。例如，以载重吨来划分，油船有以下几种类型。

图 9.2　油船

（1）小型油船：载重吨为 6 000 吨以下，以运载轻质油为主。

（2）中型油船：载重吨为 6 000 ~ 35 000 吨，以运载成品油为主。

（3）大型油船：载重吨为3.5万~16万吨，以运载原油为主，偶尔运载重油。

（4）巨型（超级）油船：载重吨为16万吨以上，专用于运载原油。

2. 油船的构造及装备

1）油船基本的构造

一般油船可分为三个主要部分：首部、货油舱区域和尾部。

（1）首部包括首尖舱、燃油泵舱和深舱。有些大型油船的艏部水线下还设有艏推进器；单点系泊式油船的首甲板上还设有单点系泊用甲板机械。

（2）货油舱区域被纵舱壁分为中舱和边舱；横舱壁将其分为若干数量的货油舱和专用压载舱。货油舱区域被隔离舱和油船的艏艉部分隔开来。隔离舱可以起到防止油类气体渗透和防火防爆作用。有些油船的隔离舱还兼作货油泵舱。

（3）尾部包括桥楼、船员居住舱室、机炉舱、燃料舱、淡水舱和艉尖舱。

①油船货舱内设置多个纵向及横向油密的舱壁。

②油船设有安全隔舱。在船舶纵向货油舱的最前部和最后部有专门的隔舱，为防止油气进入到其他舱室，与其他舱室分隔开来，以确保安全。

③油船甲板强度和水密性较高。由于不用在甲板上设置大尺寸的舱口，而仅需要在各舱设置足够大的入孔，所以舱口的水密性较好。

2）油船的基本装备

油船的基本装备包括机泵设施与泵间，货油舱装卸及加温管系，消防装备与管系，"呼吸"调压装置，降温装置，洗舱装备，检测设备。

（1）机泵设施与泵间。货油的卸载、洗舱油或水及压载水的抽卸均须利用机泵及相应的管道。大型油船除在货舱尾部设置主泵间外，在船中部另设有前部泵间。这样有利于提高卸载效率或提供同时卸下不同油品的能力。管路输出（入）口可与岸上可弯曲的蛇形软管或自动输油臂相接。

（2）货油舱装卸及加温管系。装卸油液使用同一管道，该管道口安置在舱内最低部位。为使流动性较差的油品顺利泵出，以保证和提高卸油效率，在舱尾部安置蛇形加温（利用蒸汽）盘管。

（3）消防装备与管系。油船除配备蒸汽灭火装备外，也配备了更有效的惰性气体灭火装备。整个消防系统由管道从舱面伸入油舱舱口。此外，舱面还配备可与灭火系统相接的装置和手提式灭火机具。

（4）"呼吸"调压装置。由于油品极易挥发，受热时液面蒸汽压力较大，各货油舱装有调压阀，可控制舱内油气的压力，当舱内油温降低、液面压力过低时，也可通过调压阀使外界空气进入舱内。

（5）降温装置。用水喷洒甲板以降低温度，能减少油气逸出损失量，油船一般均有此装置。

（6）洗舱装备。以往油船只利用蒸汽及水洗舱，而现在按规定还可采用原油洗舱。洗舱有专门的机具（具有高压喷射性能，原油洗舱有固定装置及原油循环系统）、强力鼓风、防静电危害等装备。此外，为清除管道内的残油，有专门的扫线泵。

（7）检测设备。检测设备包括测量油温、油品密度，检测油舱液面高度、舱内混合气体状态等设备。

9.1.7　原油及其产品的安全运输

1. 原油及其产品的装卸

在油船运输中，原油及其产品的装卸是在专用码头上进行的。由于油品利用管道输送，码头只要有足够的系靠船舶的墩装置和架设管道的栈桥，以及其他作业所需的装备即可，所以它可以伸向深水水域，以适应大型油船作业。现在，多点系泊、固定单点系泊和浮筒单点系泊等设施已得到广泛应用。

油船的装卸作业须通过软管或自动输油臂使船岸连接后才能进行。装油时使用岸上的动力，将原油及其产品泵到油船各舱。如果岸上的油库设在较高的位置，须使用重力直接装船。卸油时使用船上的动力，将原油及其产品泵到岸上油罐或其他储油设施。如输油距离较远，应在岸上另行增设动力。原油及其产品装卸在船上要经过极为复杂的阀系统操作管理，以保证不同的原油及其产品通过管路注入计划装载的货油舱。各舱的油按计划顺序被泵出，特别要防止混油。

（1）装油。油船船长应充分了解合同所载原油及其产品的规格、数量、特性，以及装卸港的要求，并制订作业计划。装油计划除应保证船舶稳性外，还应注意船舶纵向强度。当装载量较少时，应避免集中装载于船首、尾部，或过多集中在中部货油舱，而可以间隔地留出空舱。当装载多种原油及其产品时，应对管路利用结合装载舱室做妥善考虑。同时，对备舱时装载应提出液面空位的控制数。该空位数由当时的油温、密度及航行中可能达到的最高温度等因素决定。

（2）卸油。若装运的油品凝固点较高（约 10 ℃），则船舶进港卸油前应对该原油及其产品进行加温，将蒸气通到舱底的加热管，对原油及其产品加热以使原油及其产品能顺利泵出。卸油使用船舶机泵，在此过程中，泵房内极易因泵或阀等渗漏原油及其产品而滞留油气，有相当的危险，所以应始终保持良好的通风。

在卸油后期，使船体有一适当的横倾或纵倾角度，有利于卸空舱内的原油及其产品。但在卸油的起始阶段应避免这种倾斜，以防原油及其产品从舱口启开的测油孔溢出。在卸油过程中，同样应避免发生任何溢油、漏油而造成水域污染的事故。

油船卸油后应进行扫线、拆除软管等工作。油船卸油后，接续工作是压载航次，所以需要向专用压载水舱注入压载水，或直接注入经水洗后的货油舱。现在，对压载水的排放已有严格的限制。

2. 原油及其产品的交接

原油及其产品的交接主要是质量交接和数量交接。

1）质量交接

质量交接主要采用选样封存。船舶装油时以适当的方法选取货油样品（以下简称"油样"）加以封存，在船舶抵达目的港卸油之前，同样要选取油样并化验。经过化验，待收货人对货油质量没有异议后才能开始卸油，如果收货人对货油质量提出异议，可以开启装船时封存的油样再次化验，以判别船方是否在航行中尽到了保管的责任。

（1）选取油样。选取的货油样品应具有代表性，一般在装油港选取油样有以下两种方法：一是在装油过程中，从码头上管道末端的小开关处选取油样，一开始装油就取一次油样，以后每隔 1~2 h 选取一次；二是从油舱中选取，对一艘油轮选取油样时，至少要从 25% 的油舱中选取，其中首部 5%、中部 5%、尾部 5%，每个油舱选取油样，必须连续地从油舱的不同深度采集。此外，也有只从油舱中选取中层油样的。注意，在船舶抵达目的港卸油前，只采用第二种方法选样。

（2）油样封存。选取出来的货油样品，需搅拌均匀后装入两只瓶子中，其中一瓶用船方火漆密封交给收货人，作为收货人发货质量的凭证，另一瓶用发货人的火漆密封后交给船方，作为船方收货的质量凭证。显然，装载时选取的油样具有一定的法律效力，因此不能单独由任何一方选取油样作为货油质量交接的仲裁品，而只能在船方、收货人的共同参与下，由质量检查机关人员执行。

2）数量交接

数量交接主要是装油量的计算。石油及其产品的计量方法有很多种，其中大宗油运采用的是"体积密度法"（以体积和密度计算重量），所以首先必须准确地测量油品的体积。

（1）油品体积的测量。一般油船各货油舱均配置专门的容积表，该表反映油舱一定高度（或液面空档高度）时的容积，因此，测量液面空档高度后即可从容积表中查出油品的体积。测量液面空档高度常用的测量工具有测深卷尺和木制测空尺。前者用合金制成，下悬重锤，其长度超过所测舱深，后者仅适用于空档高度较小的情况。

（2）石油及其产品的重量计算。物质的体积与其密度相乘即为该物质的重量，由体积和密度可以计算出重量。国际上通用的石油及其产品计量方法是将密度和体积都换算成标准状况（我国标准为 20 ℃），再考虑空气浮力的影响，通过计算所得的为油品在空气中的重量。

3. 油船的压载及洗舱

（1）油船的压载。油船空船航行时必须压载以保持船舶稳定性，根据航行的区域和天气条件决定压载水的数量。通常好天气空载的沿海油船所需压载水量为总载油量的 20% ~ 25%，远洋油船为 35% ~ 40%，恶劣天气环境下为 40% ~ 50%，在特殊情况下则可高达 50% ~ 60%。

（2）油船的洗舱。洗舱的目的是除去油渣、油垢和沉淀物，以便能装运清洁的压载水或改换其他油品；同时，它也能够彻底清除舱内易燃、易爆性混合气体，以便能安全地进行货舱设备检修，乃至整船检修。

4. 污水及溢油处理

（1）污水处理。油船的正常操作排放包括压载水、洗舱水和机舱舱底水的排放。船舶含油污水的排放是造成海洋油污染的主要原因之一。

（2）溢油处理的方法主要有两种：一种途径是将污油留在船上或待船舶靠岸后排入岸上的接收设施中；另一种途径是控制所排放的含油污水的量。

案例分析

泰国海底输油管道泄漏事故造成海洋污染

泰国自然资源和环境部污染控制厅厅长阿塔蓬于 2022 年 1 月 27 日表示，泰国东部罗勇府海域发生的海底输油管道原油泄漏事故造成的海洋环境污染，预计在 7 ~ 10 天内可以得到控制。泰国政府将追究涉事企业的法律责任，要求其对因环境污染造成的损失进行赔偿。

阿塔蓬透露，事故发生后，相关机构使用了 40 000 L 化学制剂用来分解漂浮在海面的油污，当天又增加了使用量，主要使用飞机喷洒，同时还配合使用微生物制剂以加速油污分解。目前，海上油污带距离海岸还有约18 km，正在缓慢地漂向岸边。他表示，涉事企业上报的原油泄漏量不断发生变化，一开始为40 000 L，后来减为16 000 L，现在又改成50 000 L，实际情况还在调查中。政府已经着手评估此次泄漏事故对环境造成的影响以及经济损失，污染控制厅已经对涉事企业提起法律诉讼。

事故发生后，泰国政府方面已经在禁止事故发生海域的所有活动的同时，严密监测油污的漂流轨迹。

【案例问题】

1. 结合教材内容，简述石油的开采、运输及储存的要求。
2. 比较石油及制成品几种运输方式的优缺点。

任务9.2　散装液化气

9.2.1　散装液化气概述

1. 液化气的定义

通常，液化气是指一类在常温下是气体，经降温或在临界温度以下被压缩成为液体的物质。国际海事组织将液化气定义为：在温度为37.8 ℃时，蒸气压力大于0.28 MPa的液体及理化性质与这些液化气体相近的货物。主要散装液化气性状见表9.1。

表9.1　主要散装液化气性状

液化气	熔点/℃	沸点/℃	闪点/℃	燃点/℃	临界温度/℃
氨	−78	−33.4	—	651	132
氯	−101	−34.6	—	—	14
氮	−210	−195.8	—	—	−147
甲烷	−182	−161.5	−187	537	−82.6
乙烷	−183.6	−89	−130	515	32.4
丙烷	−188	−42.1	−104	466	96.1
正丁烷	−138	−0.5	−72	450	152
异丁烷	−160	−11.7	−81	460	135
乙烯	−169	−103.7	−77	450	9.21
氯乙烯基	−159.7	−13.7	−78	472	158.4
丙烯	−185	−47	−108	497	92
丙烯氧化物	−104.4	34.2	−37.2	465	209.1

续表

液化气	熔点/℃	沸点/℃	闪点/℃	燃点/℃	临界温度/℃
丁二烯	−108.9	−4.4	−18	450	152
乙醛	−123	20	−35	185	188
空气	—	−194	—	—	−140.7

2. 散装液化气的分类

1）按照液化气运量

海上运输的液化气，从运量上看，以液化石油气和液化天然气为主，逐渐发展用液化的办法运载其他的气态化学品，如出现乙烯专用船。因此，可以很自然地将在海上运输的液化气分成三类，即液化石油气、液化天然气和液化化学气。

2）按照组成和性质

（1）烃类液化气：包括甲烷、乙烷、丙烷、丁烷、丙烯和丁烯。这样分类的目的是兼顾石油气和天然气，因为它们都是混合气体，在液化气运输中占重要地位。

（2）卤代烷：主要有氯甲烷、溴甲烷、氯乙烷和制冷剂气体氟氯烷（俗称氟利昂）。

（3）烯烃类：除石油气中的丙烯和丁烯外，所有带双键的化合物均属此类，包括乙烯、丁二烯、异戊二烯、丙炔、氯乙烯、偏氯乙烯和乙烯基乙醚。

（4）含氧化合物：这类物质含氧，但不带双键，如环氧乙烷、环氧丙烷、乙醛和乙醚。

（5）胺类：包括三种胺，即乙胺、双甲基胺和异丙胺。

（6）无机物：包括单质氯、氮、氨的化合物氨、二氧化硫四种。

9.2.2 散装液化气的特性及危害性

1. 散装液化气的主要特性

（1）液化和气化。绝大多数液化气在常温常压下是气体，需加压或降温使其液化后再运输储存。如液化后的气体吸收热量温度升高时，液化气会大量气化；液化了的气体压力降低时，液化气也会大量气化。因此，当液化气货物泄漏时，由于外界压力低于它在容器内的饱和蒸气压力，或者外界环境温度高于它原来的温度，泄漏出来的液化气马上蒸发气化。

（2）外观和气味。绝大多数液化气货物是无色的。为了便于人们察觉其泄漏，对于民用燃料，需增添加臭剂。

（3）比重和相对密度。小部分液化气货物液体比水轻，一旦泄漏，在气化前会漂浮起来。比水轻的液化气液体在地面或甲板面流淌着火时，不能用水柱直接喷向着火的液体，以免水将着火液化气液体托起向四周蔓延。

绝大多数液化气货物的蒸气都比空气重，因此，泄漏后，易沉积在场所的底部或低洼地带，不易扩散，容易使人吸入导致中毒窒息或发生可燃气体爆炸事故，而且发生火灾后蔓延迅速，较难扑救，并且火焰集中在底部，对人员的伤害要比轻的可燃气体严重。

（4）水溶性和水合物。在液化气货物中，有一些是可溶或微溶于水，另一些在一定温度压力下会与水结合生成结晶状水合物，水合物类似碎冰或半溶状的雪，它会卡住货泵，破坏轴承或密封，影响阀门、滤网、仪表和管路，所以应小心防止生成水合物，尽可能不让货物含有水分。

（5）与空气反应。有些液化气货物会与空气化合生成不稳定的过氧化物，并会导致爆炸。

（6）化学相容性。某些货物之间会发生剧烈的危险反应，因此，不能将不相容的货物混装。如果同时要载运两种或多种不相容的货物，每种货物必须分别采用独立的管系、液货舱、再液化设备和透气系统等。

（7）与水反应及其腐蚀性。以下这些液化气货物会与水起反应，如氨、氯、氯甲烷、氯乙烷和二氧化硫等。还有些液化气货物有腐蚀性，但在干燥时腐蚀性不大，只是与水接触后，腐蚀性会明显增加。

另外，大部分液化气货物具有可燃性和毒性。

2. 危害性

散装液化气的危害性主要有以下七个方面。

1）火灾危害性

液化气的火灾危险性，可由其闪点、燃点、自燃点和爆炸范围来表示和确定。

着火源可来自各个方面，如明火作业、锤击、铲凿、动力工具、在生锈的钢铁上去污渍引起的诱导火花、船岸连接、自燃，或由蒸气和二氧化碳喷入可燃气体中产生的静电等。一旦发生火灾，有效的灭火方法有割断液体来源，驱除空气、及时惰性化，冷却周围环境、除去热源，用化学干粉抑制燃烧等。

2）对人体健康的危害性

液化气对人体健康的危害涉及毒性、窒息、麻醉、冻伤和化学灼伤。

（1）毒性作用是由组织接触、吸入、消化和吸收造成的。

（2）窒息是由于缺氧造成的。

（3）麻醉是由于某些蒸气（如环氧乙烷）对神经系统的作用造成的。

（4）冻伤是由于低温货物顺着非绝热的管线和设备流动与人体接触所造成的。

（5）化学灼伤是由于一些腐蚀性液化气与人体皮肤和组织接触所造成的。

3）反应危险性

液化气的反应危险性包括与水反应、自身反应（聚合）、与空气反应、与其他货物反应和与其他材料反应。

4）腐蚀性

液化气具有腐蚀性，除腐蚀人体的腐蚀外，还会腐蚀其他材料。因此，用于货物系统的材料必须具有防腐蚀功能。

5）蒸气特性

少量液化气可以产生大量的蒸气，尽可能不要排放易燃或有毒蒸气。

6）低温效应

液化气经常在低温下载运，低温无论对人还是对设备和系统都会带来一系列的危害。因此，必须使用灵敏的温度测量仪器随时监测温度，并且要精心维护、正确校正。

7）压力

某些液化气（如环氧乙烷），是用充氮气的方法维持一定的舱压，防止蒸气排出。在加压式液化气船上，货舱适应于蒸发状况，但是在全冷冻式或半冷冻式液化气船上则是用再液化装置使蒸气凝结流回舱室。在液化天然气船上是将蒸气在主机中烧或排入大气中来控制压力的。如果沸腾液体上的压力增加，表面蒸发速度就降低；相反，如果压力减小，蒸发速度就将加快。压力过高或过低都会损坏系统。

9.2.3　散装液化气的安全运输

装卸散装液化气前，船岸双方应填写"船岸安全检查表"，并商定装卸的流速、流量和停止作业的信号等。

液化气船卸货的方法取决于船舶类型、货物种类和岸上储罐要求等，常见的有以下三种：①用货物压缩机卸货（仅适用于压力式货舱）；②用货舱内的深井泵或潜水泵卸货（现代大型液化气船普遍采用此种方法）；③用货物压缩机与甲板上的增压泵联合卸货。

卸货完毕后，必须进行扫线作业，即将甲板管路、岸上管路和装卸软管或装卸臂中的液化用货物蒸气吹入岸罐。

在航行中，应不断对船舱空间中的气体进行检测，如果发生泄漏，应利用排气装置，使气体的浓度控制在爆炸下限以下。冷冻式液化气船使再液化装置处于运行状态，以便保持一定的压力和温度。必须按规定记录货物的温度、压力和液面，如发现异常情况，应立即调查原因并妥善处理。

案例分析

液化气管道泄漏爆炸事故

一、事故情况概述

2000年10月28日5时50分，安徽省合肥市郊区杏花村镇四河小区4号住宅楼（位于一环路与亳州路一带）发生爆炸，造成10人死亡，11人受伤，6户房屋严重损毁的特大事故。

发生爆炸楼房为一幢砖混结构六层居民楼，该楼于1995年竣工。该楼居民日常使用的是合肥市液化气公司于1995年安装的管道液化气。

群众反映自1998年后，该楼内住户陆续发现该楼附近、楼梯道内、居室内（尤其是卫生间内）经常闻到较浓的"煤气"（液化气）味，多次向小区物业管理公司及通过打热线电话向合肥市煤气公司反映。市煤气公司也曾先后多次派人来该楼内住户进行检查处理，市煤气公司工作人员通过检查认为室内管道不存在漏气问题。但住户仍然经常闻到"煤气（液化气）"味，此后问题一直没有得到解决，直到事故发生。

对发生事故楼房的液化气管道进行气密试验和开挖，发现该幢楼室外液化气管道有3处泄漏点。这3处泄漏点位于该楼北侧约80 cm深的地下。

二、事故原因分析

（1）液化气管道铺设在回填软基上，由于地面沉降，管道的3处接口变形，导致液化气渗漏。

（2）液化气公司内部管理不严，对管道巡检维修工作检查督促不到位。从1999年以来，该楼住户和附近住户陆续发现住宅内处有液化气味道，并多次向液化气公司有关部门反映，液化气公司在接报后，未进一步追查其为来源，也未向公司领导报告。

（3）事故发生楼设置的地下防潮架空层，按当时设计规范并未要求地下架空层墙如何处理，也未要求通风开孔，为爆炸性气体渗入地下架空层并逐渐集聚提供了条件。

（4）事故发生楼位于低处，且楼外地面全部用水泥层（板）封闭，地下 2.2 m 是以生活垃圾为主的黑灰色填土，其产生的甲烷气体与空气混合后形成了更易爆炸的混合气。在事故发生前的 10 月 11 日至 10 月 28 日为连阴雨天气，10 月 27 日气压为全月最高，事故发生当日气压又明显降低，形成地下架空层与地面的气压差，使积聚在架空层中的混合气体沿墙缝等向外渗漏，遇明火而爆炸。

【案例问题】

1. 燃气的危害性主要表现在哪些方面？
2. 有关单位在燃气管道检查管理方面存在什么问题？
3. 城市燃气管道施工时有哪些注意事项？

任务9.3　矿石

微课资源：
煤炭运输

案例引入

中国战略性资源稀土有多重要

大多数人可能对稀土不太了解，并不知道稀土怎么就成了能够与石油媲美的战略资源。

简单来说，稀土是一组典型的金属元素，其之所以异常珍贵，不仅因为储量稀少、不可再生、分离提纯和加工难度较大，更因为其广泛应用于农业、工业、军事等行业，是新材料制造的重要原料和关系尖端国防技术开发的关键性资源，被称为"万能之土"。

在工业上，稀土是"维生素"。在荧光、磁性、激光、光纤通信、储氢能源、超导等材料领域有着不可替代的作用。

在军事上，稀土是"核心"。目前几乎所有高科技武器中都有稀土的身影，且稀土材料常常位于高科技武器的核心部位。例如，美国的"爱国者"导弹，正是在其制导系统中使用了 3 kg 多的钐钴磁体和钕铁硼磁体，用于电子束聚焦，才能精确拦截来袭导弹，M1 坦克的激光测距机、F-22 战斗机的发动机及轻而坚固的机身等等都有赖于稀土，一位前美军军官甚至称："海湾战争中那些匪夷所思的军事奇迹，以及冷战之后，美国在局部战争中所表现出的对战争进程非对称性控制能力，从一定意义上说，是稀土成就了这一切。"

生活中，稀土"无处不在"。我们的手机屏幕、LED 灯、电脑、数码相机……，哪个没有使用稀土？

如果没有稀土，世界将会怎样？

2009 年 9 月 28 日的美国《华尔街日报》回答了这个问题——如果没有稀土，我们将不再有电视屏幕、电脑硬盘、光纤电缆、数码相机和大多数医疗成像设备。稀土是形成强力磁铁的元素，很少有人知道强力磁铁是美国国防库存所有导弹定向系统中至关重要的因素，没有稀土就得告别航天发射和卫星，全球的炼油系统也会停转，稀土是未来人们将更加看重的战略性资源。

中国稀土矿的储量在世界上可谓是"一骑绝尘"。2015 年，中国稀土储量为 5 500 万吨，占世界总储量的 42.3%，稳居世界第一，而中国也是唯一能够提供全部 17 种稀土金属的国家，特别是在军事用途突出的重稀土，中国占有的份额更多。中国白云鄂博矿是世界最大的稀土矿山，占国内稀土资源储量的90%以上，号称"稀土之都"。与中国在稀土领域的垄断潜力相比，恐怕连掌握了全球69%石油贸易额的石油输出国组织也会自叹不如。

中国稀土在曾经很长一段时间内以极低的价格被贱卖。低价向外国出口稀土矿，然后再高价进口稀土制品。一些国家把稀土生产技术作为高度机密对中国实行封锁，对于如此重要的矿产资源，中国只能把它当作一种最原始的原料贱卖给掌握核心开发利用技术的国家。

1972年，"中国稀土之父"徐光宪开始了中国稀土分离提纯技术领域"前无古人"的尝试。徐光宪等首次采用研究多年的萃取法技术，最终出色地完成了这项紧急军工任务，镨、钕分离系数打破了世界纪录，在国际上首次实现了用推拉体系高效率萃取分离稀土的工业生产。

20世纪80年代初，中国单一稀土产量约为20吨，至2006年就达到了8万吨，约是20世纪80年代初的4 000倍！中国稀土年产量已占世界稀土产量的90%。在巨大产能的带动下，1990—2005年，中国稀土的出口量增长了近10倍，出口总量占全球稀土的80%，成为全球稀土成品生产企业的主要资源供给地。

急剧增长的出口量背后，是不计其数的稀土企业展开的恶性竞争，相互杀价成为市场常态，导致国际稀土价格急剧下跌。1990—2005年，稀土矿石价位从每吨11 700美元跌至每吨7 430美元，国际单一稀土价格下降了30%～40%。价格下跌导致稀土生产企业更加依赖规模扩张，2005年时中国稀土冶炼分离年生产能力达到20万吨，已超过世界年工业需求量的一倍。中国的稀土是真的被当成土来贱卖了。

对中国稀土工业作出巨大贡献的徐光宪院士曾痛心疾首地说："稀土资源非常宝贵，特别像南方五省，都是非常宝贵的中重型稀土，工业储量150万吨，现在已经开采掉了90多万吨，只剩下60万吨，如果再不加以保护，按照现在的开采速度，10年就开采完了！到时候，我们就需要向美国和日本买，他们可能会以上百倍、上千倍的价格卖给我们！"

充分利用我国在稀有金属资源上这种独一无二的地位，抓住即将到来的新技术革命的难得机遇，将丰富且便宜的稀土资源投入我国新能源、新材料的研发和应用等高质量生产环节中，是我们下一步对于稀土等稀有金属资源利用的正确方向。

矿石是在地层中天然存在的，可提取人们所需物质的岩石、粉、粒等物的统称，是由一种或多种元素组成的无机化合物。地藏矿产丰富，种类繁多，分类方法也很多。有的分类方法将矿石分为：黑色金属（钢铁工业）矿石，如铁、锰矿石等；有色金属矿石，如铜、锌矿石等；稀有金属矿石，如金、银矿石等；分散元素矿石，如锗、镓矿石等；放射性矿石，如铀、钍矿石等。有的分类方法将矿石分为金属矿石和非金属矿石等，金属矿物大部分是散装运输的，只有少数贵重矿砂及矿石（如钨矿、锡矿等）采用包装运输。非金属矿石多是散装运输的。

9.3.1 矿石的种类及成分

1. 金属矿石

常见的金属矿石有以下几种。

（1）铁矿石（见图9.3）。铁矿石是生产钢铁的原材料，主要品种有赤铁矿、磁铁矿、黄铁矿、褐铁矿、菱铁矿等。

（2）锰矿石。锰矿石的主要品种有软锰矿、硬锰矿、菱锰矿。

（3）铬矿物。铬矿物的主要品种是铬铁矿。

（4）钛矿物。钛矿物的主要品种是钛铁矿。

（5）铜矿物。铜矿物的主要品种有黄铜矿石（见图9.4）、斑铜矿、兰铜矿、辉铜矿、孔雀石、自然铜。

图9.3　铁矿石

图9.4　黄铜矿石

（6）铅矿物。铅矿物的主要品种有方铅矿、白铅矿。

（7）锌矿物。锌矿物的主要品种有闪锌矿、菱锌矿。

（8）钨矿物。钨矿物的主要品种有黑钨矿、白钨矿。

（9）锡矿物。锡矿物的主要品种是锡石。

（10）钼矿物。钼矿物的主要品种是辉钼矿。

（11）铋矿物。铋矿物的主要品种有自然铋、辉铋矿。

（12）锑矿物。锑矿物的主要品种是辉锑矿。

（13）汞矿物。汞矿物的主要品种是辰砂。

（14）镍矿物。镍矿物的主要品种是镍黄铁矿。

（15）稀有及贵金属矿物。稀有及贵重金属矿物的主要品种有绿柱石、铌铁矿、钽铁矿、细晶石、自然金。

（16）放射性矿物。放射性矿物的主要品种有铀矿、钍矿。

2. 非金属矿石

非金属矿石主要包括磷灰石、重晶石、萤石、白云石、方解石（石灰石）、石膏、石英，还有石棉、铝矾土等主要用作建筑材料或其他用途的非金属矿物；特种非金属矿物，如金刚石、电石、白云母、水晶和玛瑙等；其他非金属矿石，如长石、高岭石，橄榄石和辉石等。

9.3.2　矿石的性质

矿石的性质主要有以下几种。

1. 相对密度大

任何矿石的相对密度都大于 1 g/cm^3，因此其积载因数比较小。若按相对密度分级，则可将矿石分为轻矿石（相对密度低于 2.5 g/cm^3），中等矿石（相对密度为 $2.5 \sim 4.0 \text{ g/cm}^3$），重矿石（相对密度超过 4.0 g/cm^3）。几种常见主要矿石的相对密度见表9.2。

表 9.2　几种常见主要矿石的相对密度

矿石名称	相对密度/(g·cm⁻³)	矿石名称	相对密度/(g·cm⁻³)
锰矿	3.3~5.0	硬石膏	2.8~3.0
铁矿	3.6~5.5	石膏	2.3
铬矿	2.9~6.1	重晶石	3.0~4.7
锌矿	3.4~5.7	萤石	3.18
镍矿	5.2~7.7	白云石	1.8~2.9
铜矿	3.7~5.8	滑石	2.7~2.8
磷灰矿	3.1~3.21	锆石	3.3~3.5
橄榄石	3.3~3.5	—	—

运输时把矿石称为重货，当利用杂货船装运矿石时，若各舱所装重量分配不当，容易破坏船体强度，对航行不利。若少量运输矿厂，在积载时常将其用作压舱货。

2. 自然倾角较大

矿石的自然倾角较大，说明其流动性（散落性）较小，在一定的底面积上可以堆得较高。整船或大量装运矿石时，常利用这一特性将其堆装成锥形，以提高船舶的重心。

3. 水分易蒸发

开采出来的矿石中含有不同程度的水分，经精选的矿石含的水分更多。因此，在空气中的相对湿度较低时，这些水分易蒸发。所以，矿石不能与怕湿货物混装一舱。

4. 易扬尘污染

在运输过程中，矿石常保存着开采时带出来的泥土杂质，随着水分的蒸发，泥土和杂质常破裂脱落，在装卸过程中极易飞扬。所以在运输过程中，矿石被列为污染性粗劣货物，不能与怕污染的货物混装。

5. 渗水性

一些经加工的精选矿粉（水洗矿粉）中含有较多的水分，航行中受外力作用（如船舶摇摆），矿粉中的水分会渗离出来，在舱内形成水泥浆。这些水泥浆会随船舶倾侧而流动，有可能造成翻船事故，严重威胁航行安全。当矿石的含水量达到9%时，其所渗出的水泥浆就有移动的可能，而当矿石的含水量达到12%时，就会造成水泥浆大量移动。

6. 冻结性

含水量较多的矿石或矿粉在低温（如冬季）下易冻结，会给装卸带来困难。

7. 自燃和自热性

自燃性是指矿石受热后可燃烧的性质。自然界中具有自燃性的矿物不多，其中如自然硫、有机炭（如煤炭）等一般具有自燃性。自热性是指矿物被氧化后发生化学变化产生自热的现象。自然界中具有自热性的矿物较多，如黄铁矿、硫黄铁矿、白铁矿、黄铜矿等硫化物矿物以及部分氧化物矿物均具有自热性。例如，含水量在4%~5%的精选铜矿粉等较易发热，温度可达

80 ℃。

8. 瓦斯危害

金属矿石能散发它所吸附的挥发性气体（较常见的有甲烷、乙烷、一氧化碳、二氧化碳和二氧化硫的混合物，具有毒性，并可燃烧）。在运输过程中，货舱内积聚这些气体的危害性很大。

9. 放射性

有些矿物（如铀矿、钍矿石等）具有放射性，对人体有害，运输时要按规定做危险货物处理或必要的防护。

9.3.3　矿石的运输与保管

装运矿石除使用专门的船舶外，通常也经常大量使用普通杂货船。通常，准许运输矿石的船舶要有特别坚固的结构，还要有足够的双层底空间和保证安全运输的技术设备。

1. 矿石积载不当所造成的影响

矿石相对密度大，如果积载不当，对船体及航行有较大的影响，主要表现在以下三个方面。

（1）影响船舶稳性。利用普通杂货船大量装运矿石往往会使船舶重心位置过低，产生过大的 GM（船舶重心与稳心之间的垂直距离），使船舶在风浪中急剧频繁地摇摆，严重影响船体结构、船舶机械、船员工作和航行的安全。

（2）影响船体强度。若各舱所载重量分配不当（如矿石过分集中于船体某些部位），则容易破坏船体纵总强度和局部强度，其结果能引起船舶弯曲变形，如中垂、中拱等。这不但影响船体结构强度，还会使船体在波浪作用下裂损折断，发生沉没等严重事故。

（3）影响航行抗浪。船舶应当有较好的抗浪性能，常使首部稍抬高，但若矿石积载不当，船首部装载较多，常会引起首部潜水，影响抗浪并增大航行阻力。这是由于首部装载矿石数量较多，会使船舶纵摇时具有较大的转动惯量，因此首部入水后，船舶有继续下沉的趋势。

综上所述，矿石必须妥善积载，其具体积载要求又随船舶类型以及装载量而不同。

2. 矿石积载

1）矿石整船装运

使用普通杂货船整船装运矿石时，凡有两层舱的船舶，为使其有适宜的稳性，应在二层舱内装载 20% ~ 25% 的航次载货量，底舱的舱口盖上最好不装或少装，以防止舱盖受压下塌和卸货时卸货机损伤舱盖。装载时，应尽量将矿石堆向两舷和前后舱壁，其中堆向两舷能减缓摇摆强度。若不能将矿石堆向两舷和前后舱壁时，则必须把所有装在两层舱内的矿石铺平，底舱装载的矿石要整成截面角锥形，其截面面积应不小于甲板舱口的面积。

凡无二层舱的单甲板船，应在舱内设置一个锥形架或铺加内底，以提高矿石货堆重心。这样做虽然装卸时费力较多，但对远航船舶仍然必要。

各舱装载数量应按舱容大小比例分配，不能过于集中于某个部位。矿石积载因数小，杂货船舱容富裕较大，对装入各舱的货物重量较难准确掌握。所以，杂货船全船装载矿石时，除严密注意各舱均衡装载外，通常规定全船减载 20% 左右，以减轻船体负荷。

装卸矿石时，必须注意船体受力情况，各舱应基本上同时开始作业（一般先从中舱开始，其他各舱相继开始作业），使各舱均衡地同时加载或卸载，逐步装载或卸毕，绝不允许单一地进行某一货舱的作业。当受装卸机械的限制时、应采用各舱轮流作业的方式，逐渐紧接着装满或卸毕。

为了保证船舶有较好的抗浪性能，船舶首尾舱在装载时应尽可能使矿堆重心移向船中部，如首舱矿石应适当地堆向后舱壁，尾舱的矿石应适当地堆向前舱壁，以利船舶各部位重力与浮力的均衡，并减少转动惯量，使船首顶浪时不致潜入水中，船尾不致过久地下倾，影响推进。

2）矿石部分装载

当杂货船部分装载矿石时，应考虑其他货载中途港卸下或矿石在中途港卸下时船体的受力情况是否会使其出现严重变形。当舱内矿石上面须配装其他货物时，矿石应平堆（扒平）以适合其上堆装货物的要求，并用垫板、防水布或席子等妥善隔离。与此同时，还应考虑平堆的重心较低时对船舶稳性的影响。

另外，针对矿石的具体性质还有以下具体要求。

（1）矿石应与怕潮货、怕扬尘货分舱装运，其他一切能够混合或掺杂到矿石货堆中去的散装货物，也不可与矿石同装一舱。

（2）不同种类的矿石不可同装一舱，甚至也不许用衬垫物隔离装载，而应分舱装运。有资料显示，混杂会产生不良后果，若铁矿石中含杂质增加1%，则熔炼燃料要增加2%，高炉生产率会降低3%。所以运输时应防止矿石之间的混杂。

（3）装运易自热的矿石时，在运送过程中要定时测量温度。当舱内发热且温度较高时，应及时采取措施。装运的精选铜矿粉的含水量在5%以下，易自热的矿石应与其他易燃货物、怕热货物分舱装载。

（4）装载散发蒸气和有害气体的矿石时，在航行时需经常进行通风（表面通风）换气工作，以疏散气体。

3）矿石专用船装载矿石

矿石专用船充分考虑矿石装运的特性，所以，其具有较高的技术和经济性能。目前较为典型的矿石专用船具有双层船底结构，舱容系数较小，舱形符合矿石成堆的自然倾斜；同时，利用隔舱部位上方难于装货的场所增设小型辅助货舱，以此达到充分利用空间和提高整船重心的目的。货舱上部斜面成翼舱的作用是压载调节整船重心位置。

上述这类船舶装运矿石，在积载处理上非常简便，但当载运量较小时，应充分注意船体总纵向受力是否均匀以及如何将整船重心提高到适当位置的问题。

思政拾萃

中国铁矿石储量排名世界第四，为何还要从澳大利亚大量进口铁矿石

澳大利亚是全球最大的铁矿石出口国，根据美国地质调查局2020年的数据，2020年全球铁矿石总储量约为1 800亿吨：其中澳大利亚铁矿石库存为500亿吨，排名世界第一位，巴西铁矿石库存340亿吨，位居世界第二位，俄罗斯铁矿石库存250亿吨，位居世界第三位，中国铁矿石库存200亿吨，位居世界第四位。我国最高峰时期每年要进口超过10亿吨铁矿石，其中超8亿吨来自澳大利亚。大家看到这里肯定会奇怪，我国铁矿石储量不少，为何还要大力进口澳大利亚铁矿石呢？要知道仅2020年，我国进口铁矿石就花费了超8 200亿元（进口11亿吨），澳大利

益仅凭借出口铁矿石，每年都能从我国赚走数千亿元，那么问题来了，我们可以不进口澳大利亚铁矿石吗？想要回答这个问题，得先了解全球铁矿石的分布情况。

想要大规模开采铁矿石，一般情况下必须具备三个条件：一是开采难度不大，比如埋藏浅，最好是浅表底层，裸露的铁矿矿脉最好，这一点上澳大利亚的铁矿脉就非常占据优势。二是运输方便，铁矿石开采出来后需要运送到海边的港口，然后销往全世界，这一点澳大利亚的主要铁矿脉也占据优势，基本集中在距澳大利亚西北部的海边不远，不但运输距离短不说，而且距离中国更近。三是品位高，铁矿石的品位高就意味着每吨含铁量更高，那么开采成本就会更低。各国铁矿石平均品位最高的是南非和印度，均超过了60%，俄罗斯和伊朗铁矿石平均品位在50%～60%，澳大利亚和巴西铁矿石平均品位则在40%～50%，而中国、乌克兰、美国的铁矿石平均品位低于40%，如中国只有34.5%。从品位、开采难度和运输距离等方面综合考虑，从澳大利亚进口铁矿石的性价比更高。

没有铁矿石，工业化就无从谈起，所以铁矿对我们来说具有重要意义。虽然我国铁矿石储量丰富，但是不能再大规模开采了，可以去全世界采购，为将来的需求做好准备。

【思政点评】健康、稳定的中澳关系符合两国和两国人民的根本利益。互利共赢是中澳关系发展的必遵之义和必由之路。

3. 矿石运输中的具体注意事项

（1）在装运矿石以前，应仔细检查和清扫船舶的污水沟、排水系统，应把污水沟盖堵严，以防止矿砂落入沟内。

（2）散运含水量在8%以上的精选矿粉中，针对渗水性（含水层），装舱时应安装纵向止移板以减少渗水后自由液面对船舶稳性的影响，当装运量较大时，更不能忽视渗水移动所造成的严重后果。我国交通部运输规定一般货船装运精选矿粉和矿产品的含水率不得超过8%。

（3）矿石运输应注意选定航线，要时刻注意海洋上的气象变化，避免在恶劣气象条件下航行，一旦面临较大的横向波浪或恶浪冲击船体，要避免较长时间在同一方向受海浪的打击，在航行过程中应避免由于燃料、淡水不断消耗而出现船体发生倾斜的现象，同时还要分析船体出现倾斜现象的原因以期及早恢复正浮。绝对禁止在船体明显倾斜状态下继续航行。航行途中应尽力在条件许可的情况下进行舱内通风，还应经常注意污水沟的变化，当污水增加时，应立即进行排水，查明污水增加的原因并采取措施。装运矿石后，由于货堆易在24小时内发生变化，因此要特别注意观察，如果发生货堆倒塌或移动现象，应及时采取安全措施。

案例分析

金属矿石在运输过程中的污染

金属矿石在运输过程中经常会产生各种问题，主要体现在以下几方面。

1）化学反应

某些金属矿石可能对潮气、二氧化碳或氧气具有亲和力，与之接触发生化学反应，放出热量，使对环境温度变化极其敏感的放热反应更加顺利进行，如黄铁矿在一定的环境条件下可以发生自燃。

2）污染

金属矿石在装卸运输过程中，受颠簸和大风的影响不仅会造成大量撒漏，面临经济损失，同时还会给环境带来污染。空气污染的主要来源之一是粉尘污染，而粉尘污染的情况中有许多是由矿石粉尘造成的，像焙烧黄铁矿（黄铁矿粉）吸入其粉尘对人体有害并有刺激性；钒矿和铬矿的粉尘中也含有毒成分，人吸入后会中毒，上述金属矿石的粉尘都会给大气环境带来污染。

3）移动和流动

装有矿石货物的船舶在航行中丧失或减少稳性，通常是由于货物平整不当，或没有正确分布，在恶劣的气候条件中货物发生了移动。另外，货物由于船舶的振动和船舶的运动而溶化，并因此而滑到或流到货舱的一侧。这种货物通常是在潮湿情况下运输的颗粒状矿石。由此可见，货物的移动和流动危险性主要是矿石货物在散装运输中遇到的。其结果可能降低船舶的稳性使之侧翻甚至倾覆。

北京时间 2020 年 5 月 18 日，据外媒报道，铁矿石运输再次增加了印度果阿州矿区的空气污染。果阿州污染控制委员会（GSPCB）空气检测数据表明，该地区空气污染主要归因于 3 月开始的铁矿石运输活动。GSPCB 成员秘书表示，该委员会已致函矿山和地址事务局，要求减少发现空气污染地区的卡车运输矿石的次数。该委员会秘书称，按照指示，DMG 公司应减少卡车运输铁矿次数。据统计，该地区每周卡车运输铁矿次数超过 300 次，是 DMG 公司在果阿南部矿区中规定次数的 10 倍以上。叠加多次往返码头的卡车数据，估计过去一周平均每天出口 3.5 万吨铁矿石。

【案例问题】

1. 结合教材内容，简述金属矿石的特性。
2. 如何解决金属矿石运输过程中存在的问题？

任务9.4 煤炭

煤是重要的能源之一，主要是用于工业或民用燃料及供给动力，也是冶金、化工等部门的重要原料。煤经高温或低温干馏加工后，可生产出焦炭、气体和液体燃料，还可提炼出几百种化工原料。因此，煤在发展国民经济中具有十分重要的地位和作用。

9.4.1 煤的种类

1. 按加工程度分类

按加工程度，煤可以分为毛煤、原煤、洗（选）煤、精煤。

（1）毛煤。矿井生产的未经拣选矸石（煤中夹杂的石块）的煤的统称。

（2）原煤。原煤指煤矿生产出来的未经洗选、筛选加工而只经人工拣矸的产品。

（3）洗（选）煤。洗（选）煤是指由原煤经洗选或筛选，清除大部分或部分杂质与矸石而得的煤的统称。

（4）精煤。精煤是指由原煤经水洗、精选而得的煤，分为冶炼用炼焦精煤和其他用炼焦精煤。开滦洗精煤是出口的重要资源之一。

机械化采煤如图 9.5 所示，机械化洗煤如图 9.6 所示。

图9.5　机械化采煤

图9.6　机械化洗煤

2. 按碳化程度分类

按碳化程度，煤可分为无烟煤、烟煤、褐煤、泥煤。

（1）无烟煤。又称"白煤"，碳化程度最高，质地坚硬，具有金属光泽，挥发物含量较少，含碳量高，水分含量很低，不易点燃，燃烧后火焰短，无烟，火力强，燃烧时间久。大部分用作制氮肥、小高炉炼铁、发电、锅炉和民用燃料。无烟煤的主要产地有山西阳泉、河南焦作等。

（2）烟煤。外观色黑并有光泽，质地细密、性脆，燃烧时发出较强的黄色火焰，并发出浓烟的煤。碳化程度比无烟煤差，挥发物含量较无烟煤多，是经济价值最大的煤炭。按实用性可细分为长焰煤、不黏结煤、弱黏结煤、贫煤、气煤、肥煤、焦煤、瘦煤，前四种煤适用于气化和动力用煤，而后四种适用于炼焦用煤。我国烟煤蕴藏量丰富，产区遍及全国，以开滦、大同、峰峰、抚顺等煤矿较为著名。

（3）褐煤。外观色褐黑，性脆，碳化程度较烟煤差，挥发物含量高，容易点燃，燃烧时有浓烟，发热量较低，含水量高，开采后易失水风化，极易氧化发热。常用于火力发电和一般锅炉燃烧，或用于提炼化工原料。褐煤主要产于东北、西北、西南等地。

（4）泥煤。又称泥炭，外观像稀泥，呈浅棕、棕、褐色，常可见未完全分解的植物纤维素，是碳化程度最差的煤炭，水分、挥发物含量很高，干燥后像木炭一样易点燃，发热量低。一般作当地燃料和肥料，经加工后也可制成焦炭和多种化工原料。泥煤的主要产于河北平原、黄河河套一带及其他低沼泽地区。

3. 按粒度不同分类

按照不同的粒度，煤可以分为特大块煤、大块煤、中块煤、小块煤、粒煤、粉煤、混中块煤、混块煤、混小块煤、混煤、混末煤、末煤等。

思政拾萃

中华人民共和国成立70年来煤炭产量净增114倍

2019年新华社北京8月21日电（记者安娜、叶昊鸣）国家煤矿安监局局长黄玉治21日表示，中华人民共和国成立70年来，我国煤炭产量由中华人民共和国成立之初的0.32亿吨，增至2018年的36.8亿吨，净增114倍，煤炭供给由严重短缺转变为产能总体富余、供需基本平衡。

黄玉治在北京举行的2019世界机器人大会煤矿机器人专题论坛上表示，中华人民共和国成立70年来，我国煤炭工业发生了翻天覆地的巨变。在煤炭产能大幅增加的同时，煤炭产业结构也在不断优化，通过整顿秩序、关井压产、关闭破产、资源整合、兼并重组和落后产能淘汰等手段，煤矿数量由1997年的8.2万处左右，减少到现在的不到5700处，煤炭产业集中度大大提高，实现了由多、小、散、乱向大基地、大集团、大煤矿的历史性跨越。

与此同时，我国煤矿技术装备水平也明显提升。据黄玉治介绍，目前我国年产1000万吨的综采设备、采煤机、液压支架和运输机等成套装备均达到世界先进水平，全国煤矿采煤、掘进机械化程度已分别达到78.5%、60.4%，已建成183个智能化采煤工作面，煤炭生产实现由手工作业向机械化、自动化、信息化、智能化的历史性跨越。全国煤矿业的事故总量、重特大事故、百万吨死亡率明显下降。

煤炭是我国的主体能源和重要的工业原料。"中华人民共和国成立70年来，煤炭工业作为重要的基础产业，有力支撑了我国国民经济和社会平稳较快发展。"黄玉治说。

【思政点评】 煤炭作为我国一次能源的主体，在保证国家安全生产稳定方面的作用是不可替代的，煤炭以其资源的可靠性，价格的低廉性，燃烧的可洁净性决定了以煤为基础，多元发展的能源方针是不会改变的。我国缺油少气富煤的现状使煤炭作为一次能源所占的比例仍达到97%，而且煤、油、气的价格比是1:7:4。所以煤炭作为传统能源，是一次能源的主体，是经济社会发展最现实、最经济的选择。

9.4.2 煤的成分

煤大体上由两部分物质构成，一部分能够燃烧，一部分不能燃烧，能够燃烧的部分主要是煤的有机成分，是由植物变化而成的；不能燃烧的部分是矿物质成分和水分。所以，煤是由多种有机物和少量无机矿物质组成的复杂混合物。其主要成分如下：

（1）固定碳。固定碳的主要成分是碳素，是煤中主要的可燃物质。煤的发热量主要是由固定碳产生的。煤中含碳量多少，一般可从煤的光泽程度上看出，通常含碳量高的煤的光泽度高，煤质也紧密、坚硬。

（2）挥发物。挥发物是指煤中容易挥发的物质。它的主要成分是由氢、硫化氢、一氧化碳、二氧化碳、甲烷、乙烯和一些其他碳氢化合物组成。当受到高热作用时，煤内部就发生分解而生成挥发物。挥发物的多少与煤的碳化程度有着密切关系，碳化程度越高的煤，含挥发物越少，而碳化程度越低的煤，含挥发物越多，含挥发物高的煤容易燃烧。

（3）水分。煤中有三种水分，即外在水分、内在水分和化合水分。外在水分存在于煤的表面，主要是在采煤、运输和保管过程中，附着于煤粒表面的外来水分。这种水分在空气干燥时易失去；内在水分是吸附在煤粒内部的水分，内在水分的含量和煤的组织结构有关，煤的结构越紧密，所含内在水分越少，结构越松，内在水分越多，内在水分一般不易失去；化合水分是煤中矿物质的结晶水，这种水分含量很少，不易测定。水分对煤的质量有一定的影响。

（4）灰分。煤在燃烧以后，所剩下的不能燃烧的残渣（无机物质）就是灰分。灰分分为内在灰分和外在灰分。内在灰分由变成煤的植物的固有的矿物杂质，以及煤层形成时混入的泥沙等细粒杂质所组成；外在灰分是煤生成时混入的岩石、开采时落入的杂质以及运输和储存中混进的泥沙等。内在灰分在选煤时很难除去，外在灰分可以部分或全部除去。灰分的主要成分是二氧化硅、氧化铝、氧化铁、氧化钙、氧化镁等矿物质，以及微量的锗、镓、钒、铀、砷、铅、汞等元素。灰分的多少是煤质量好坏的重要标志。

9.4.3 煤的性质

1. 煤的风化与氧化

（1）风化。

开采出来的煤由于长期受到空气、水分、阳光、温度、雨雪和冰冻等多种化学反应和物理作用的复杂影响，致使煤的物理、化学性质和工艺特性发生显著的变化，煤的表面会渐渐地失去光泽，并生出赤色或白色锈迹，块煤变成末煤，发热量显著降低，黏结性减弱，氧含量增加等，这种现象就叫作煤的风化。

（2）氧化。

在煤的化学变化中最重要的是煤的氧化。煤在运输、保管中会和空气中的氧发生缓慢的氧化作用，然后发热。如果通风不良，就会促使煤的风化并导致煤堆的温度不断升高。影响煤氧化的因素很多，主要有以下几种。

①黄铁矿的含量。黄铁矿是硫化亚铁，硫化亚铁在潮湿的条件下容易氧化而产生热量。因此，若煤中含黄铁矿多，则煤的氧化作用强。

②煤的粒度。块煤与空气的接触面积小，容易通风散热，而末煤与空气的接触面积较大，则容易氧化并且不易通风散热。

③煤所含的水分。水分多的煤容易填塞空隙，使热量积累起来，并且在煤堆存时，块煤往往溜到下面，较潮湿的末煤容易留在煤堆顶上，这样煤堆中的热量也不容易从顶部散出。水分含量多的煤（特别是褐煤、烟煤），在水分散失和重新吸收后，会因反复的膨胀和收缩而发生碎裂，从而扩大了与空气的接触面，增加了氧化的概率。

④煤的碳化程度。碳化程度高的煤，挥发物和水分含量低，煤的结构紧密，不易氧化。碳化程度低的煤，挥发物和水分含量高，且结构松散容易氧化。

⑤气候影响。气候干燥煤中的水分容易蒸发，积热也容易散出，煤堆不易氧化。在天气闷热潮湿条件下，煤中的水分不易蒸发，积热也很难散出，会加速煤的氧化。冬春季节，因地气上升，煤堆内热量增加，易加速煤堆的氧化。在雷雨时空气中常有臭氧，臭氧有强烈的氧化作用，也易加剧煤堆的氧化。

2. 煤的自燃

煤在储存时，由于与氧接触而发生氧化作用而产生热量，当周围环境使热量不易散发出去时，就会加剧氧化程度，导致煤堆的温度升高，当温度升高到煤的燃点时，煤就会自燃。煤堆自燃的过程一般要经过以下三个阶段。

（1）潜伏阶段。煤的氧化进程很慢，放出来的热量能够向堆外散发出去，这个阶段的特征是温度稳定。潜伏期的长短，根据煤的性质、温湿度、空气流通状态以及成堆前客观条件的影响等而有所不同。

（2）升温阶段。这个阶段煤的氧化进程因其本身结构的变化而开始变快，产生的热量增多，当产生的热量大于向外散出的热量时，就发生了热量的积累，当热量积累到一定程度时（一般为60℃左右），氧化反应迅速加快，温度急剧上升。

（3）自燃阶段。煤由缓慢氧化到剧烈氧化，直至自燃。

3. 煤气易燃爆且有毒

从煤中挥发出来的煤气易燃，当其与空气混合达到一定比例时，遇火就会爆炸。装卸时若煤粉到处飞扬（如当每立方米空气中含煤粉量为 10 ~ 32 g 时），遇火也会爆炸。煤气不仅易燃易爆，而且有毒性，吸入较多后人会窒息。

4. 冻结性

含水量超过5%的湿煤，在冬季远距离运输或储存时会冻结在一起，难以装卸。多孔的煤和小块的煤最易冻结。防止煤的冻结可使用防冻剂，如可用生石灰、食盐、氯化钙、石墨等分层撒在煤的中间或与煤混在一起，也可以用锯末、碎谷壳等材料铺垫在煤的底层；或以重柴油、重油等喷射在煤上。但是采用上述这些防冻剂时，不但会产生额外的费用，增加投资成本，还会增加煤的灰分并降低煤的质量，而且有机物的混入在一定条件下还会促使煤发生自热和自燃。为了避免煤的冻结，在装运时，煤的水分不宜超过5%，或采取夏季多运、冬季少运或不运的方法。

5. 污染性

煤有扬尘性且为散湿性货物，易造成其他清洁货物的污损和湿损。煤的装卸作业不可避免地会产生煤尘逸散，特别是非专用码头的机械设备、工艺过程及堆场设施均缺少防尘手段和措施，煤尘飞扬在所难免。煤尘是煤微粒子与空气相对运动及弹性碰撞等产生的，其产生与煤粉含量、煤的含水量、风速、落差高度、卸货量和地形条件等有关。劣质煤（烟煤、无烟煤和褐煤）受氧化和屑化的速度比优质煤更快，故产生的煤尘更多。煤尘随风飘移，大都沉积在周围环境，煤的长期飘移污染环境。根据人体生理学、解剖学研究，粉尘可通过上呼吸道进入肺部，停滞相当长的时间。煤尘会导致职业性支气管炎和尘肺病，其中还含有国际公认的各种强致癌物。近年的研究还表明，煤尘中可能含有遗传的有毒物质，造成染色体受损，使后代畸形。所以必须对煤尘污染进行防止和治疗。

9.4.4　煤的运输与保管

1. 船舶装运煤炭的安全要求

（1）一般具有两层底的船舶才准予载运煤。

凡无双层底的船舶，必须具有坚固的舱底板才能用于运煤。运煤的汽轮机船或内燃机船必须配备符合规章要求的蒸气灭火设备或二氧化碳灭火设备。凡煤舱中的有害气体能够通到舱室的船不准运煤，港口卫生机关会对此进行严格的检查。所有与装煤货舱接触的舱室均应是气密的。

（2）船舶在装煤之前，须对污水沟及水管网罩等处做彻底检查。

应扫清并检查污水沟盖和舱底板是否完整，以防煤块落入污水沟内堵塞网罩。

（3）远距离运送煤的船舶要严格防止煤自燃，其主要措施如下。

①载煤船的每一个煤舱均应有测温管，此管直通甲板，借此可测得舱内任何深处的温度。在舱内煤堆中间处或角落处，均须通安装此管。目前多用硬质塑料管，既可散热又可测温，并对装卸作业影响较小。

②装运煤炭须进行表面通风，但货舱的通风装置和其他透气场所均必须有严密的盖子，以

防止新鲜空气不断地流入，加速煤炭的氧化。

③定时测定煤温。船员在每一岗都要测量舱内煤的温度。控制发热的措施有翻舱、阻止空气进入舱内、注入二氧化碳等。如果控制发热的措施无效，煤炭已经开始自燃（温度非常高，还有硫黄和松脂的气味，或者有烟），应利用冷水灌舱，并不停地从舱内抽水从而带出热量，制止煤的自燃，降低温度。

（4）防止煤发生燃烧和爆炸事故，其措施如下。

①35 ℃以上为热煤，无论如何应禁止装船，该温度应在煤堆 1 m 深处测得。

②防止空气通过钢楗孔板进入装煤货舱。

③货舱内不应有木块、麻屑、布条、纸条（片）、麻袋、谷草及其他易燃物。在装载时必须加以监视，防止这类易燃物落入舱内与煤混在一起。

④在任何情况下，装煤船的通风筒口附近，以及可能聚积爆炸性气体的舱间，均不得有任何火种。无论在船舶航行或停泊时均应遵守。此外，非指定的位置绝对禁止吸烟。为防止装煤场所发生混合气体爆炸，进入这些场所时应使用矿工用的安全灯或不会引起爆炸的干电池灯，或光源严闭于灯内而插头在舱外的电灯，绝对禁止使用其他任何灯火。

⑤凡通过煤舱的蒸气管道均须加以绝热隔离。装煤货舱与机舱、锅炉舱或其他发热场所的隔舱壁必须用石棉或其他绝热材料予以阻隔。

⑥绝对禁止将易燃物、爆炸物与煤同装在一舱内运输。当必须同时运输时，只能将它们安排在装有绝热隔层的金属舱舱室中。

（5）装煤时应尽量防止煤块破碎，以保证其质量。

可以使用一些能减少冲击和缩短投下距离的装备，防止煤块破碎。

（6）进入煤舱作业时，必须保证人员安全，应有必要的预防措施。

如应遵规章报告船长，在经批准后方可进行作业，同时应将有关事项记入航海日志，进入煤舱作业的人员应当戴上防毒面具等。

2. 港口堆存煤时的安全要求

堆存煤主要是要防止煤发生严重的风化损失和自燃。

（1）堆场的要求。港口一般利用露天场地堆存煤炭，但堆场要符合下列条件：场地必须有一定的排水坡度，且较高而干燥，不会积水；场地应不受地下热源（电缆、油管、蒸气管等）的影响；应另有相当于煤堆所占面积1/6的场地，以供捣堆处理时使用；应有足够的消防设备；电器照明应有安全设备；煤堆之间以及煤堆与周围建筑物之间应有足够的安全距离。

（2）煤堆高度控制。为防止煤炭发生严重的风化损失和自燃，应根据不同的煤种和堆存期决定安全的煤堆高度。

（3）防止煤堆自燃的措施。一方面要使空气与煤隔绝，抑制其氧化；另一方面是使空气流通，从而带走热量。具体方法有以下几种：①用打眼机或人工打眼；②用沉重的石滚或者推土机、汽车分层压实；③灌水；④用界面活性剂实施化学覆盖；⑤用黄土、塑料布等进行物理覆盖。

（4）煤堆的降温措施。当煤温达到40 ℃时，无论属于何种煤，每昼夜测温次数不得少于两次。当煤温达到或超过60 ℃时，或当每昼夜温度上升5 ℃时，应采取挖沟、松堆、倒堆、灌水等措施。

（5）防风化损失措施。防风化损失的措施主要有：推陈出新，缩短堆存时间；减少碰击，用洒水压实来防风蚀；防雨风，挖排水沟，防流失。

3. 防止煤冻结，以免影响装卸作业

（1）为了避免煤冻结，最好的办法是在发送时，只装运水分不超过 5% 的标准湿度煤。

（2）对已冻结的煤，则先用凿煤机、空气压缩锤或其他简单的工具，如撬杠、锄头、丁字镐等把冻结的煤敲碎。目前世界上已有专门设计制造的解冻设备可利用。

（3）采用防冻剂可防止煤冻结。例如生石灰、食盐、氯化钙、石墨和白土等，可分层撒在煤的中间或与煤混在一起，锯末、碎谷草、泥煤渣和其他类似物可铺垫在煤的底层。但采用上述物质不但会产生额外费用，还会降低煤的质量，而且有些杂质的混入更能使煤自热和自燃。

4. 防止煤尘污染，保护环境卫生和人员健康

（1）我国防煤尘和煤污染物的设计标准。

我国防煤尘和煤污染物的设计标准主要有《工业企业设施卫生标准》《工业"三废"排放标准》《港口装卸作业煤粉尘控制指标》。

（2）主要防治设施。

①干式除尘系统：系统的除尘设备主要布置在翻车机房和各转接点处。在该处安装的设备有自动高风速反吹空气型编袋集尘器，以及皮带挡风板、罩等。

②湿式除尘系统：主要是指喷洒水，使用的设备包括水源、储水池、泵、喷洒装置以及回流污水处理系统。

③化学除尘剂：主要适用于缺水和冰冻地区，在防尘水中加入亲油亲水性表面活性剂。

④加强港口人群和个人的防护：例如设置空调、戴口罩和定期体检等。

案例分析

3·29 吉林八宝煤矿瓦斯爆炸事故

2013 年 3 月 29 日 21 时 56 分，吉林省白山市江源区的吉煤集团通化矿业集团公司八宝煤业公司（以下简称"八宝煤矿"）发生特别重大瓦斯爆炸事故，造成 36 人遇难（企业瞒报遇难人数 7 人，经群众举报后核实）和 12 人受伤，直接经济损失 4 708.9 万元。

【案例问题】

1. 结合教材内容，简述煤炭的性质。

2. 什么是瓦斯和瓦斯爆炸？

3. 查询相关资料，谈谈如何防止瓦斯爆炸。

模块考核

一、名词解释

煤的自燃　无烟煤　液化气　润滑脂　油船压载

二、填空题

1. 在装煤之前，应对船舶的_____和_____等处进行彻底检查，应扫清并检查_____和

_____是否完整，以防_____落入污水沟内堵塞网罩。

2. 煤由能够燃烧和不能燃烧两部分物质构成，能够燃烧的部分主要是煤的_____，是由植物变化而成的；不能燃烧的部分是_____和水分。所以，煤是由多种_____和少量_____组成的复杂混合物。

3. 为了使船舶保持较好的抗浪性能，在首尾舱装载货物时应尽可能使矿堆重心移向_____，并减少_____，使_____顶浪时不会潜入水中，_____不会过久地下倾，影响推进。

4. 矿石的性质主要有_____，自然倾角较大，_____，易扬尘污染，_____，冻结性，_____。

5. 油类起火燃烧需具备的燃烧三要素是_____，_____，_____。

三、单项选择题

1. 石油温度变化 1 ℃时，其体积变化的百分值为（　　）。
   A. 油体积系数　　　　　　　　　　　B. 石油密度温度系数
   C. 石油体积温度系数　　　　　　　　D. 密度

2. 下列散装液体危险货物中，闪点最低的是（　　）。
   A. 苯　　　　　　　B. 甲苯　　　　　　　C. 乙醇　　　　　　　D. 丙酮

3. 一般油船的尾部不包括（　　）。
   A. 桥楼　　　　　　B. 船员居住舱室　　　C. 燃料舱　　　　　　D. 船头

4. 放射性矿物不包括（　　）。
   A. 锡矿石　　　　　B. 锰矿石　　　　　　C. 铬矿石　　　　　　D. 稀土

5. 防止煤堆自燃的措施是（　　）。
   A. 场地必须有一定的排水坡度，且地势较高而且干燥
   B. 场地应不受地下热源（电缆、油管、蒸气管等）的影响
   C. 用沉重的石滚或者推土机、汽车分层压实
   D. 采用蒸气、电力或其他装置

四、多项选择题

1. 发生少量溢油时，处理方法有（　　）。
   A. 吸附　　　　　　B. 打捞　　　　　　C. 散布油处理剂　　　D. 使用油围栏

2. 液化石油气的成分有（　　）。
   A. 丙烷　　　　　　B. 甲烷　　　　　　C. 丙烯　　　　　　　D. 异丁烯

3. 一般油船可分为（　　）个主要部分。
   A. 艏部　　　　　　B. 货油舱区域　　　C. 艉部　　　　　　　D. 机炉舱
   E. 燃料舱

4. 煤炭按加工程度分类，煤可分为（　　）。
   A. 毛煤　　　　　　B. 洗（选）煤　　　C. 精煤　　　　　　　D. 褐煤
   E. 原煤　　　　　　F. 无烟煤

5. 液化气从组成和性质上可分为（　　）。
   A. 烃类液化气　　　B. 卤代烷　　　　　C. 烯烃类　　　　　　D. 含氧化合物
   E. 胺类　　　　　　F. 无机物

五、判断题

1. 船舶卸油时舱内空间留存有大量的油品蒸汽，与空气的混合比在不断变化与装油时的混合气体相比，具有较大的危险性。 （　）

2. 装油过程中，万一发生溢油事故，应紧急关闭阀门。 （　）

3. 除氯和二氧化硫等少数货物外，绝大多数液化气货物是有色的。 （　）

4. 含水量超过 5% 的湿煤在冬季远距离运输或储存时会冻结在一起，难以装卸，但是多孔煤和小块煤不易冻结。 （　）

5. 储油罐分为土罐、混凝土罐、钢罐等多种，目前大量使用的是土罐。 （　）

六、问答题

1. 简述原油及其产品的特性。

2. 煤在运输过程中为什么会冻结？如何避免煤出现冻结？

3. 在装油过程中如果发生溢油事故，该如何处理？

4. 矿石积载不当会造成什么影响？

附　　录

附录1　模拟考试卷

模拟考试卷1

一、名词解释（5小题，每题4分，共20分）

1. 货物质量
2. 感官检验法
3. 物流包装标准化
4. 有色冶金
5. 茶马古道

二、单项选择题（10小题，每题2分，共20分）

1. 下列属于散装货物的是（　　　）
   A. 棉花　　　　　　B. 生铁块　　　　　　C. 石蜡　　　　　　D. 盘圆

2. 以下货物配装时应远离热源的货物是（　　　）
   A. 茶叶　　　　　　B. 石蜡　　　　　　C. 松香　　　　　　D. 以上都是

3. 下列哪个选项不是塑料袋有无毒性简便鉴别方法（　　　）
   A. 水中检测法　　B. 鼻闻检测法　　　C. 抖动检测法　　　D. 火烧检测法

4. 我国现在通常使用的水泥包装有多层纸袋、复膜塑料编织袋和复合袋三大类。复膜袋及复合袋跌落不破次数最高可达到（　　　）次。
   A. 5　　　　　　　　B. 6　　　　　　　　C. 7　　　　　　　　D. 8

5. 按盐源，食盐可以分为海盐、湖池盐、井盐、矿盐（岩盐）等，其中以（　　　）为最多，约占总产量的78%。
   A. 海盐　　　　　　B. 湖池盐　　　　　C. 井盐　　　　　　D. 矿盐

三、判断题（10小题，每题2分，共20分）

1. 水泥、食糖、化肥、矿粉在运输过程中容易结块。　　　　　　　　　　　　（　　　）

2. 装载危险品的集装箱卸空后，不能再用来装载其他类别的货物。　　　　（　　）

3. 建筑、日常生活中使用最为广泛的是钾玻璃（硬玻璃）。　　　　　　　（　　）

4. 金属及其制品大多数较重且又是长大件货物，应选用结构坚固和舱口尺寸大的船舶装运。金属的积载因数小，不会引起亏舱。　　　　　　　　　　　　　　　（　　）

5. 由于奶粉在储存过程中极易吸收水分而发生结块，奶粉的脂肪含量又较高，为了防止脂肪的氧化酸败和奶粉结块，奶粉必须密封包装。　　　　　　　　　　　　（　　）

6. 粮谷装货前应全面检查货舱及设备，货舱和衬垫必须保证清洁、干燥、无虫害、无异味、严密，但是禁止用药剂熏蒸。　　　　　　　　　　　　　　　　　　　　（　　）

7. 热泵型空调器最大优点是在制热运行时制热效率高；最大缺点是在制热运行时，当室外环境温度低于 −7℃ 时，一般不能制热运行。所以，这种空调器较适合在温带地区使用。（　　）

8. 船舶卸油时舱内空间留存有大量的油品蒸汽，与空气的混合比在不断变化，与装油时的混合气体相比，具有较大的危险性。　　　　　　　　　　　　　　　　　　（　　）

9. 含水量超过 5% 的湿煤，在冬季远距离运输或储存时会冻结在一起，难以装卸，但是多孔煤和小块煤不易冻结。　　　　　　　　　　　　　　　　　　　　　　　（　　）

10. 棉花不易传热，具有良好的保温性，这是因为棉纤维本身是热的不良导体，并有一定弹性，能使纤维松散，而纤维间存有大量空气（空气也是热的不良导体）的缘故。　　（　　）

四、多项选择题（5 小题，每题 3 分，共 15 分）

1. 按照使用目的，条形码可分为（　　　）。

　　A. 商品条形码　　　　B. 物流条形码　　　　C. 运输条形码　　　　D. 销售条形码

2. 货物本身问题造成的货损货差原因有（　　　）

　　A. 货物运输包装不良　　　　　　　　B. 货物通风不合理

　　C. 货物本身自然特性缺陷　　　　　　D. 货物标志不清

3. 影响货物亏舱率的因素有（　　　）

　　A. 包装规格　　　　B. 品质　　　　C. 运输时的堆装　　　　D. 舱中的隔垫

4. 金属及其制品的运输和保管过程中应注意（　　　）

　　A. 避免船舶重心过低引起急剧摇摆　　　　B. 避免船体变形与局部损伤

　　C. 加强防移措施　　　　　　　　　　　　D. 选用合适装卸吊具

　　E. 防止金属制品混票

5. 食糖的性质有（　　　）

　　A. 易潮解　　　　B. 结块性　　　　C. 易燃性　　　　D. 吸味性

五、简述题（2 小题，每题 5 分，共 10 分）

1. 在运输生产实践中，对货物进行分类有何重要意义？

2. 简述如何区分重货和轻货。

六、计算题（共 1 题，5 分）

某轮计划配装出口桶装蜂蜜和袋装蘑菇，已知蜂蜜积载因数 S. F. $= 1.27$ m^3/t，蘑菇积载因数 S. F. $= 4.53$ m^3/t，装货清单载明两种货物分别为 150 t 和 18 t，若亏舱率分别为 30% 和 10%，问该两批货物共需占舱容多少立方英尺及多少立方米？（计算结果保留两位小数）

七、论述题（共 1 题，10 分）

货物质量有哪些特征？

模拟考试卷 2

一、名词解释（5 小题，每题 4 分，共 20 分）

1. 货物

2. 理化检验法

3. 包装

4. 热固性塑料

5. 水泥

二、单项选择题（10 小题，每题 2 分，共 20 分）

1. 下列属于特殊货物的是（　　）

    A. 瓷砖 　　　　　　B. 烟叶 　　　　　　C. 橡胶 　　　　　　D. 世界名画

2. 为防止舱内产生汗水，（　　）可以进行自然通风。

    A. 当天气晴好时

    B. 当舱内温度高于外界温度时

    C. 当舱内空气的露点温度高于外界空气的露点温度时

    D. 当舱内空气的露点温度低于外界空气的露点温度时

3. 下列不适合集装箱运输的货物是（　　）

    A. 小型电器 　　　　B. 医药品 　　　　　C. 纺织品 　　　　　D. 废铁

4. 下列的（　　）属于医药玻璃制品。

    A. 有电灯泡 　　　　B. 安瓿瓶 　　　　　C. 反光镜 　　　　　D. 霓虹灯管

5. 黑色金属只有三种，下列的（　　）不属于黑色金属。

    A. 铁 　　　　　　　B. 锰 　　　　　　　C. 铬 　　　　　　　D. 铝

三、判断题（10 小题，每题 2 分，共 20 分）

1. 密封是温湿度管理的基础，它是利用一些不透气、能隔热、隔潮的材料，把货物严密地封闭起来，以隔绝空气，降低或减少空气温湿度变化对货物的影响。　　　　　　　　　（　　）

2. 经过检疫检验的动、植物也可以同普通货物混装在同一箱内。　　　　　　　　　（　　）

3. 洗衣粉主要用于清除衣物上的污垢，它由表面活性剂、离子交换剂、抗再沉积剂、荧光增白剂、碱性助剂、填充剂等组成，有的产品还加入漂白剂、酶和香精、色素等。根据视比重的不同，洗衣粉分为普通型和浓缩型。　　　　　　　　　　　　　　　　　　　　　（　　）

4. 液体化肥中的氨水、碳化氨水等一般采用袋装，根据实际需要也有采用散装运输的。

    　　　　　　　　　　　　　　　　　　　　　　　　　　　　　　　　　　　（　　）

5. 牛乳中的水分含量最高可达 90%。　　　　　　　　　　　　　　　　　　　　（　　）

6. 粮谷装货前应全面检查货舱及设备，货舱和衬垫必须保证清洁、干燥、无虫害、无异味、严密，但是禁止用药剂熏蒸。　　　　　　　　　　　　　　　　　　　　　　　　　（　　）

7. 波轮式洗衣机是日本人发明的。　　　　　　　　　　　　　　　　　　　　　（　　）

8. 在装油过程中，万一发生溢油事故，应紧急关闭阀门。 （　　　）

9. 含有蛋白质、水分较多的橡胶，容易受微生物和酶的作用而发生腐败。 （　　　）

10. 浓香型白酒以泸州老窖特曲、五粮液、洋河大曲等为代表，特点是浓香甘爽，而且发酵原料种类繁多，以高粱为主，发酵采用的是混蒸续渣工艺。 （　　　）

四、多项选择题（5小题，每题3分，共15分）

1. 下列属于货物的物理性质的有（　　　）
　　A. 货物的热变　　　　B. 燃烧　　　　　　　C. 熔化　　　　　　　D. 结块

2. 下列属于运输标志内容的有（　　　）
　　A. 收发货人的名称代号　　　　　　　　　B. 目的港
　　C. 易碎标志　　　　　　　　　　　　　　D. 有毒标志

3. 化妆品感官质量要求主要表现为（　　　）等方面的要求。
　　A. 色泽　　　　　　B. 软硬度　　　　　　C. 气味　　　　　　　D. 形状

4. 下列属于黄酒感官鉴别的有（　　　）
　　A. 应是琥珀色或淡黄色的液体，清澈透明，光泽明亮，无沉淀物和悬浮物
　　B. 以香味馥郁者为佳，即具有黄酒特有的酯香
　　C. 应醇厚而稍甜，酒味柔和无刺激性，不得有辛辣酸涩等异味
　　D. 酒精含量一般为14.5% ~20%

5. 粮谷的种类繁多，但基本上可分为谷类、豆类和油料类。下列属于谷类的有（　　　）
　　A. 芝麻　　　　　　B. 小麦　　　　　　　C. 大豆　　　　　　　D. 花生
　　E. 棉籽　　　　　　F. 高粱

五、简述题（2小题，每题5分，共10分）

1. 按货物运输方式对货物可分哪几类？

2. 简述货物储存的原则。

六、计算题（共1题，5分）

船舶装配一批杂货，积载因数1.4 m^3/t，某舱计划装载1 000 t，其占用的舱容应为多少？（亏舱率为15%）

七、论述题（共1题，10分）

论述茶叶的性质及其运输和储存要求。

附录2　货物忌装表

网站资源
附录2　货物忌装表

附录3　货物积载因数表

网站资源
附录3　货物积载因数表

参 考 文 献

[1] 汪永太，李萍 . 商品学概论［M］. 大连：东北财经大学出版社，2002.

[2] 张晓焱，梁冰 . 商品学概论［M］. 北京：航空工业出版社，2011.

[3] 甘卉芳，栗建林，卢庆芳 . 化妆品、洗涤用品、消毒剂和服饰中有害物质及其防护［M］.
北京：化学工业出版社，2003.

[4] 伊铭 . 商品学基础［M］. 上海：复旦大学出版社，2021.

[5] 管正学 . 保健食品开发生产技术问答［M］. 北京：中国轻工业出版社，2000.

[6] 霍红，牟伟哲 . 货物学［M］.3 版 . 北京：中国人民大学出版社，2018.

[7] 邓耕生，邓向荣 . 商品学理论与实务［M］. 天津：天津大学出版社，1996.

[8] 刘清华，李海风 . 商品学基础［M］.3 版 . 北京：中国人民大学出版社，2020.

[9] 吴疆，王跃生，刘晶 . 家用电器选购使用维护易读通［M］. 北京：人民邮电出版社，2004.

[10] 孙参运 . 商品学基础与实务［M］.3 版 . 北京：中国财政经济出版社，2015.

[11] 徐平国，张莉，张艳芬 .ISO 9000 族标准质量管理体系内审员实用教程［M］.4 版 . 北京：
北京大学出版社，2017.

[12] 强信然等 . 最新塑料制品的开发配方与工艺手册［M］. 北京：化学工业出版社，2001.

[13] 窦志铭 . 商品学基础［M］.5 版 . 北京：高等教育出版社，2019.

[14] 牛变秀 . 现代商品学基础［M］. 北京：人民邮电出版社，2002.

[15] 刁思杰，王新风 . 食品质量管理学［M］.2 版 . 北京：化学工业出版社，2020.

[16] 徐家烨，沈珺 . 物流运输管理实务［M］. 北京：清华大学出版社，2017.

[17] 张怀珠等 . 新编服装材料学［M］. 上海：东华大学出版社，2004.